Konstruktionselemente
Band 2

Konstruktionselemente

Band 2: Lager, Kupplungen, Getriebe

von
Prof. Dr.-Ing. Hermann Freund,
Fachhochschule Darmstadt

Die Deutsche Bibliothek – CIP-Einheitsaufnahme

Freund, Hermann:
Konstruktionselemente / von Hermann Freund. –
Mannheim; Leipzig; Wien; Zürich: BI-Wiss.-Verl.
Bd. 2: Lager, Kupplungen, Getriebe. – 1992
ISBN-13: 978-3-540-62300-7 e-ISBN-13: 978-3-642-95799-4
DOI: 10.1007/978-3-642-95799-4

Gedruckt auf säurefreiem Papier
mit neutralem pH-Wert (bibliotheksfest)

ISBN-13: 978-3-540-62300-7

VORWORT

Technische Gebilde entstehen heute nach den Regeln der Konstruktionslehre. Dabei wird das Gebilde in Teilfunktionen zerlegt und für diese nach technisch-wirtschaftlichen Kriterien, in mehreren Schritten eine Lösung erarbeitet.
Zur Umsetzung der Teilfunktionen sind elementare Kenntnisse der wichtigsten Konstruktionselemente unerläßlich. Dabei ist zu beachten, daß an Bauteile durch den Trend zur Leistungssteigerung immer höhere Anforderungen bezüglich der Haltbarkeit gestellt werden. Es ist daher Ziel dieses Buches, die Konstruktionselemente und ihre Berechnung nach anerkannten Berechnungsmethoden vorzustellen.
In Band I werden zuerst die Normung und die Gestaltung der Bauteile behandelt. Anschließend folgen die Grundlagen der Bauteilberechnung, insbesondere bei dynamischer Belastung. Es folgt die Behandlung der wichtigsten Verbindungselemente und von mechanischen Federn. Den Abschluß bildet ein Abschnitt über Achsen und Wellen.
Der vorliegende Band II behandelt zuerst ausführlich Wälz- und Gleitlager. Anschließend folgt ein Abschnitt über Kupplungen, in dem die Auslegung besprochen wird und der die wichtigsten Typen vorstellt. Dann folgen mehrere Abschnitte über Getriebe. Hier werden die noch immer wichtigen Stirnradgetriebe, Kegelradgetriebe, Schneckengetriebe und Umschlingungsgetriebe behandelt. Den Abschluß bildet ein Abschnitt über Dichtungen.

Das Buch ist für Studenten der Fachrichtungen Maschinen- und Apparatebau sowie der Feinwerktechnik gedacht, kann aber wegen der umfangreichen Arbeitsunterlagen auch als Handbuch für den Praktiker Verwendung finden.

Mein Dank gilt allen Kollegen, die mich bei der Verfassung des Buches unterstützt haben. Des weiteren möchte ich mich bei den Firmen für die Unterstützung mit Bildmaterial bedanken.
Dem B. I. Wissenschaftsverlag danke ich für die Ausstattung der beiden Bände. Meine Frau und meine Kinder unterstützten mich durch den Verzicht auf gemeinsame Freizeitstunden.

Ich hoffe, daß dieses Buch vielen Studenten und Anwendern nützlich sein wird.

Darmstadt, im April 1992 H. Freund

Inhaltsverzeichnis

10 WÄLZLAGER

10.1 Allgemeines

Lagerstellen bzw. Lager ermöglichen die Kraftübertragung bzw. Abstützung von Bauteilen mit Relativbewegung. Die Relativbewegung zwischen dem Innenteil (Achse, Welle) und dem Außenteil kann um die Drehachse oder in Richtung der Drehachse erfolgen.
Im ersten Fall handelt es sich um Quer- bzw. Radiallager. Bei Radiallagern kann die Relativbewegung umlaufend oder pendelnd sein. Wirken die Kräfte in Richtung der Drehachse, so handelt es sich um Axial- bzw. Längslager.

Alle Lager lassen sich prinzipiell als Gleitlager oder als Wälzlager ausführen.

Wälzlager sind genormte und einbaufertige Lager. Die Kraftunterstützung im Lager erfolgt durch Wälzkörper, die zwischen dem Innenring und dem Außenring des Lagers abrollen. Die Wälzkörper werden durch den Käfig in ihrer relativen Lage zueinander fixiert (Bild 10.1).

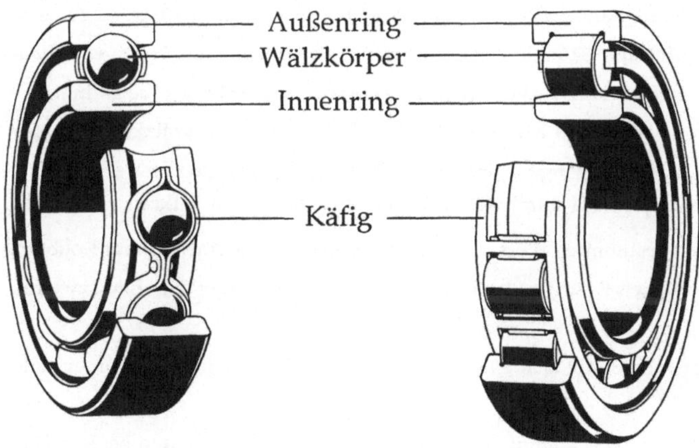

Bild 10.1: Komponenten eines Wälzlagers

10.2 Kraftverteilung

Da die Belastung von den Wälzkörpern auf die Ringe übertragen wird, ergibt sich in den Berührflächen eine Hertzsche Flächenpressung (Kapitel 3). Die auftretende Abplattung in der Berührfläche und die maximale Flächenpressung lassen sich wegen der elliptischen Berührfläche nur mit Hilfe von elliptischen Integralen bestimmen. Durch das ständige Überrollen der Ringe werden diese schwellend belastet. Die ertragbaren Spannungen werden experimentell bestimmt /10.1/.

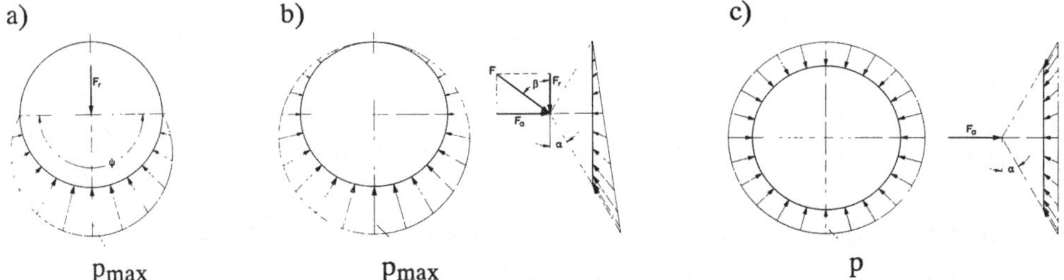

Bild 10.2: Belastungsverhältnisse im Lager a) Radiallager b) Schrägkugellager c) Axiallager

Aus der Hertzschen Belastung läßt sich erkennen, daß die Tragfähigkeit eines Wälzlagers von den Werkstoffeigenschaften, der Anzahl der Wälzkörper und der Geometrie des Lagers (Anschmiegung an der Berührstelle) abhängig ist. Da sich die Bauteile elastisch verformen, entsteht im Lager eine bauartspezifische Lastverteilung. Die Tragfähigkeit wird entscheidend von der Lastverteilung beeinflußt.
In einem spielfreien Radiallager ($\alpha = 0^{\circ}$) sind bei reiner Radialbelastung nur die Wälzkörper in der unteren Hälfte belastet (Bild 10.2). Bei Schrägkugellagern sind die Wälzkörperkräfte von der Richtung des Drückwinkels α abhängig. Das Lager wird durch die Axialkraft F_a und die Radialkraft F_r belastet. Wenn der Winkel β (Bild 10.2) einen bestimmten Wert nicht überschreitet, ist nur eine Teil der Rollbahn belastet. Die Größe des zulässigen Winkels β ist von der Lagerkonstruktion abhängig (ein- bzw. zweireihiges Lager, Druckwinkel).
Werden Axiallager rein axial belastet, so ergibt sich eine gleichmäßige Belastung der Wälzkörper (Bild 10.2).
Aus der Lastverteilung im Lager folgt, daß bei Lagern mit einem Druckwinkel $\alpha = 0^{\circ}$ und bei Radiallagern mit Spiel die Lager zur Verbesserung der Lastverteilung axial vorgespannt werden müssen.
Die Tragfähigkeit der Lager wird zusätzlich von der Nachgiebigkeit der Umbauteile (Welle, Gehäuse) beeinflußt.

10.3 Baumaße, Bezeichnungen

Wälzlager werden aus chromlegierten Stählen nach DIN 17230 hergestellt. Diese sind für hohe Wechselbeanspruchung und Verschleißwirkung geeignet und haben im Gebrauchszustand ein Härtegefüge im Rand. Eine Übersicht der Wälzlager und Wälzlagerteile ist in DIN 611 enthalten.

Von allen Wälzlagern sind in DIN 616 nur die äußeren Abmessungen genormt. Um eine flexible Anpassung zu erreichen, aber einer unnötigen Typenvermehrung vorzubeugen, wurden Abmessungsreihen eingeführt. Bei Radiallagern erfolgt die Stufung nach Durchmesserreihen (7, 8, 9, 0, 1, 2, 3, 4, 5) und Breitenreihen (7, 8, 9, 0, 1, 2, 3, 4, 5, 6) . Die Maßreihe entsteht durch Kombination einer Breitenreihe mit einer Durchmesserreihe. Axiallager werden durch Höhenreihen (7, 9, 1, 2) und Durchmesserreihen (0, 1, 2, 3, 4, 5) beschrieben.

Durch diese Festlegungen ist es bei gleichen Abmessungen einfach ein Kugellager durch ein tragfähigeres Rollenlager auszutauschen. Die Kennzeichung der Lager erfolgt durch Kennzeichen nach DIN 623. Eine vollständige Bezeichnung besteht aus Vorsatzzeichen, Basiszeichen und Nachsetzzeichen.
Das Basiszeichen bezeichnet die Art und Größe des Lagers durch die Lagerreihe und das Bohrungskennzeichen. Ab 17 mm Bohrungsdurchmesser ist die Bohrungskennzahl 1/5 des Bohrungsdurchmessers. Zwischengrößen und große Bohrungen (d > 480 mm) werden durch einen Schrägstrich getrennt, unverschlüsselt angegeben. Im Zeichen der Lagerreihe sind die Lagerart und die Maßreihe verschlüsselt enthalten.
Bezeichnungsbeispiele:

7306

06	Bohrungskennzahl	30 mm Durchmesser
73	Schrägkugellager	(Breitenreihe 0, Durchmesserreihe 3)

NJ 2220

20	Bohrungskennzahl	100 mm Durchmesser
22	Breitenreihe 2, Durchmesserreihe 2	
NJ	Zylinderrollenlager mit Stützring	

6205.2SRS.C2

C2	Lagerluft kleiner als normal	
2SRS	2 Dichtscheiben	
05	Bohrungskennzahl	25 mm Durchmesser
62	Rillenkugellager (Breitenreihe 0, Durchmesserreihe 2)	

Bei allen Lagern ist auch der erforderliche Kantenabstand genormt (DIN 620 T6).
Für Wälzlager sind die Toleranzen nach DIN ISO 1332 festgelegt. Neben der Normaltoleranz P0 sind die Toleranzklassen P6, P5, P4 und P2 für Radiallager und P6X, P5 und P4 für Kegelrollenlager mit zylindrischer Bohrung definiert.
Für Rillenkugellager, Pendelkugellager, Zylinderrollenlager, Pendelrollenlager und Nadellager wird in DIN 620 T4 die radiale Lagerluft angegeben. Unter Lagerluft wird die kraftlose Verschiebung der Ringe bis zur Anlage verstanden. Am eingebauten Lager verringert sich die Lagerluft durch die Erwärmung des Lagers und das Passungsübermaß. Wegen der unterschiedlichen Betriebsverhältnisse sind zur Erreichung einer verspannungsfreien Lagerung daher verschiedene Luftgruppen erforderlich. In der Gruppe C1 und C2 ist die Lagerluft geringer, in den Gruppen C3 - C5 größer als im normalen Fall. Völlige Spielfreiheit der Lager wird bei Rillenkugellagern, Schrägkugellagern und Kegelrollenlagern durch leichtes Anstellen erreicht.

10.4 Bauformen

Die Wälzlager werden nach der Geometrie der Wälzkörper in die Grundformen Kugellager, Zylinderrollenlager, Nadellager, Kegelrollenlager und Tonnenlager unterteilt. Als weitere Unterteilung wird die Hauptlastrichtung benutzt. Lager mit einem Druckwinkel $\alpha = 0^{\circ}$ können radiale und axiale Lasten gleichzeitig übertragen. Übersteigt der Druckwinkel $\alpha = 45^{\circ}$, so handelt es sich um Axiallager.

Der größte Teil der Anwendungsfälle läßt sich mit Standardbauformen abdecken. Nur in speziellen Fällen sind Sonderlager, die auf den Anwendungsfall abgestimmt gefertigt werden, im Einsatz. Sonderlager haben z.B. sehr große Abmessungen oder eine besonders hohe Genauigkeit. Oft werden zusätzliche Funktionen in das Lager integriert (Zahnkränze, Impulsscheiben).

10.4.1 Standardbauformen

10.4.1.1 Radialkugellager

a) **Rillenkugellager (DIN 625):**

Rillenkugellager sind wegen ihres einfachen Aufbaues und der vielseitigen Eigenschaften das preiswerteste Universallager. Die Lager sind für hohe Drehzahlen geeignet und können radiale und axiale Kräfte übertragen. Die Lager sind jedoch gegen Winkelfehler empfindlich. Neben der Normalausführung sind auch Lager mit Massivkäfig, Dicht- oder Deckscheiben üblich. Bei zweireihigen Rillenkugellagern steigt

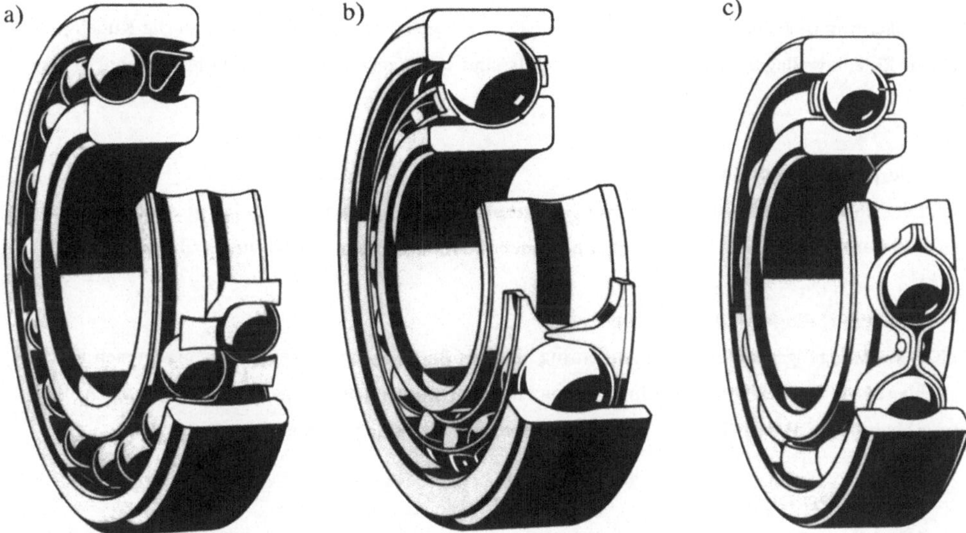

Bild 10.3: Bauformen von Kugellagern a) Pendelkugellager b) Schrägkugellager c) Rillenkugellager

durch die zweite Kugelreihe die Tragfähigkeit des Lagers an. Zur Montage der Kugeln sind auf einer Seite Füllnuten erforderlich. Die Lager sind bei auftretenden Winkelfehlern ungeeignet (Bild 10.3).

b) **einreihige Schrägkugellager (DIN 628):**

Durch die schräg zur Laufachse angeordnete Laufbahn lassen sich nur Axialkräfte in einer Richtung übertragen. Die Lager sind nicht zerlegbar und werden oft als Lagerpaar eingebaut. Zweireihige Schrägkugellager können Axialkräfte in beiden Richtungen aufnehmen. Lager mit Einfüllnuten haben wegen der größeren Kugelzahl meistens eine höhere Tragfähigkeit als Lager ohne Füllnuten.

c) **Schulterkugellager (DIN 615):**

Da der Außenring nur eine Schulter hat, ist das Lager zerlegbar. Am Innenring werden die Kugeln wie bei einem Rillenkugellager in der Mitte geführt. Es sind nur Lager bis zu einer Bohrung von 30 mm genormt.

d) **Vierpunktlager (DIN 628):**
Es handelt sich um Rillenkugellager mit geteiltem Innenring. Die Rollbahnen sind so gestaltet, daß jede Kugel zwei Berührpunkte hat. Die Lager können hohe Axialkräfte in beide Richtungen übertragen.

e) **Pendelkugellager (DIN 630):**
Durch die hohlkugelige Laufbahn am Außenring sind die Lager winkelbeweglich. Es lassen sich Fluchtungsfehler bis 4° ausgleichen. Allerdings ist das Lager wegen der ungünstigen Schmiegung am Außenring nur begrenzt axial belastbar. Pendelkugellager werden oft in Stehlagergehäusen eingesetzt.

f) **Spannlager (DIN 626):**
Es handelt sich um Rillenkugellager mit verbreitertem Innenring. Dieser wird mittels Gewindestift auf der Welle befestigt. Das Lager läßt sich in Lagergehäuse aus Stahlblech oder Grauguß einbauen. Es entstehen wirtschaftliche Lagerungen in Leichtbauweise.

10.4.1.2 Radialrollenlager

a) **Zylinderrollenlager (DIN 5412):**
Durch die linienförmige Kraftübertragung können die Lager hohe radiale Kräfte, aber nur geringe bzw. keine axialen Kräfte übertragen. Es gibt verschiedene Bauformen, die sich durch die Lage der Borde unterscheiden. Die Bauformen NU (Bild 10.4) und N (ein bordfreier Ring) werden als Loslager verwendet. Durch den Bord am Innenring der Bauform NJ lassen sich geringe Axialkräfte in einer Richtung übertragen (Stützlager). Müssen geringe Axialkräfte in beide Richtungen übertragen werden, so sind die Bauform NJ mit einem Winkelring oder die Bauform NUP mit loser Bordscheibe geeignet . Alle Zylinderrollenlager sind zerlegbar. Die Winkeleinstellbarkeit der Lager ist nur gering. In Werkzeugmaschinen werden oft zweireihige Zylinderrollenlager mit geringer Querschnittshöhe, aber hoher Tragfähigkeit, eingesetzt.

b) **Pendelrollenlager (DIN 635):**
Sie sind für größte Belastungen geeignet. Im Lager laufen zwei Reihen mit Tonnenrollen. Durch die hohlkugelige Laufbahn am Außenring lassen sich auch große Fluchtungsfehler aufnehmen (4°). Die Bauform mit zusätzlichen Halteborden am Innenring ermöglicht auch die Aufnahme von axialen Bela-

stungen. Einreihige Tonnenlager (DIN 635) mit hohlkugeligem Außenring lassen auch Winkelfehler bis 4^{0} zu und ermöglichen die Übertragung von großen radialen Lasten.

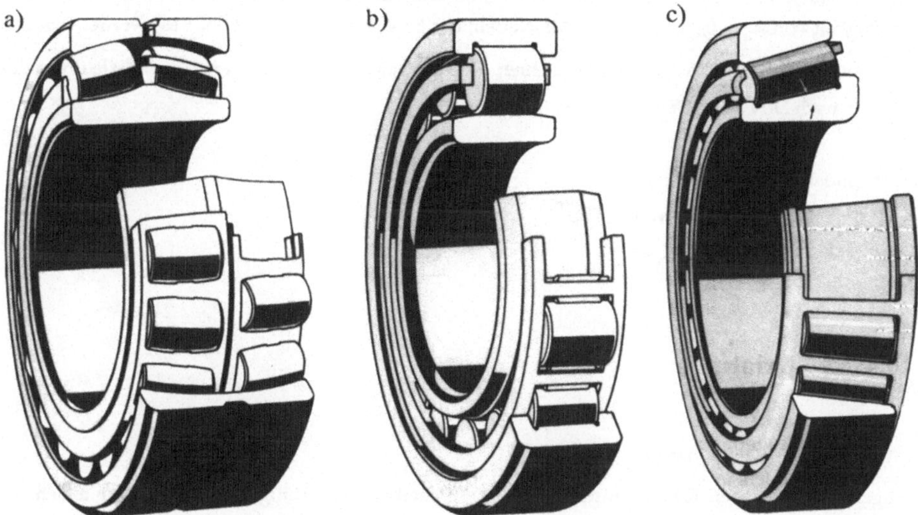

Bild 10.4: Bauformen von Rollenlagern a) Pendelrollenlager b) Zylinderrollenlager c) Kegelrollenlager

c) Kegelrollenlager (DIN 720):

Es handelt sich um zerlegbare Lager die gleichzeitig hohe radiale und axiale Lasten aufnehmen können. Da axiale Kräfte nur in einer Richtung übertragbar sind, erfordern wechselnde Kräfte paarweise spiegelbildlich eingebaute Lager. Die Winkeleinstellbarkeit ist gering. Durch die geneigte Berührfläche ergeben auch rein radiale Belastungen axiale Reaktionskräfte im Lager.

d) Nadellager (DIN 617, DIN 618):

Nadellager sind Zylinderrollenlager mit langen, dünnen Rollen und dünnen Ringen. Durch diese Bauform ergeben sich Lager mit geringem Bauraum, die nur in radialer Richtung belastbar sind. Die Lager sind zerlegbar. Falls die Umbauteile entsprechende Eigenschaften haben, lassen sich auch Nadellager ohne Innen- bzw. Außenring verwenden. Den kleinsten Bauraum benötigen Nadelkränze, bei denen die Nadeln durch den Käfig in ihrer parallelen Lage gehalten werden. Beim Einsatz von Nadelkränzen müssen die Rollbahnen auf der Welle und im Gehäuse mindestens eine Härte von HRC 58 aufweisen und eine Rauhigkeit von $R_a < 0{,}2\ \mu m$ haben. Als Nadelhülse bzw. Nadelbüchse (DIN 618) werden Nadellager mit spanlos gefertigtem Außenring bezeichnet. Es gibt auch Kombinationslager für radiale und axiale Belastungen nach DIN 5429. Genormt sind:

* Nadel - Axialkugellager
* Nadel - Axialzylinderrollenlager
* Nadel - Schrägkugellager

10.4.1.3 Axiallager

a) **Axialkugellager (DIN 715; DIN 7112):**
Die Kugeln laufen in den Rillen zwischen zwei Tragscheiben. Zweiseitig wirkende Lager haben drei Tragscheiben (Bild 10.5). Zum Ausgleich von Fluchtungsfehlern können beide Lager mit kugeligen Gehäusescheiben eingesetzt werden. Es können nur axiale Lasten übertragen werden. Bei höheren Drehzahlen ist zur Gewährleistung des kinematisch einwandfreien Abrollens eine Mindestbelastung erforderlich.

b) **Axial - Pendelrollenlager (DIN 728):**
Sie sind für große axiale Kräfte bei hohen Drehzahlen geeignet. Durch die Neigung der Laufbahnen sind auch geringe Radialkräfte übertragbar. Wegen der hohlkugeligen Laufbahn an der Gehäusescheibe lassen sich Winkelfehler bis zu 2° ausgleichen. Auch bei diesem Lager ist eine Mindestbelastung erforderlich.

c) **Axial - Zylinderrollenlager (DIN 722):**
Mit diesem Lager lassen sich hoch belastbare Lagerungen bei geringem Platzbedarf realisieren. Sie werden eingesetzt, wenn die Tragfähigkeit der Axial- Rillenkugellager nicht mehr ausreicht. Es sind keine Fluchtungsfehler zugelassen.

d) **Axial - Nadellager; Axial - Nadelkränze (DIN 5405 T2):**

Mit diesen Lagern lassen sich einseitig wirkende Axialkräfte bei kleinstem Bauraum aufnehmen. Axial-Nadellager bestehen aus zwei Lagerscheiben und dem Käfig mit den Nadeln. Die Lagerscheiben werden nur bei ungeeigneten Laufbahnen an den Umbauteilen eingesetzt. Durch zusätzliche Zwischenscheiben ergeben sich auch beidseitig belastbare Lager. Auch bei diesem Lager ist eine Mindestbelastung notwendig.

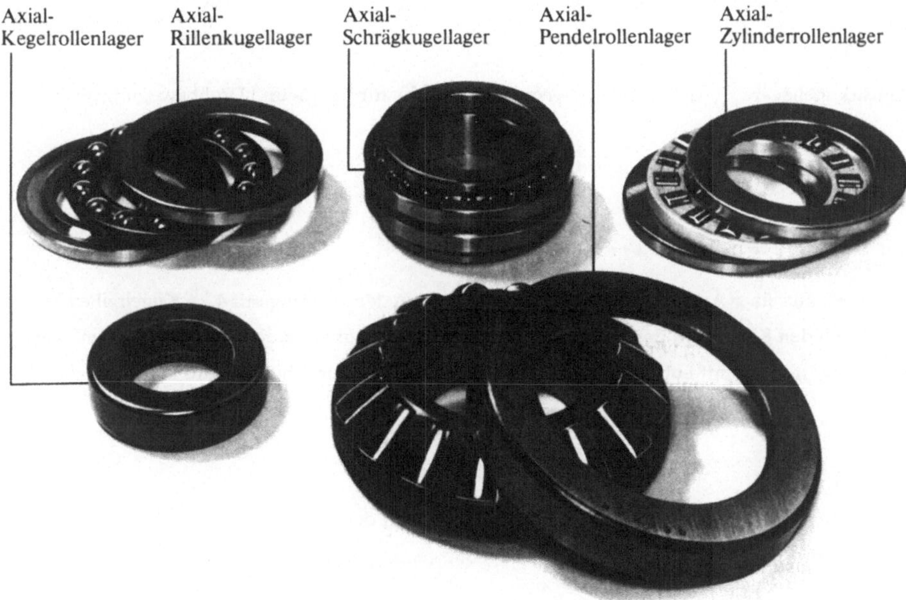

Bild 10.5: Bauformen von Axiallagern

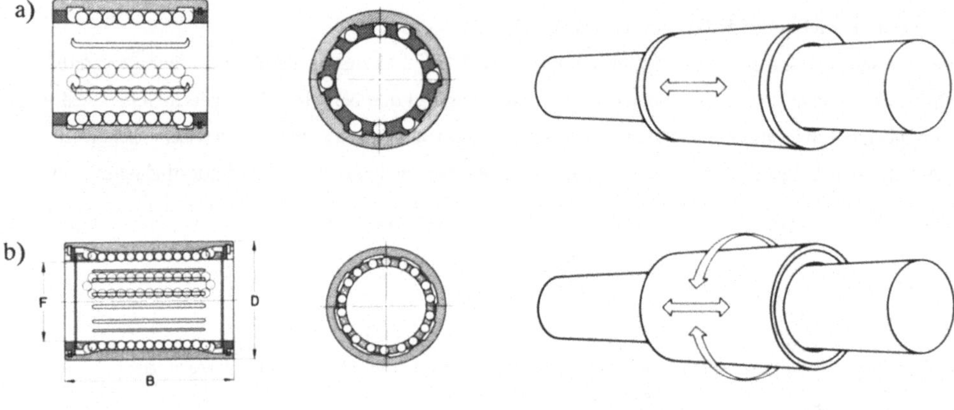

Bild 10.6: Linearkugellager a) für Längsbewegungen b) für Längs- und Drehbewegungen

10.4.1.4 Linearführungen

a) Linearkugellager

Die Lager bestehen aus einer Außenhülse aus gehärtetem Stahl in der ein Käfig mit 4 - 6 Kugelreihen angeordnet ist. Durch den Käfig wird der achsparallele Ein- bzw. Auslauf der Kugeln und die Umlenkung der Kugeln sichergestellt. Somit entstehen Lager für unbegrenzte hin- und hergehende Längsbewegungen (Bild 10.6).

b) Kugelführungen

Diese Lager bestehen aus einer äußeren Buchse und dem Käfig mit den Kugeln. Da der Käfig den halben Hub der Hülse ausführt, ist nur eine begrenzte axiale Hubbewegung möglich.

c) Rollenführungen

Rollenführungen werden als leiterförmige Flachkäfige mit Nadelrollen ausgeführt. Durch zweireihige Käfige lassen sich auch Winkelkäfige für V- Führungen herstellen. Die Käfige werden in festen Längen geliefert oder haben zur Verbindung beliebig vieler Elemente Schwalbenschwanznuten an den Stirnseiten.

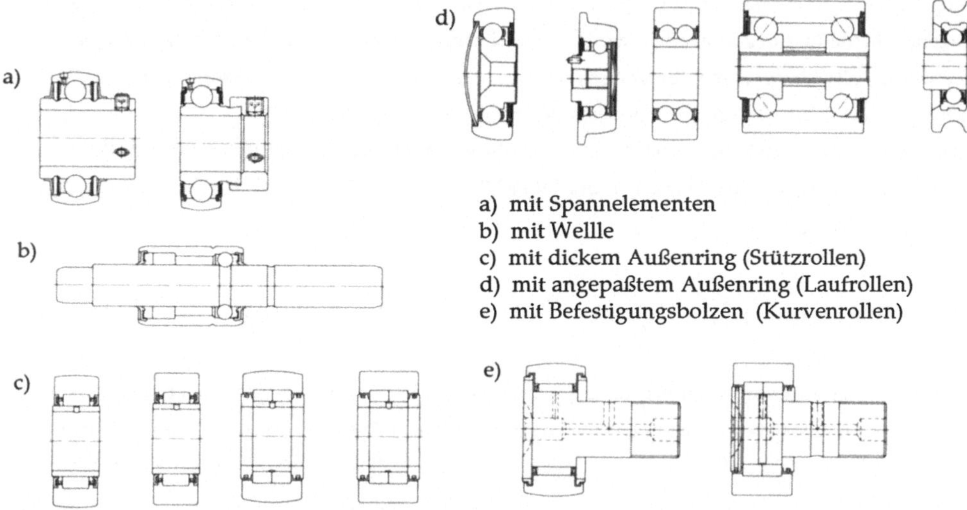

Bild 10.7: Wälzlagerbaueinheiten

d) **Umlaufeinheiten**

Es handelt sich um einbaufertige Elemente mit umlaufenden Kugeln oder Rollen. Die Elemente haben eine hohe Tragfähigkeit und können Kräfte und Momente aufnehmen.

10.4.2 Sonderbauformen

Von allen Herstellern werden Sonderlager für spezielle Einsatzgebiete angeboten. In der letzten Zeit verstärken alle Hersteller ihre Aktivität zur Lieferung von Komplettlagerungen. Bei diesen Lagerungen werden Dichtelemente oder andere an das Wälzlager angrenzende Bauteile in die Baueinheit Lager einbezogen. Besonders für Kraftfahrzeuge wurden spezielle Radlagereinheiten entwickelt, in die heute bereits Impulsscheiben für das Antischlupfsystem integriert sind (Bild 10.7).

10.5 Tragfähigkeitsnachweis

Aus Kap. 10.2 ist bekannt, daß die Tragfähigkeit eines Lagers von den Werkstoffeigenschaften , der inneren Lagergeometrie und der Lastverteilung im Lager abhängig ist. Durch die Überrollungen der Laufbahnen werden alle Komponenten dynamisch belastet und unterliegen einer Werkstoffermüdung. Zusätzlich ergibt sich durch die Reibung eine Verschleißbeanspruchung im Lager.
Wie bei Bauteilen wird zwischen einer statischen und dynamischen Belastung unterschieden. Bei der genormten Berechnung der Tragfähigkeit nach DIN ISO 76 und DIN ISO 281 wird der Verschleiß im Lager nicht berücksichtigt.

10.5.1 Statische Tragfähigkeit

Statische Belastung liegt vor, wenn die Relativgeschwindigkeit der Lagerringe zueinander Null ist, das Lager nur kleine Schwenkbewegungen ausführt oder mit geringer Drehzahl betrieben wird. Bei dieser Belastung entstehen an den Wälzkörpern und den Laufbahnen bleibende Verformungen. Die statische Tragfähigkeit wird somit durch die Verformung der Wälzkörper begrenzt.
Als statische Tragzahl C_0 wird die Belastung definiert, bei der im Lager eine bleibende Verformung vom 0,0001 fachen des Wälzkörperdurchmessers auftritt.
Die statischen Tragzahlen nach DIN ISO 76 sind Mindestwerte. Üblicherweise wird mit den Katalogangaben der Hersteller gearbeitet. Die Tragzahl ergibt sich bei Axiallagern durch eine zentrische Axialbelastung und bei Radiallagern durch eine reine Radialbelastung. Wird das Lager axial und radial belastet, so ist für Radiallager eine äquivalente radiale Belastung und für Axiallager eine äquivalente axiale Belastung P_0 zu bestimmen.

$$P_0 = X_0\, F_r + Y_0\, F_a \qquad (10.1)$$

X_0 Radialfaktor Y_0 Axialfaktor

Die Wichtungsfaktoren X_0 und Y_0 sind vom Lagertyp abhängig und DIN ISO 76 bzw. den Herstellerunterlagen zu entnehmen. Für die gebräuchlichsten Lagertypen enthält die Tabelle 10.1 die Wichtungsfaktoren.
Zum Nachweis der Tragfähigkeit wird die statische Tragsicherheit S_0 benutzt:

$$S_0 = \frac{C_0}{P_0} \tag{10.2}$$

Ruhig laufende Lager erfordern eine größere Tragfähigkeit. Übliche Werte für S_0 sind:

	umlaufende Lager		stehende Lager	
Anforderungen	Kugellager	Rollenlager	Kugellager	Rollenlager
gering	0,5	1	0,4	0,8
normal	1	1,5	0,5	1
hoch (Stöße)	2	3,5	>1	>2

10.5.2 Dynamische Tragfähigkeit

10.5.2.1 Konstante Belastung

Als Lebensdauer wird die Anzahl Umdrehungen verstanden, die ein Lager erreicht, bis sich erste Anzeichen von Materialermüdung einstellen. Es ist jedoch im Labor und in der Praxis zu beobachten, daß die Lebensdauer von offensichtlich gleichen Lagern unter völlig gleichen Betriebsbedingungen unterschiedlich ist.

Die Berechnung der Lebensdauer wird daher nach statistischen Festlegungen definiert. Es wird mit einer nominellen Lebensdauer gerechnet. Diese Lebensdauer wird rechnerisch von 90 % einer Stichprobe unter gleichen Bedingungen erreicht oder überschritten. Somit können 10 % der Lager zu einem nicht feststehenden Zeitpunkt vorher ausfallen. Die nominelle Lebensdauer L_{10} nach DIN ISO 281 beträgt:

$$L_{10} = \left(\frac{C}{P}\right)^p \tag{10.3}$$

L_{10} Lebensdauer in Millionen Umdrehungen bei 10 % Ausfallrate

C Dynamische Tragzahl

P äquivalente dynamische Lagerbelastung

$p = 10/3$ für Rollenlager $p = 3$ für Kugellager

Wie bei der statischen Belastung wird die äquivalente Belastung aus der wirklichen Belastung ermittelt.

Tabelle 10.1: Äquivalente Lagerbelastungen bei statischer Belastung

Lagertyp	Äquivalente Belastung P_0	$V = F_a/F_r$
Rillenkugellager	$P_0 = F_r$	$V \leq 0{,}8$
Schulterkugellager	$P_0 = 0{,}6\,F_r + 0{,}5\,F_a$	$V > 0{,}8$
Schrägkugellager ($\alpha = 40^{\circ}$)	$P_0 = F_r$	$V \leq 1{,}9$
	$P_0 = 0{,}5\,F_r + 0{,}26\,F_a$	$V > 1{,}9$
Pendelkugellager	$P_0 = F_r + Y_0\,F_a$	Y_0 (Katalog)
Zylinderrollenlager	$P_0 = F_r$	-----
Nadellager	$P_0 = F_r$	-----
Kegelrollenlager	$P_0 = F_r$	$V \leq 1/2\,Y_0$
	$P_0 = 0{,}5\,F_r + Y_0\,F_a$	$V > 1/2\,Y_0$
Tonnenlager	$P_0 = F_r + 5\,F_a$	-----
Pendelrollenlager	$P_0 = F_r + Y_0\,F_a$	Y_0 (Katalog)
Axial Rillenkugellager	$P_0 = F_a$	-----
Axial Zylinderrollenlager	$P_0 = F_a$	-----
Axial Nadellager	$P_0 = F_a$	-----
Axial Pendelrollenlager	$P_0 = F_a + 2{,}7\,F_r$	-----

Tabelle 10.2: Äquivalente Lagerbelastungen bei dynamischer Belastung

Lagertyp	Äquivalente Belastung P	$V = F_a/F_r$
Rillenkugellager	$P = X\,F_r + Y\,F_a$	X, Y (Katalog)
Schulterkugellager	$P = F_r$	$V \leq 0{,}2$
	$P = 0{,}5\,F_r + 2{,}5\,F_a$	$V > 0{,}2$
Pendelkugellager	$P = F_r + Y\,F_a$	$V \leq e$
	$P_0 = 0{,}65\,F_r + Y\,F_a$	$V > e$
Zylinderrollenlager, Nadellager	$P = F_r$	-----
Kegelrollenlager	$P = F_r$	$V \leq e$
	$P = 0{,}4\,F_r + Y\,F_a$	$V > e$
Tonnenlager	$P = F_r + 9{,}5\,F_a$	-----
Pendelrollenlager	$P = F_r$	$V \leq e$
	$P = 0{,}67\,F_r + Y\,F_a$	$V > e$
Axial Rillenkugellager	$P = F_a$	-----
Axial Zylinderrollenlager	$P = F_a$	-----
Axial Nadellager	$P = F_a$	-----

$$P = X\ F_r + Y\ F_a \tag{10.4}$$

F_r radiale Belastung

F_a axiale Belastung

In die Gl. 10.4 werden die Wichtungsfaktoren X bzw. Y nach DIN ISO 281 oder nach Herstellerunterlagen eingesetzt. Die Tabelle 10.2 enthält diese Faktoren für die gebräuchlichsten Lagertypen.
Bei konstanter Drehzahl läßt sich durch Umformung von Gl. 10.3 die Lebensdauer in Stunden angeben:

$$L_{h10} = \frac{10^6}{60\,n}\,L_{10} = \frac{10^6}{60\,n}\left(\frac{C}{P}\right)^p \tag{10.5}$$

n Umdrehung in 1/min

Für Schwenkbewegungen ist als äquivalente Drehzahl einzusetzen:

$$n = \frac{\gamma\, n_{osz}}{90^o} \tag{10.6}$$

γ halber Schwenkwinkel in Grad

n_{osz} Schwenkfrequenz in 1/min

Die nominelle Lebensdauer gilt für Lager aus konventionellem Wälzlagerstahl und üblichen Betriebsverhältnissen (Schmierung, Sauberkeit, Montage). Für bestimmte Anwendungsfälle ist es wünschenswert andere Überlebenswahrscheinlichkeiten oder die speziellen Betriebsbedingungen zu berücksichtigen. Solche Bedingungen werden in der modifizierten Lebensdauer nach DIN ISO 281 erfaßt:

$$L_{ma} = a_1\ a_2\ a_3\ f_\vartheta\ L_{10} \tag{10.7}$$

m Ausfallwahrscheinlichkeit in %

a_1 Faktor für die Erlebenswahrscheinlichkeit

a_2 Werkstofffaktor

a_3 Faktor für die Betriebsbedingungen (Schmierung)

f_ϑ Temperaturfaktor

Die Anwendung der modifizierten Lebensdauergleichung erfordert eine genaue Kenntnis der Betriebsbedingungen.

Ausfallwahrscheinlichkeit m in %	30	10	5	4	3	2	1
Faktor a_1	3	1	0,62	0,53	0,44	0,33	0,21

Betriebstemperatur	150 °C	200 °C	250 °C	300 °C
Faktor f_ϑ	1	0,73	0,42	0,22

Es darf nicht angenommen werden, daß durch einen speziellen Werkstoff ($a_2 > 1$) ein mangelhafter Betriebszustand ($a_3 < 1$) ausgeglichen werden kann. Die Wälzlagerhersteller haben deshalb beide Beiwerte zu einem gemeinsamen Beiwert a_{23} zusammengefaßt. Die höchsten Lebensdauerwerte werden bei hydrodynamischer Schmierung erreicht. Bei diesen Betriebsbedingungen wird die Lebensdauer durch die Bildung von Pittings auf den Laufbahnen beendet. Bei mäßiger Belastung sind auch Wälzlager dauerfest!!

Liegt Mischreibung vor, so entstehen auch Verschleißerscheinungen an den Laufbahnen. Die Schmierbedingungen werden durch die geschwindigkeitsabhängige Viskosität ν_1 und die Betriebsviskosität ν erfaßt. Bei Fetten ist für ν die Viskosität des Grundöles einzusetzen. Nach Bestimmung von ν (Bild 10.8) und ν_1 (Bild 10.9) wird der gesuchte Faktor a_{23} aus Bild 10.10 abgelesen.

Für $\kappa = \nu / \nu_1 < 1$ kann die Schmierung ungenügend sein. Durch einen Schmierstoff mit Additiven gelten die höheren Werte für a_{23} bei kleinen κ - Werten (obere Grenzkurve).

10.5.2.2 Veränderliche Belastung

Oft werden Lager mit veränderlicher Belastung und/oder veränderlicher Drehzahl betrieben. Um die Lebensdauer nach Gl. 10.5 zu bestimmen, muß der reale zeitliche Verlauf in einen fiktiven Verlauf umgerechnet werden. Der meist vorliegende stetige Verlauf wird durch Abschnitte mit konstanter Belastung bzw. Drehzahl angenähert. Die Gesamtermüdung ist dann die Summe der Einzelermüdungen (Palmgren - Miner - Regel).

$$F_m = \sqrt[p]{\sum_{j=1}^{m} \frac{F_j^p \, q_j \, n_j}{n_m}} \qquad (10.8)$$

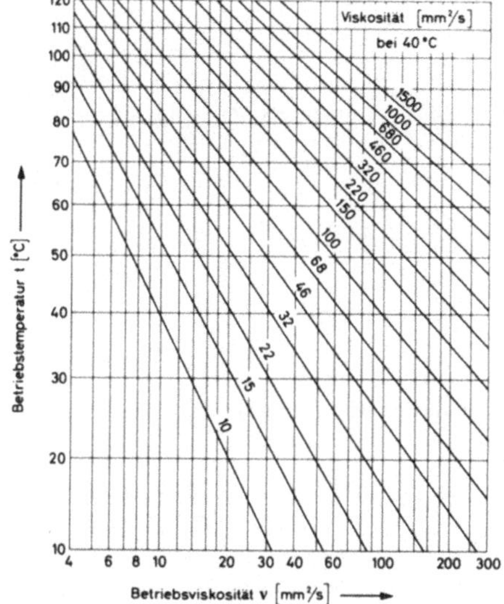

Bild 10.8: Betriebsviskosität

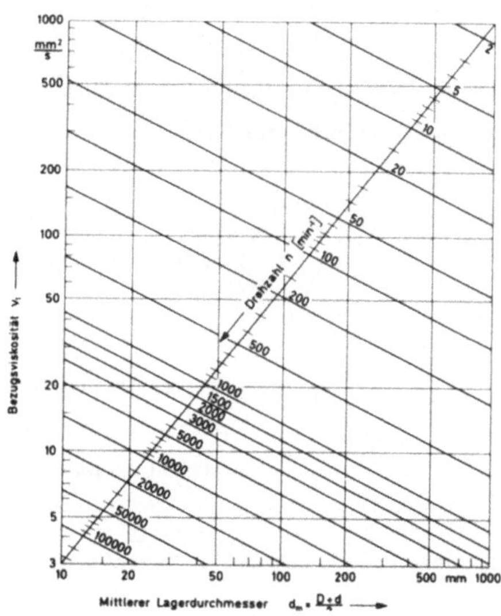

Bild 10.9: Bezugsviskosität

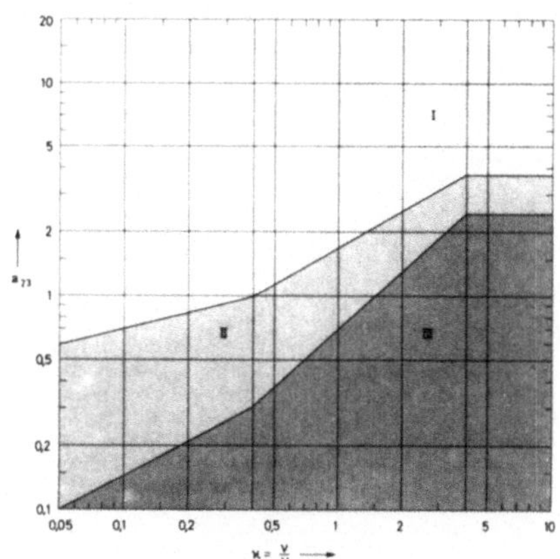

Bild 10.10: Bestimmung des Faktors a_{23}

$$n_m = \sum_{j=1}^{m} n_j\, q_j \tag{10.9}$$

Die Radialkraft (eventuell in beiden Ebenen) und Axialkraft sind getrennt umzurechnen. Falls die Drehzahl konstant bleibt ergibt sich:

$$F_m = \sqrt[p]{\sum_{j=1}^{m} F_j^p\, q_j} \tag{10.10}$$

q_j Zeitanteil des j-ten Intervalles (die Summe der Anteile ergibt 1)
n_j Drehzahl im j-ten Intervall
F_j Kraft im j-ten Intervall

Der im Bild 10.11 dargestellte Verlauf ergibt 5 Intervalle (j = 1 .... 5) in den Gleichungen 10.8 und 10.9 .

Die erforderliche Tragzahl des Lagers ergibt sich aus der geforderten Lebensdauer. Liegen keine Angaben vor, so lassen sich in den Unterlagen der Wälzlagerhersteller Richtwerte für die erforderliche Lebensdauer an verschiedenen Maschinen bzw. Einbaustellen entnehmen. Bei der Auswahl der Lager ist auch die Drehzahlgrenze bei Öl- bzw. Fettschmierung zu beachten. Die Grenzwerte sind ebenfalls in den Herstellerunterlagen aufgeführt.

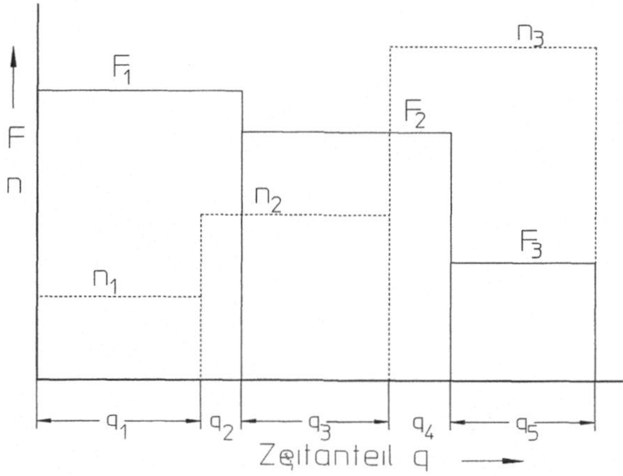

Bild 10.11: Stufenweise veränderliche Belastung (F) und Drehzahl (n)

10.5.3 Tragfähigkeit bei angestellten Lagern

Wegen der Neigung der Laufbahnen ergeben sich an Schrägkugellagern, Schulterkugellagern und Kegelrollenlagern bei einer radialen Belastung des Lagers axiale Reaktionskräfte im Lager.

Tabelle 10.3: Axialkräfte bei angestellten Lagerungen (Schrägkugellager, Kegelrollenlager)

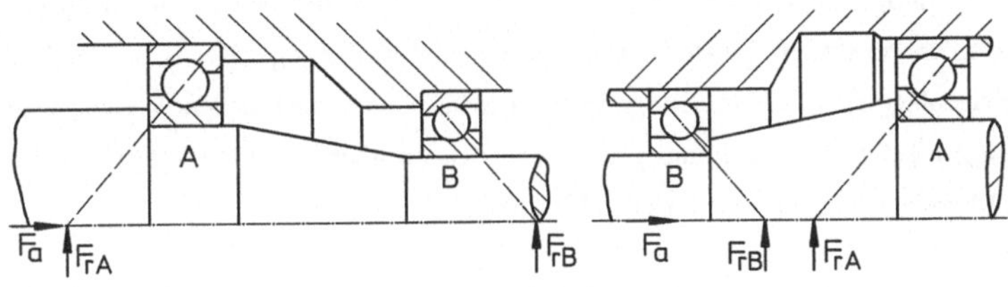

äußere Kraft F_a auf das Lager A	Axialkraft am Lager A	Axialkraft am Lager B
$F_{rA} / Y_A > F_{rB} / Y_B$ $F_a > 0{,}5\,(F_{rA} / Y_A - F_{rB} / Y_B)$	$F_{aA} = F_a + 0{,}5\ F_{rB} / Y_B$	$F_{aB} = 0{,}5\ F_{rB} / Y_B$
$F_{rA} / Y_A > F_{rB} / Y_B$ $F_a < 0{,}5\,(F_{rA} / Y_A - F_{rB} / Y_B)$	$F_{aA} = 0{,}5\ F_{rA} / Y_A$	$F_{aB} = 0{,}5\ F_{rA} / Y_A - F_a$
$F_{rA} / Y_A < F_{rB} / Y_B$	$F_{aA} = F_a + 0{,}5\ F_{rB} / Y_B$	$F_{aB} = 0{,}5\ F_{rB} / Y_B$

Bei der Ermittlung der Lebensdauer bzw. der statischen Tragfähigkeit sind diese Kräfte zu berücksichtigen. Die äußere Axialkraft bewirkt, daß die Wälzkörper an das Führungsbord des Lagers gedrückt werden.

In der Tabelle 10.3 wird mit A das Lager bezeichnet, daß die von der Welle eingeleitete äußere Axialkraft aufnehmen muß. Bei Krafteinleitung über das Gehäuse sind die Bezeichnungen entsprechend zu vertauschen.

10.6 Gestaltung der Lagerstellen

10.6.1 Lageranordnung

Neben der Aufnahme der radialen und/oder axialen Kräfte müssen die Lager auch einen thermisch bedingten Längenausgleich zwischen Welle und Gehäuse ermöglichen. Es werden in der Regel zwei Lager benutzt, die in verschiedenen Anordnungen eingebaut sein können.

a) Fest - Los - Lagerung

Zu bevorzugen ist die Lageranordnung mit einem Fest- und einem Loslager. Bei dieser Anordnung führt das Festlager die Welle axial zum Gehäuse und überträgt die entsprechenden Axialkräfte. Das Loslager kann nur radiale Kräfte ins Gehäuse übertragen und ermöglicht den Ausgleich von Fertigungstoleranzen oder thermisch bedingte Dehnungen. Daher besteht das Festlager (FL) entweder aus einem nicht zerlegbaren Lager oder einer Lagerkombination (Paar) eines zerlegbaren Lagers. Wird als Loslager ein nicht zerlegbares Lager (Rillenkugellager) eingesetzt, so ist durch entsprechende Passungswahl (Kap. 10.6.2) die Verschiebbarkeit sicherzustellen. Ideale Loslager sind Zylinderrollenlager der Bauart NU oder Nadellager. Bei Zylinderrollenlagern sind beide Ringe in ihrer axialen Lage zu fixieren. Welche Lagerbauart als Fest- bzw. Loslager gewählt wird, hängt primär von den zu übertragenden Kräften und der Führungsgenauigkeit ab. Mögliche Varianten enthält das Bild 10.12.

b) Angestellte Lagerung

Angestellte Lagerungen werden bei geringem Lagerabstand und guter axialer Führung eingesetzt. Bei diesen Lagerungen wird ein Lager bei der Montage so weit verschoben, daß sich in der Lagerung die gewünschte Lagerluft bzw. notwendige Vorspannung einstellt.

Die Lagerung besteht oft aus zwei spiegelbildlich angeordneten Schrägkugellagern oder Kegelrollenlagern. Es können auch Rillenkugellager mit größerem Spiel angestellt werden. Diese wirken dann wie Schrägkugellager mit kleinem Druckwinkel. Grundsätzlich können die Lager in X - und O - Anordnung eingebaut werden. Bei der O - Anordnung zeigen die von den Drucklinien gebildeten Kegel mit ihren Spitzen nach außen, bei der X - Anordnung nach innen. Die Stützbasis der O - Anordnung ist daher immer größer als bei der X - Anordnung. Beispiele für angestellte Lagerungen enthält das Bild 10.13. Bei der X - Anordnung wird das Lagerspiel durch thermische Einflüsse verringert (gleiche Werkstoffe vorausgesetzt). Lager in O - Anordnung lassen sich so anordnen, daß die Spitzen der Rückenkegel beider Lager zusammenfallen. Die Lagerluft bzw. Vorspannung bleibt dann trotz Temperaturänderungen erhalten. Überschneiden sich die Rückenkegel, so wird wie bei der X - Anordnung die Lagerluft verringert. Wenn die Rückenkegel sich nicht überschneiden, ergibt sich bei spielfrei eingebauten Lagern im Betrieb Lagerluft.

Wichtig für die Berechnung ist, daß als Kraftangriffspunkte die Schnittpunkte der Drucklinien (S) mit der Wellenmitte benutzt werden, und nicht wie sonst üblich, die Lagermitte.

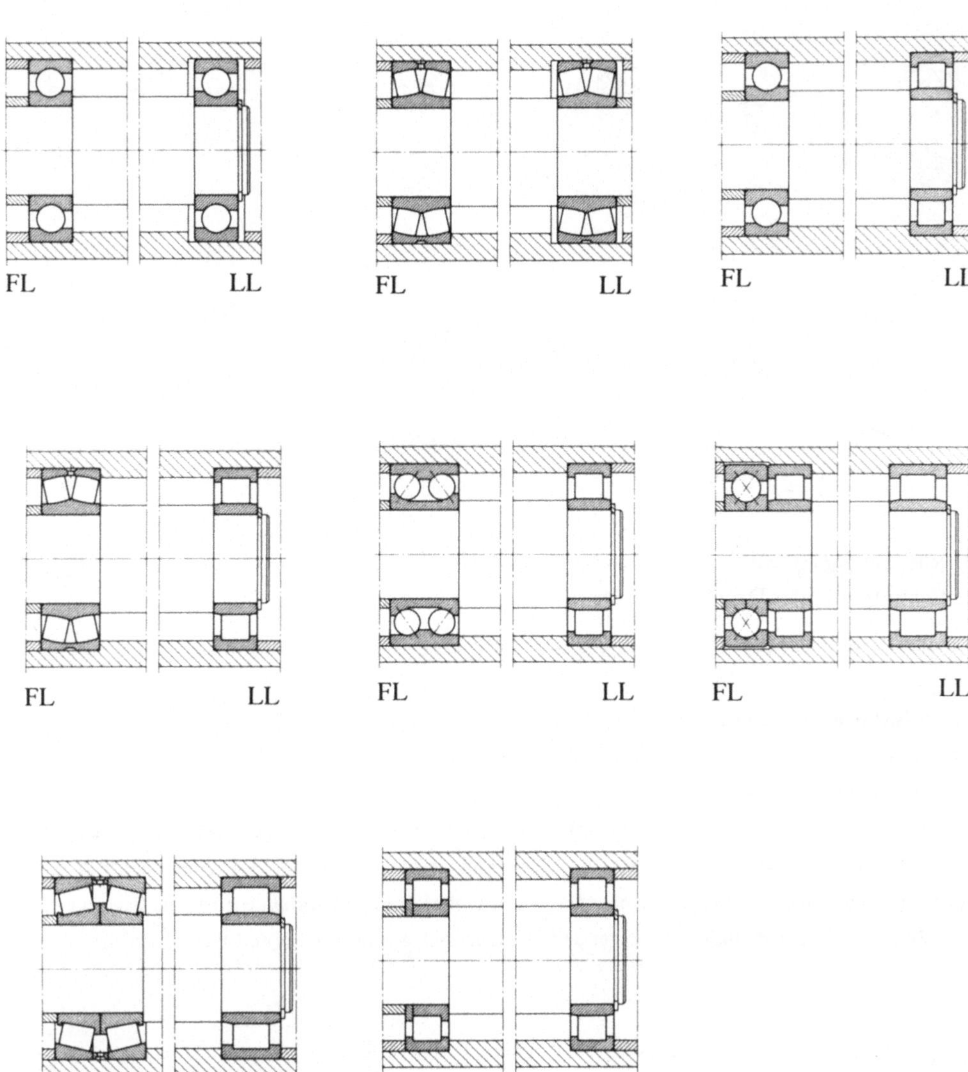

Bild 10.12: Varianten für Fest - Los - Lagerungen

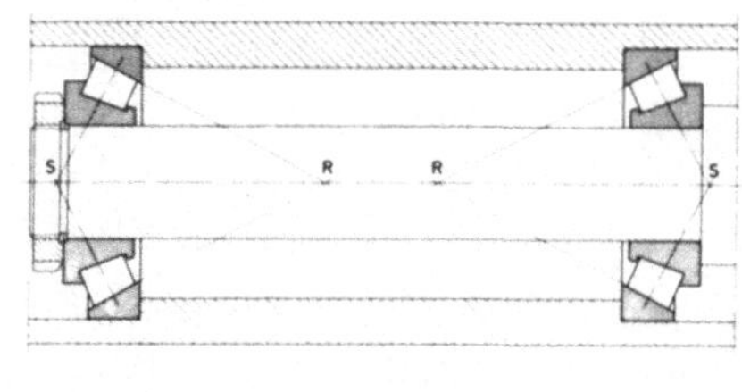

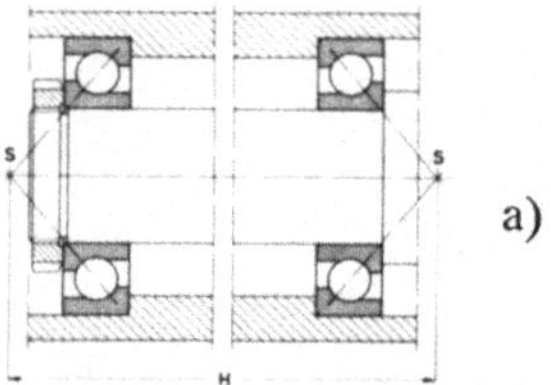

a)

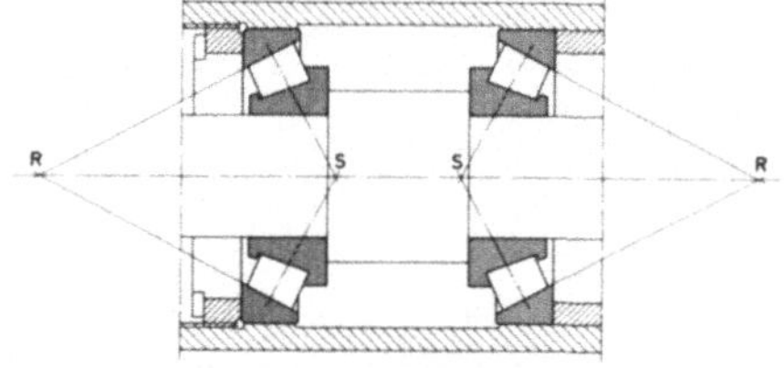

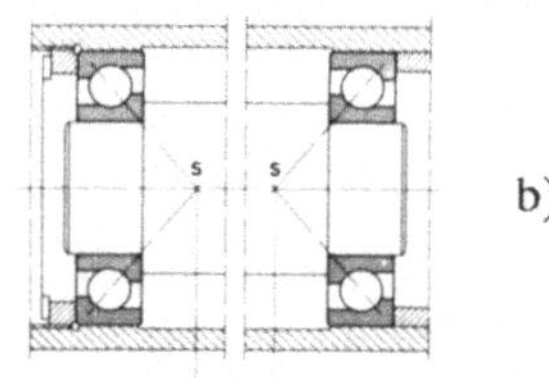

b)

R Rückenkegelspitze

S Schnittpunkt der Drucklinien

Bild 10.13: Varianten angestellter Lagerungen a) O - Anordnungen b) X - Anordnungen

c) Schwimmende Lagerung

Bei einer schwimmenden Lagerung kann sich die Welle innerhalb eines Spieles a frei im Gehäuse einstellen. Das Spiel a wird so gewählt, daß sich auch unter ungünstigen thermischen Verhältnissen die Lagerung nicht verspannt. Diese Lagerung läßt sich immer anwenden, wenn die Wärmedehnungen bekannt sind und ein geringes Axialspiel beim Betrieb nicht störend ist (Elektromotoren). Damit ergeben sich kostengünstige Lagerungen, da nur eine Anlagefläche mit Freimaßtoleranz vorhanden ist. Als Lagertypen werden Rillenkugellager, Zylinderrollenlager und Pendelrollenlager eingesetzt (Bild 10.14).

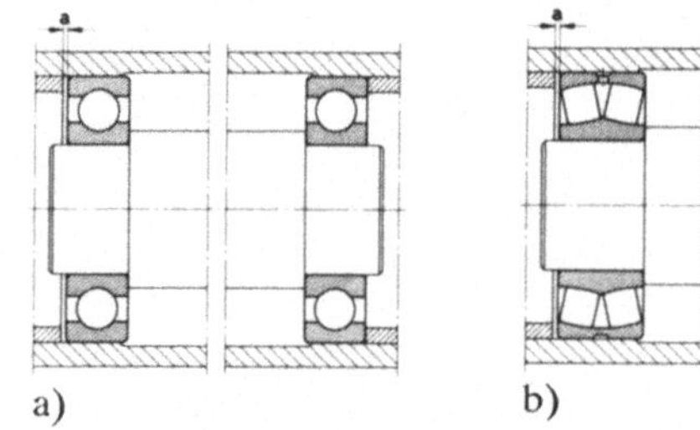

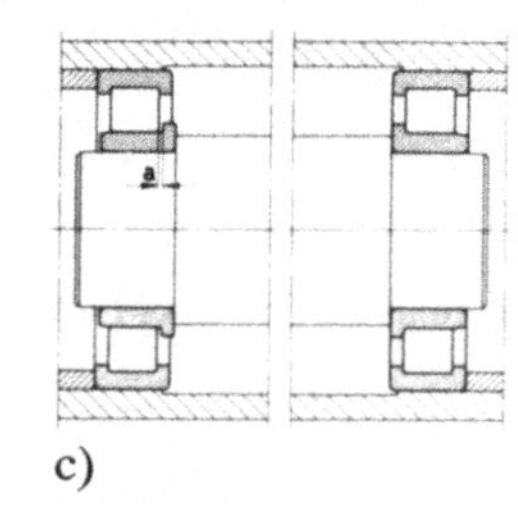

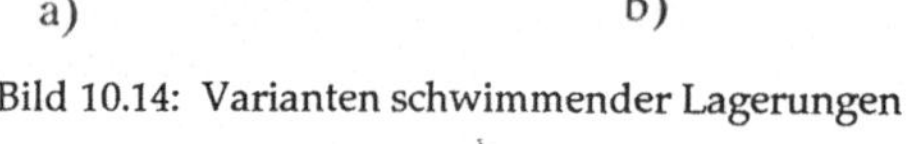

a) b) c)

Bild 10.14: Varianten schwimmender Lagerungen a) Rillenkugellager b) Pendelrollenlager c) Zylinderrollenlager

10.6.2 Passungswahl

Die Festlegung des Lagers im Gehäuse und auf der Welle richtet sich nach der Funktion des Lagers und seiner Belastung. In Umfangs- und Radialrichtung erfolgt die Festlegung durch die Passung der Lagerstelle.
Zur Erzielung der angestrebten Tragfähigkeit müssen die Lagerringe bzw. Scheiben auf ihrem Umfang gut unterstützt werden und die Ringe dürfen nicht auf ihren Gegenstücken in Umfangsrichtung wandern. Anderseits sollen die Lager aber einfach zu montieren und demontieren sein.
Bei der Passungswahl nach DIN 5425 (Tabelle 10.4) wird in Abhängigkeit von der Lagerart, der Größe und der Belastung eine Toleranzklasse festgelegt. Dabei wird zwischen Punktlast und Umfangslast unterschieden.
Punktlast liegt vor, wenn der Ring relativ zur Lastrichtung stillsteht. Bewegt sich der Ring relativ zur Lastrichtung, so ergibt sich Umfangslast. Bei stationären Getrieben hat in der Regel der Innenring Umfangslast und der Außenring Punktlast.
Bei großen Übermaßen ist die Auswirkung auf das Lagerspiel zu kontrollieren, eventuell sind Lager mit größerer Lagerluft einzusetzen. Die volle Tragfähigkeit der Lager wird nur erreicht, wenn die Bauteile an den Sitzen mit entsprechenden Planlauf- und Zylinderformtoleranzen (Kapitel 1) ausgeführt werden.

10.6.3 Axiale Festlegung

Müssen an Festlagern auch axiale Kräfte übertragen werden, so reicht im allgemeinen die Passung an den Ringen zur Aufnahme dieser Kräfte nicht aus. Die Lager sind daher im Gehäuse und auf der Welle in axialer Richtung nach beiden Seiten zu befestigen.
Werden als Loslager ungeteilte Lager verwendet, so ist es ausreichend, den Innenring axial zu befestigen. Bei geteilten Lagern muß an beiden Ringen für eine axiale Befestigung gesorgt werden. Eine Seite des Lagers stützt sich im allgemeinen gegen eine Schulter an der Welle oder im Gehäuse ab. Das Lager läßt sich dann mittels Spannschraube, Wellenmutter, Sicherungsring oder Sprengring befestigen. Größere Lager werden häufig durch eine Spann- oder Abziehhülse auf der glatten Wellen montiert (Bild 10.15).

Die Auswahl des Befestigungsmittels richtet sich nach der zu übertragenden Axialkraft. Sicherungsringe ermöglichen eine einfache, kostengünstige Lösung. Zu beachten ist jedoch die große Kerbwirkung der Sicherungsnut und der erforderliche Toleranzausgleich mittels Stützscheiben.

Tabelle 10.4: Passungsauswahl

Belastungsart	Lagerart, Betrieb	Wellentoleranz	Gehäusetoleranz
Punktlast	Loslager	g6	H7
	angestellte Ringe	h6	H7
Umfangslast Innenring	Kugellager bis 40 mm	j6	
	bis 100 mm	k6	
	bis 200 mm	m6	
	über 200 mm	n6	
	Rollenlager bis 60 mm	k6	
	bis 200 mm	m6	
	bis 500 mm	m6	
Umfangslast Außenring	normale Belastung		M7
	Stöße		N7
	dünne Gehäuse		P7
Axiallast	Axial - Rillenkugellager	j6	H6
	Axial-Rillenkugellager zweiseitig	k6	H6
	Axial - Zylinderrollenlager	h6	H7
Lastkombination	Axial - Rendelrollenlager	j6	E8 (H7)

10.6.4 Montage / Demontage von Wälzlagern

Das einzusetzende Montageverfahren wird durch die Bauart und die Größe des Lagers festgelegt. Benutzt werden folgende Methoden:

* mechanische Verfahren
* thermische Verfahren
* hydraulische Verfahren

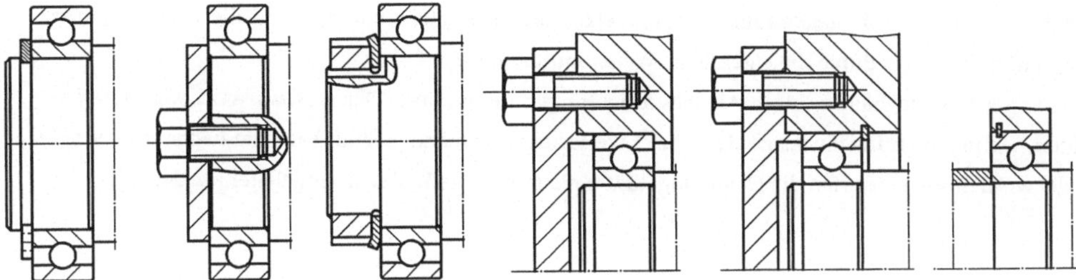

Bild 10.15: Varianten axialer Lagerfestlegung

Bei kleinen Lagerabmessungen überwiegen beim Einbau die thermischen und bei der Demontage die mechanischen Methoden. Lager mit kegeliger Bohrung werden mechanisch oder hydraulisch montiert und demontiert. Bei Nadelhülsen und Nadelbüchsen werden mechanische Methoden benutzt.

a) **thermische Verfahren:**

Thermisch montiert / demontiert werden Lager mit zylindrischem Sitz und großem Übermaß. Dazu wird das Lager im Ölbad, im Wärmeschrank oder auf einer Heizplatte angewärmt. Durch induktive Geräte können auch Lager mit Dicht- bzw. Deckscheiben angewärmt werden (ϑ_{max} = 80 °C).

Zum Ausbau von Innenringen lassen sich Anwärmringe aus Aluminiumlegierungen einsetzen.

b) **mechanische Verfahren**

Kleine Lager mit geringem Übermaß lassen sich am einfachsten durch Schlagbüchsen montieren. Bei Serienmontagen werden mechanische oder hydraulische Pressen verwendet. Nur bei kleinen Lagern wird das Lager durch die Wellenmutter (Hakenschlüssel) montiert. Bei größeren Lagerduchmessern werden

spezielle Muttern mit Montageschrauben eingesetzt. Nach erfolgter Montage wird die Montagemutter entfernt und das Lager durch die eigentliche Wellenmutter gesichert.
Kleine Lager werden häufig durch Abziehvorrichtungen demontiert. Der Ausbau wird wesentlich erleichtert, wenn Nuten für die Arme des Abziehwerkzeuges vorhanden sind. Falls die Lager wieder verwendet werden sollen, dürfen die Demontagekräfte nicht über die Wälzkörper geleitet werden.

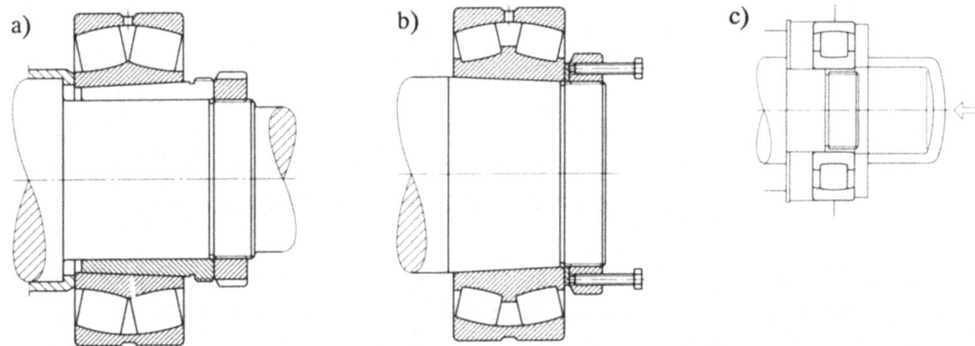

Bild 10.16: Mechanische Montageverfahren: a) Wellenmutter b) Montagemutter c) Schlaghülse

c) **hydraulische Verfahren**

Größere Lager lassen sich am einfachsten hydraulisch montieren bzw. demontieren. Dazu werden Ringkolbenpressen eingesetzt oder das Öl wird direkt über Ölnuten und Bohrungen zur Trennfuge geleitet. Ringkolbenpressen werden wie eine Wellenmutter auf dem Wellengewinde, der Abziehhülse oder Spannhülse befestigt. Nach der Montage wird die Ringkolbenpresse durch eine normale Wellenmutter ersetzt (Bild 10.17).
Die Montagekräfte lassen sich durch Ölzufuhr in die Trennfuge deutlich verringern. Der benötigte Öldruck sollte 1,5 .... 2 mal so groß wie der Fugendruck gewählt werden. Es ist zu prüfen, daß die durch den Öldruck entstehende Belastung die Nabe nicht plastisch verformt. Je nach Lagergröße werden eine oder zwei Ringnuten zur Verteilung des Öls benötigt. In DIN 15055 sind Empfehlungen für die Gestaltung bei zylindrischen und kegeligen Verbindungen enthalten.

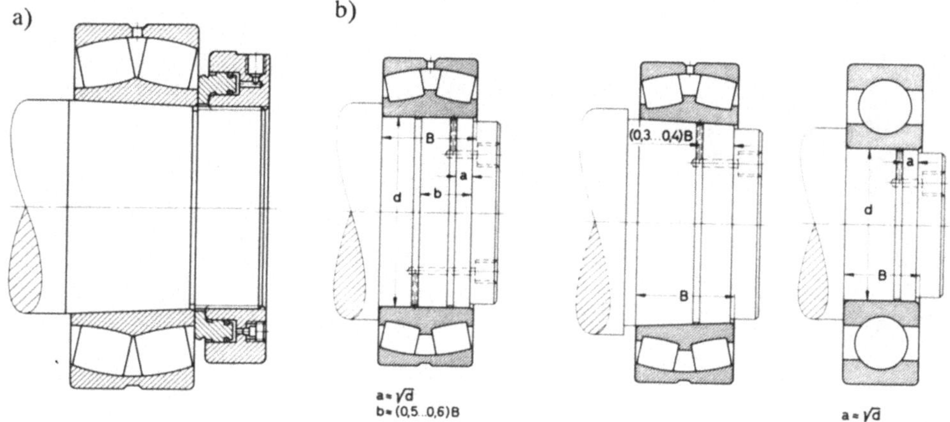

Bild 10.17: Hydraulische Montagemöglichkeiten: a) Ringkolbenpresse b) Lage der Ölnuten

10.7 Schmierung

Der Schmierstoff hat die Aufgabe, den Verschleiß und die Reibung im Lager zu vermindern und zusätzlich mit den Dichtungen die Lager vor Verunreinigungen und Korrosion zu schützen. An hochbelasteten Lagern muß der Schmierstoff auch für die Wärmeabfuhr aus dem Lager sorgen. Die im Kapitel 10.5 vorgestellte erweiterte Lebensdauerberechnung setzt eine ausreichende Schmierung voraus.
Als Schmierstoffe an Wälzlagern werden Fett, Öl und Festschmierstoffe (MoS_2, Graphit) eingesetzt. Da die Schmierung auch Rückwirkungen auf die konstruktive Gestaltung der Lagerung und der Dichtung hat, ist das notwendige Schmierverfahren möglichst früh festzulegen.

10.7.1 Fettschmierung

Durch Fettschmierung werden die meisten Wälzlager (90 %) geschmiert. Bei dieser Methode ergibt sich ein geringer konstruktiver Aufwand und eine gute Unterstützung der Dichtungen (Fettkranz). Es werden kaum zusätzliche Schmiergeräte benötigt. Durch periodische Nachschmierung läßt sich das verbrauchte Fett ersetzen und Verunreinigungen aus dem Lager transportieren.
Lager mit Dicht- bzw. Deckscheiben verfügen über eine Fettfüllung, die bei normalen Betriebsbedingungen für die volle Lebensdauer des Lagers ausreichend ist (Bild 10.18).

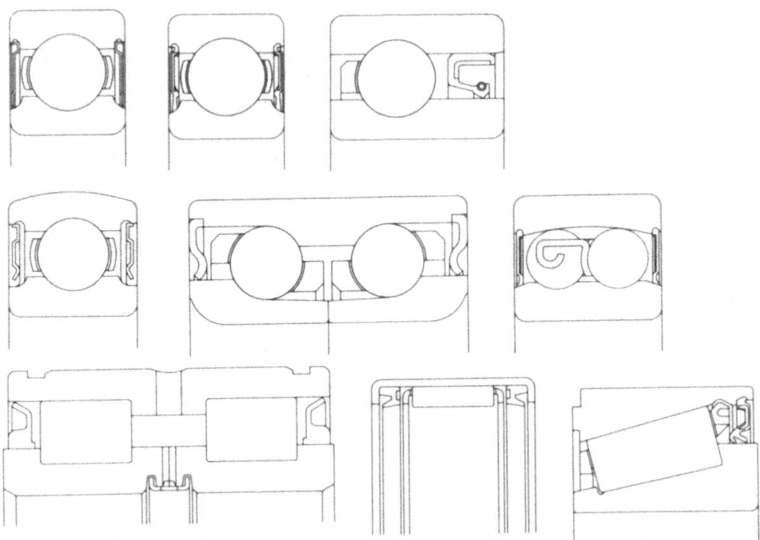

Bild 10.18: Lager mit integrierten Deck- bzw. Dichtscheiben

An allen anderen Lagern wird die benötigte Fettmenge wesentlich von der Drehzahl bestimmt. Langsamlaufende Lager dürfen vollständig mit Fett gefüllt werden. Im allgemeinen sollte das Lager nur gering mit Fett gefüllt werden (30 - 50 %). Die Anwendungsgrenzen für Fettschmierung ergeben sich durch die Temperaturbelastung und die Drehzahl des Lagers. Zulässig sind:

* $n\ d_m = 0{,}5 \cdot 10^6 \ \ldots\ 1 \cdot 10^6$
* $-40\,^{\circ}C < \vartheta < 150\,^{\circ}C$

In den Herstellerunterlagen sind Angaben über die zu beachtende Grenzdrehzahl zu finden. Falls die Betriebsdrehzahl größer ist als $0{,}5\ n_g$, so läßt sich durch einen einfachen Fettmengenregler (Stauscheibe) der Fettfluß durch das Lager einstellen. Die Regulierung des Fettflußes erfolgt durch Variation des Spaltdurchmessers d_s (Bild 10.19).

$d_s < d_m$	$n / n_g = 1$; vertikale Achse	geringer Fettaustritt
$d_s = d_m$	großer Drehzahlbereich	Mindestfettmenge bleibt im Lager
$d_s > d_m$	$n / n_g = 0{,}5 \ldots 0{,}8$	starker Fettaustritt

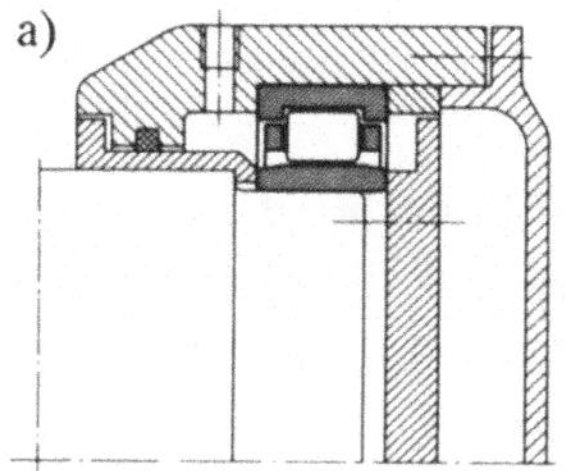

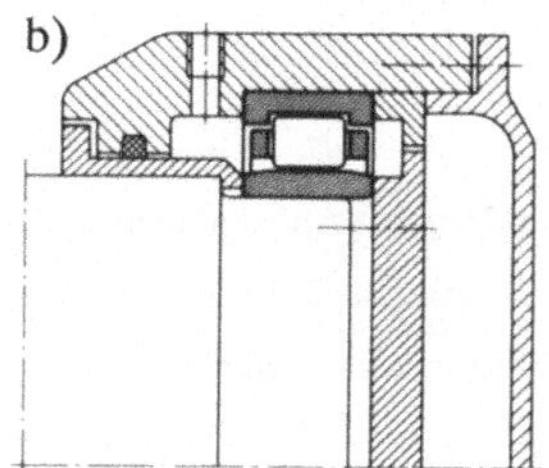

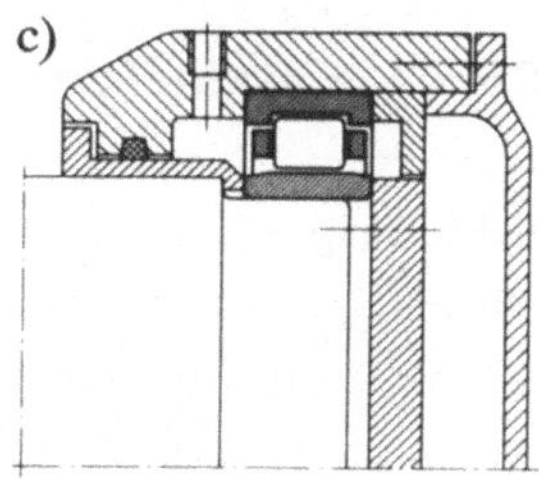

Bild 10.19: Fettmengenregelung durch Stauscheibe a) $d_s > d_m$ b) $d_s = d_m$ c) $d_s < d_m$

Das Prinzip der Stauscheibe läßt sich auch bei vertikaler Welle und Lagern mit Förderwirkung benutzen um einen schnellen Fettaustritt von der Lagerstelle zu verhindern (Bild 10.20).

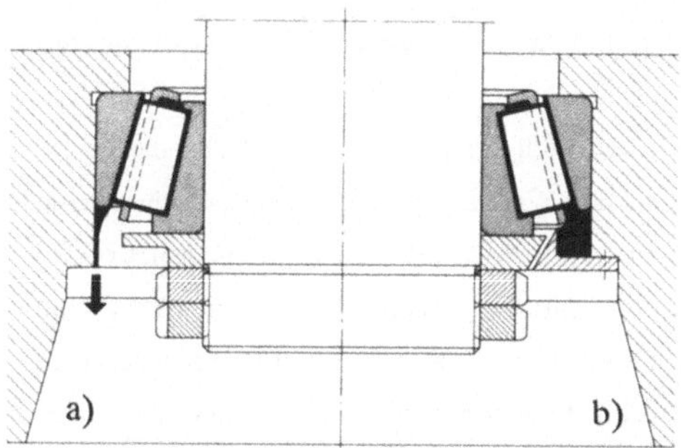

Bild 10.20: Stauscheibenanordnung an einer vertikalen Welle a) falsch b) richtig

Die Versorgung der Lagerstellen mit neuem Fett sollte nur von einer Seite erfolgen. Allerdings muß das verbrauchte Fett auf der Austrittsseite über Bohrungen leicht abfließen können. Unsymmetrische Lagerpaare (Schrägkugellager, Kegelrollenlager) werden von der Mitte mit Schmierstoff versorgt. Durch die Fliehkräfte und die Förderwirkung der Lager wird das Fett durch beide Lager transportiert.

Bei normaler Belastung werden Wälzlagerfette K, bei hoher Belastung Fett KP (DIN 51825) eingesetzt. In Abhängigkeit der Betriebsbedingungen läßt sich nach den Unterlagen der Hersteller die Fettgebrauchsdauer (Zeitpunkt der Nachschmierung) und die Nachschmiermenge bestimmen.

10.7.2 Ölschmierung

Ölschmierung wird eingesetzt, wenn andere Maschinenelemente in der Nähe bereits mit Öl versorgt werden (Getriebe) oder wenn aus der Lagerstelle Wärme abgeführt werden muß. Letzteres tritt häufig bei hohen Drehzahlen und hoher Belastung auf. Durch Ölschmierung lassen sich erheblich größere Grenzdrehzahlen als mit Fettschmierung erreichen. Übliche Schmierverfahren sind:

Verfahren	Drehzahlgrenze $n\,d_m$
Öltauchschmierung	$0{,}3 \cdot 10^6$ .... $0{,}5 \cdot 10^6$
Ölumlaufschmierung	$\sim 1 \cdot 10^6$
Öleinspritzschmierung	$4 \cdot 10^6$
Ölnebelschmierung	$1{,}5 \cdot 10^6$

Bei Tauchschmierung (Badschmierung) steht das Lager zum Teil im Öl. Der Ölstand ist so zu bemessen, daß der unterste Wälzkörper im Stillstand gerade vollständig in das Öl eintaucht (Bild 10.21). Lager mit asymmetrischem Querschnitt benötigen Rücklaufkanäle. Höhere Ölstände führen zu erhöhter Lagertemperatur und eventuell Schaumbildung. An vertikalen Wellen steigt durch die vollständige Ölfüllung das Reibmoment im Lager auf ungefähr den dreifachen Wert an. Bei der Ölumlaufschmierung wird der Umlauf des Öles im allgemeinen durch eine Pumpe aufrechterhalten. Nach dem Umlauf wird das Öl in einen Sammelbehälter geleitet, gefiltert und eventuell gekühlt. Zur Vermeidung von Reibungsverlusten im Lager muß besonders bei hohen Drehzahlen eine ausreichende, aber nicht zu große Ölmenge, zum Lager transportiert werden (Bild 10.22). Eventuell wird die Ölmenge durch den Wärmetransport aus dem Lager festgelegt.

a)
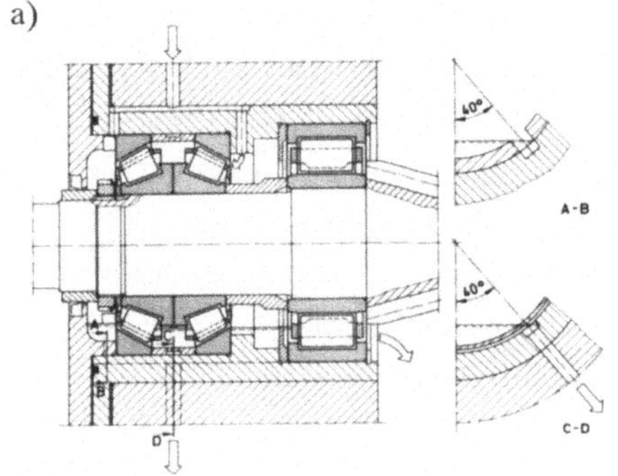

b)
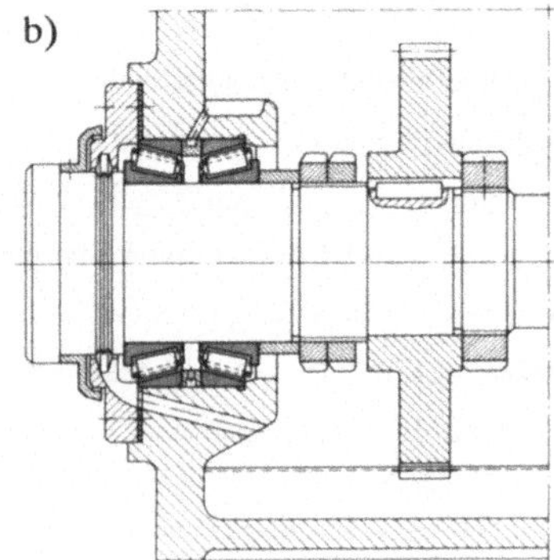

Bild 10.21: Beispiele für Tauchschmierung a) Ritzellagerung mit Ölführung b) Spindellagerung

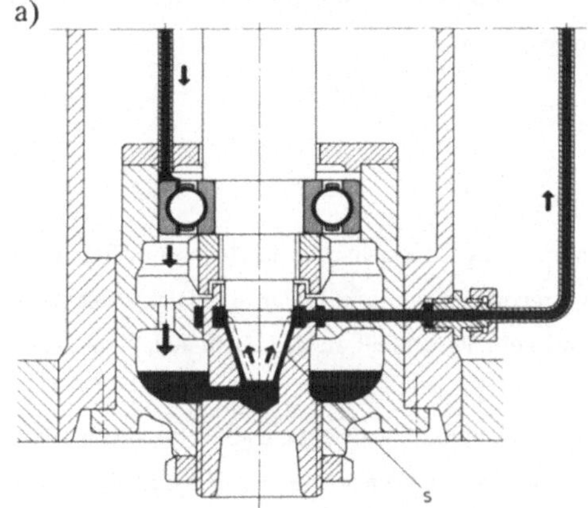

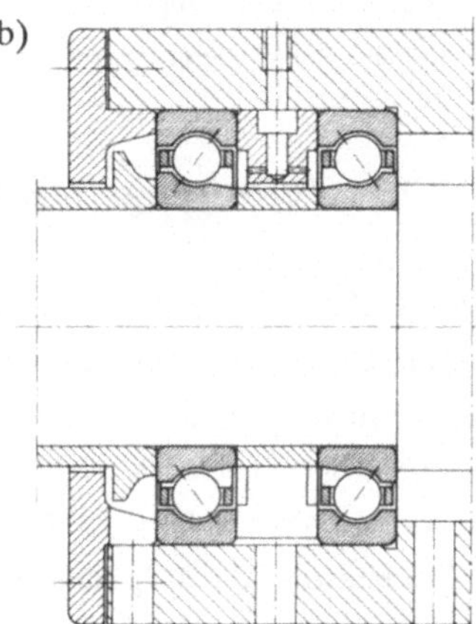

Bild 10.22: Beispiele für Umlaufschmierung a) vertikale Welle b) Lagerung mit Einspritzschmierung

Bei hohen Drehzahlen ergeben sich bei symmetrischen Lagern hohe Durchflußwiederstände. Daher wird das Öl unter hohem Druck gezielt seitlich in das Lager eingespritzt. Zur Durchdringung des Luftwirbels im Lager ist eine Mindeststrahlgeschwindigkeit von 15 m/s notwendig. Besonders wichtig bei der Einspritzschmierung ist es, daß ausreichend bemessene Abflußkanäle für das nicht aufgenommene Öl vorhanden sind. Bei Ölumlauf und Öleinspritzschmierung muß das Versorgungssystem bereits vor dem Einschalten der Maschine die Lager mit Öl versorgen oder es muß durch konstruktive Maßnahmen dafür gesorgt werden, daß das Öl nicht vollständig aus der Lagerstelle ablaufen kann.
Werden die Lager mit sehr geringen, aber kontinuierlichen Ölmengen versorgt, so ergeben sich niedrige Lagertemperaturen. Bei der Ölnebelschmierung wird Öl kontinuierlich in einen Luftstrom eingespritzt. Die Ölmenge verteilt sich in der Luft und wird an der Wandung der Versorgungsleitung zur Lagerstelle transportiert. Der Öl - Luft - Strom wird über Düsen zwischen Käfig und Innenring in die Lager eingesprüht. Die benötigte Schmierung hängt wesentlich vom Lagertyp ab. Lager mit Förderwirkung benötigen einen größeren Mindestölbedarf als symmetrische Lager.

10.8 Abdichtung von Lagern

Dichtungen an Wälzlagern sollen den Schmierstoff an der Lagerstelle zurückhalten und das Lager vor korrosivem Angriff (Feuchtigkeit) und Verschmutzung schützen.
Neben den integralen Dichtungen (für Fett), die aber nicht bei allen Lagertypen verfügbar sind, wird zwischen berührenden und berührungsfreien Dichtungen außerhalb des Lagers unterschieden. Die

Auswahl der Abdichtung richtet sich nach dem Schmierverfahren, der Umfangsgeschwindigkeit an der Dichtfläche, der Wellenanordnung und dem benötigten Bauraum.

10.8.1 Berührungsfreie Dichtungen

Solche Dichtungen beruhen auf der Dichtwirkung von engen Spalten zwischen Bauteilen mit Relativbewegung. Die Lage des Spaltes kann radial oder axial angeordnet werden. Da an der Dichtstelle keine Bauteile aufeinander gleiten, entsteht keine Reibung und kein Verschleiß an der Dichtstelle. Die Dichtwirkung steigt mit zunehmender Drehzahl an.
Bei niedrigen Drehzahlen wird oft mit einer Fettfüllung im Dichtspalt gearbeitet. Die Dichtwirkung wird bei Ölschmierung durch Spritzrillen bzw. Schleuderscheiben auf der Welle weiter verbessert. Das abgeschleuderte Öl wird über Nuten bzw. Bohrungen in das Gehäuse zurückgeleitet (Bild 10.23).

10.8.2 Berührende Dichtungen

Bei diesen Dichtungen wird ein Dichtelement durch elastische Verformung oder eine Anpreßkraft gegen die Dichtfläche gepreßt. Die Dichtungen erfordern an der Lauffläche der Dichtung eine gute Oberflächenqualität zur Erzielung der Dichtwirkung. Durch die Berührung entsteht eine größere Lagerreibung und der Einsatz wird durch die Umfangsgeschwindigkeit begrenzt. Da die berührende Dichtung empfindlich gegen mechanische Beschädigung ist, wird oft zum Schutz eine einfache berührungsfreie Dichtung (Spalt) vorgeschaltet (Bild 10.24).
Bei Fettschmierung werden Filzringe oder federnde Abdeckringe benutzt. Ölgeschmierte Lager werden durch Radial - Wellendichtringe oder V - Ringe abgedichtet. Soll der Schmierstoffaustritt verhindert werden, so wird die Dichtlippe des Wellendichtringes nach innen angeordnet. Zum Schutz vor Verunreinigungen zeigt die Dichtlippe nach außen. Wird bei Fettschmierung nachgefettet, so muß eine Dichtlippe ebenfalls nach außen Zeigen. Die Anforderungen an die Lauffläche richten sich nach der Umfangsgeschwindigkeit. Ab einer Umfangsgeschwindigkeit von 8 m/s sind gehärtete Flächen notwendig, die zur Vermeidung von Pumpwirkungen im Einstichverfahren ($R_a < 0{,}8\ \mu m$) geschliffen werden

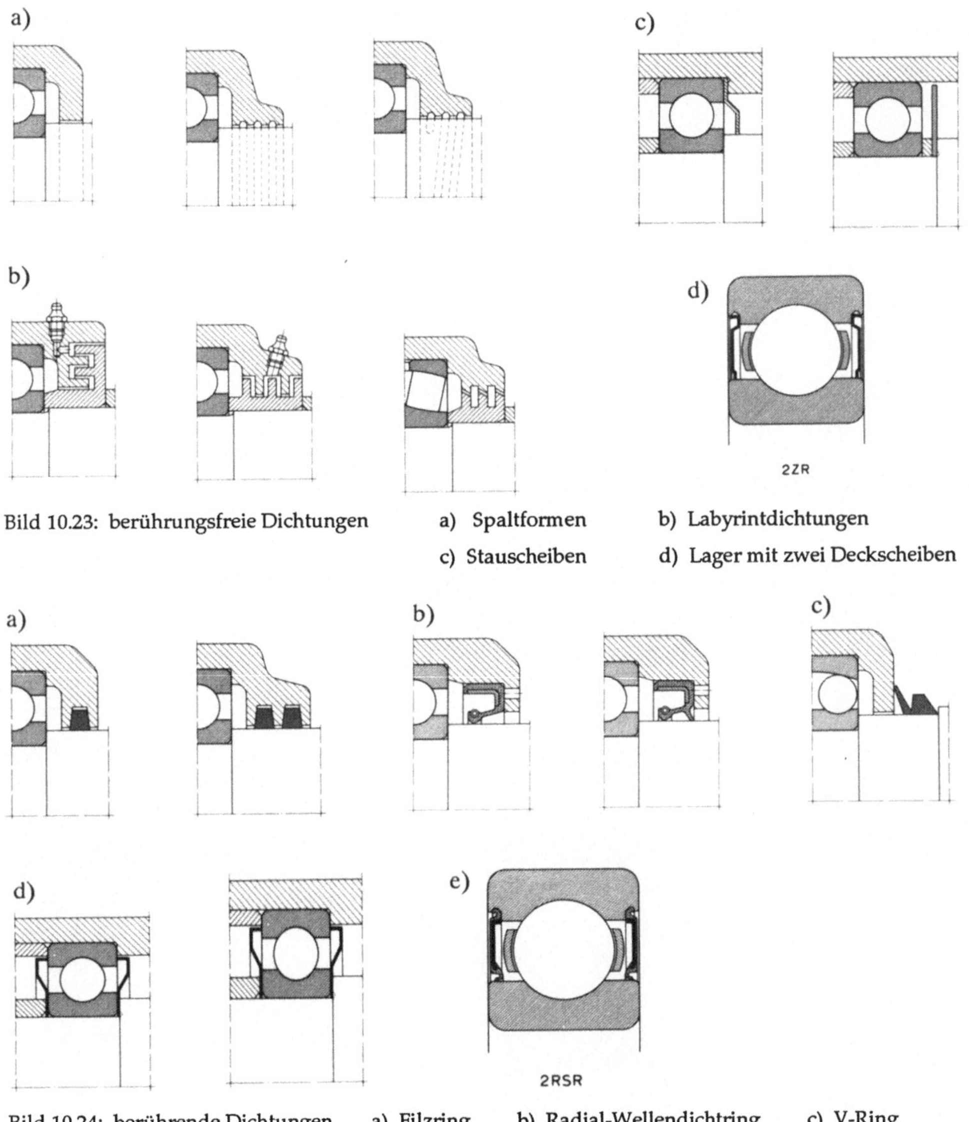

Bild 10.23: berührungsfreie Dichtungen a) Spaltformen b) Labyrintdichtungen c) Stauscheiben d) Lager mit zwei Deckscheiben

Bild 10.24: berührende Dichtungen a) Filzring b) Radial-Wellendichtring c) V-Ring d) federnde Abdeckringe e) Lager mit zwei Dichtscheiben

11 GLEITLAGER

11.1 Allgemeines

Mit Gleitlagern lassen sich Kräfte zwischen relativ zueinander bewegten Teilen übertragen. Die Tragfähigkeit des Lagers wird durch die Lage und Gestalt der Gleitflächen bestimmt. Wie bei Wälzlagern wird nach der Kraftwirkung zwischen Radiallagern (Querlagern) und Axiallagern (Längslagern) unterschieden.

Da die Gleitflächen nicht aufeinander abrollen, ist nur bei vollständiger Trennung der beiden Lagerteile eine verschleißsichere Konstruktion möglich. Die Trennung der Gleitflächen erfolgt ausschließlich durch den tragfähigen Schmierfilm. Erfolgt der Druckaufbau im Schmierfilm durch die Rotation des Lagerzapfens, so liegt ein hydrodynamisches Gleitlager vor. In hydrostatischen Gleitlagern erfolgt der Druckaufbau durch eine externe Ölpumpe.

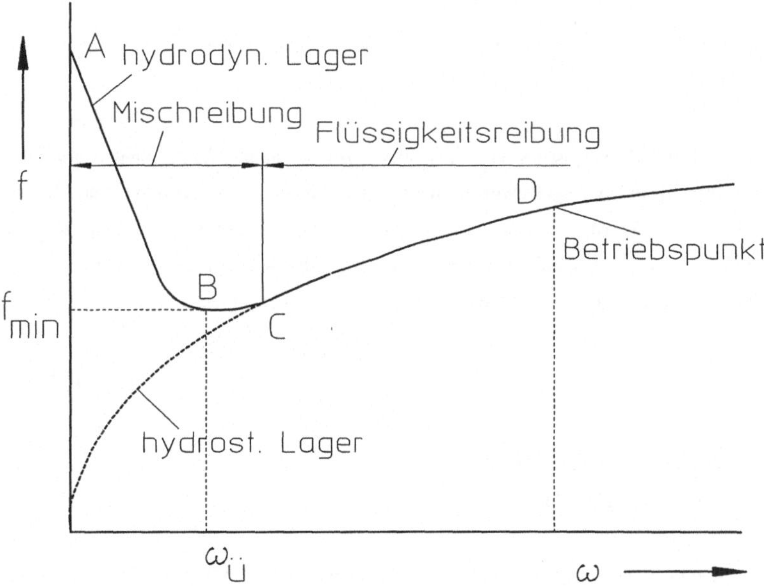

Bild 11.1: Verlauf der Reibungszahl (schematisch)

Bei hydrodynamischen Lagern besteht beim Anfahren zunächst Kontakt zwischen dem Lagerzapfen und der Gehäuseschale. Es liegt also Haftreibung vor. Mit zunehmender Drehzahl ergibt sich eine teilweise

Trennung der Flächen (Mischreibung). Dabei nimmt die Reibungszahl zunächst ab (Bild 11.1). Erst bei vollständiger Trennung der Reibflächen tritt kein Verschleiß mehr auf. Im Gebiet der Flüssigkeitsreibung (ab Punkt C) nimmt die Reibungszahl bis zum Betriebspunkt D weiter zu. Das dargestellte Verhalten gilt nur für konstante Betriebstemperatur und damit konstante Viskosität. In der Praxis bleibt wegen der mit der Temperatur abnehmenden Viskosität der Reibwert nahezu konstant.
Durch die Reibungszahl der Flüssigkeitsreibung wird die Reibungsleistung des Lagers bestimmt. Die Reibungsleistung muß durch das Schmiermittel bzw. durch Wärmeleitung und Wärmestrahlung des Lagergehäuses aus dem Lagerbereich abgeführt werden.
Die Trennung der Gleitflächen wird durch eine gute Formtoleranz und kleine Rauhigkeiten an beiden Teilen ($R_a < 2$ μm) erleichert. Gleitlager eignen sich besonders für höchste Drehzahlen, sind wegen des Schmierstoffes unempfindlich gegen Schwingungen und Stöße und lassen sich wegen ihres einfachen Aufbaues leicht konstruktiv anpassen. Nachteilig ist der Aufwand zur Versorgung der Lager mit Schmierstoff (große Menge), die hohe Oberflächenqualität der Lagersitze und die Neigung bestimmter Lager zu instabilem Laufverhalten.
Für die Dimensionierung der Lager sind wesentlich:

* die mechanische Auslegung (Zapfen, Schale)
* die Sicherstellung eines Schmierfilmes im Gleitraum (Verschleißsicherheit)
* die thermische Auslegung

Schmierstoffe: Durch den Schmierstoff wird die zur Funktionserfüllung so wichtige vollständige Trennung der Gleitflächen ermöglicht. In Gleitlagern werden überwiegend mineralische und synthetische Öle verwendet. Da der Schmierstoff an den Gleitflächen gut haftet, entsteht durch die Gleitbewegung (Relativbewegung) im Schmierstoff eine Schubspannung. Wenn die Schubspannungen proportional zur Geschwindigkeit sind, wird der Schmierstoff als Newtonsche Flüssigkeit bezeichnet.

$$\tau = \eta \frac{du}{dy} \tag{11.1}$$

η dynamische Viskosität
u Geschwindigkeit im Spalt

Zur Kennzeichnung von Ölen ist jedoch wegen der einfachen Messung die kinematische Viskosität ν weit verbreitet.

$$\nu = \frac{\eta}{\rho} \tag{11.2}$$

In DIN 51519 sind ISO - Viskositätsklassen für flüssige Industrieschmierstoffe genormt. Als Viskositätsklasse (ISO - VG) wird der Zahlenwert von $10^6\,\nu$ bei der Normtemperatur $\vartheta = 40\,^{\circ}C$ benutzt. Als Einheit der ISO - VG ergibt sich somit mm^2/s.
Die starke Temperaturabhängigkeit der dynamischen Viskosität (Anhang L Bild 1) ist bei der Berechnung unbedingt zu berücksichtigen. Die ebenfalls vorhandene Druckabhängigkeit der Viskosität wird bei der Auslegung von Gleitlagern vernachlässigt. Zusätzlich werden für die Auslegung die spezifische Wärmekapazität und die Dichte des Öles benötigt.
Die Dichte der meisten Öle (Bestimmung nach DIN 51757) liegt für eine Bezugstemperatur von 15 °C bei $\rho = 900\ kg/m^3$. Nach VDI 2203 Bl. 1 läßt sich die Dichte und die spezifische Wärmekapazität auf andere Temperaturen wie folgt umrechnen:

$$\rho(\vartheta) = \rho(\vartheta_0)\ [1 - 0{,}00065\,(\vartheta - \vartheta_0)\,] \qquad (11.3)$$

$$c_p = 3856 - 2{,}345\,\rho_{15} + 4{,}605\,\vartheta \qquad (\rho_{15} > 896\ kg/m^3) \qquad (11.4)$$

$$c_p = 2910 - 1{,}29\,\rho_{15} + 4{,}605\,\vartheta \qquad (\rho_{15} \leq 896\ kg/m^3) \qquad (11.5)$$

ρ_{15} Dichte bei 15 °C
ϑ Temperatur in °C
c_p spezifische Wärmekapazität in J/kg K

Für Mineralöle ergibt sich als volumenspezifische Wärmekapazität $c_p\,\rho = (1{,}6\ \ldots.\ 1{,}8) * 10^6\ J/m^3 K$.
Diese Größe wird zur Bestimmung des Kühlöldurchsatzes benötigt.
Öle mit niedriger Viskosität haben eine geringe innere Reibung und eignen sich daher für hohe Drehzahlen und geringe Belastungen. Für große Belastungen und niedrige Drehzahlen werden Öle mit hoher Viskosität eingesetzt. Bei geringer Belastung können auch Fette als Schmierstoff Verwendung finden (VDI 2204).

Schmierstoffzuführung: Bei Lagern mit Ölschmierung erfolgt die Zufuhr des Öles durch Ringe, die Fliehkraft oder durch Umlaufschmierung.
Bei Ringschmierung taucht ein Ring in den Ölsumpf des Lagers ein und transportiert das am Ring anhaftende Öl in den oberen Lagerbereich. Die transportierte Ölmenge hängt von den Ringabmessungen und der Drehzahl des Ringes ab. Bis zu einer Umfangsgeschwindigkeit von 10 m/s werden fest montierte Ringe benutzt. Das Öl wird an geeigneter Stelle durch einen Abstreifer dem Lager zugeführt (Bild 11.2).

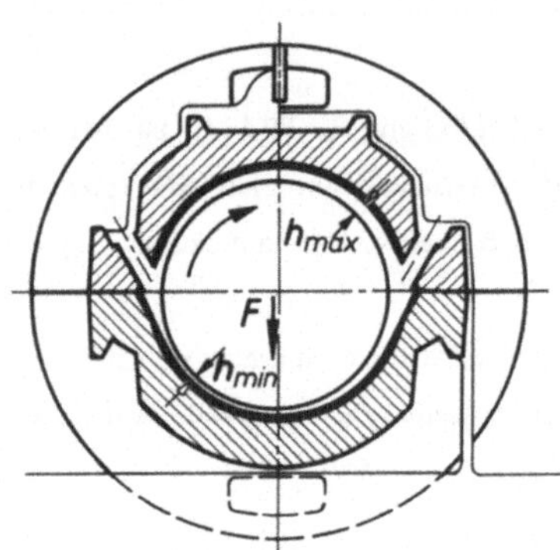

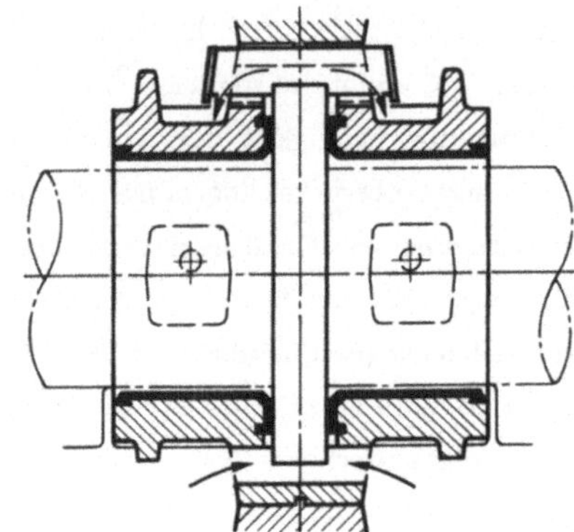

Bild 11.2 Lagerschmierung mit Festring

Bis zu Umfangsgeschwindigkeiten von 20 m/s läßt sich ein Losring nach DIN 322, der das Öl überwiegend an den Ringinnenflächen transportiert, einsetzen. Bei vertikalen Wellen und bei dynamischer Belastung ist die Ringschmierung nicht einsetzbar.
Durch Umlaufschmierung werden meistens mehrere Lager zentral mit geeignetem Öl versorgt. Sie wird auch eingesetzt, wenn keine Ringschmierung benutzt werden kann oder wenn eine externe Ölkühlung erforderlich ist. Die Schmierstoffverteilung erfolgt durch Schmiertaschen, Ringnuten oder Bohrungen, die in der unbelasteten Lagerzone angebracht werden.

Werkstoffe: Bei reiner Flüssigkeitsreibung im Betriebspunkt müssen die Lagerwerkstoffe den vorhandenen Druck im Lager ohne unzulässige Verformung aufnehmen und ein gutes Haften des Schmierstoffes ermöglichen. Beim Anfahren und Auslaufen muß bei hydrodynamischer Schmierung jedoch das Gebiet der Mischreibung, mit einer Verschleißbeanspruchung der Gleitflächen, durchfahren werden.
Im Lagerwerkstoff werden durch die Lagerkraft Normal- und Schubspannungen verursacht. Hinzu kommt die thermische Belastung durch die unvermeidliche Reibungswärme. Daher ergeben sich sehr komplexe Anforderungen, bei denen die Einzelforderungen teilweise im Widerspruch stehen, an einen Lagerwerkstoff. Für metallische Lagerwerkstoffe wird in DIN 50282 das Verhalten der Gleitpartner beschreiben durch:

* Anpassungsfähigkeit
* Schmiegsamkeit
* Belastbarkeit

* Mechanische Belastungsgrenze
* Verschleißwiederstand
* Notlaufverhalten
* Riefenbildungswiderstand

Eine einheitliche Rangfolge der Anforderungen kann für Gleitlagerwerkstoffe nicht gegeben werden. Hauptanforderungen sind meistens das Notlaufverhalten, die Belastbarkeit und das Verschleißverhalten. Gute Notlaufeigenschaften lassen sich am besten von weichen Lagerwerkstoffen mit niedrigem Schmelzbereich, ein großer Verschleißwiderstand aber nur durch harte Gleitlagerwerkstoffe erreichen. Eine Kombination beider Forderungen läßt sich am einfachsten durch Mehrschichtlagerwerkstoffe erzielen /11.34/.

a) Blei- und Zinn - Lagermetalle (DIN ISO 4381; 4383):
Die Gefüge dieser Werkstoffe haben einen ähnlichen Aufbau. In einer weichen Matrix des Hauptlegierungselementes sind härtere Teilchen aus Mischkristallen eingebettet. Durch die weiche Matrix ergibt sich ein günstiges Notlaufverhalten, die harten Bestandteile verbessern die Belastbarkeit. Der Verschleißwiderstand ist wegen der weichen Matrix gering. Eingesetzt werden solche Legierungen im allgemeinen Maschinenbau und im Turbinenbau.

b) Kupferlegierungen (DIN ISO 4382; 4383):
Alle Legierungen haben einen Kupferanteil von mindestens 50 %. Es sind Guß- und Knetlegierungen verfügbar. Zinnbronzen und Aluminiumbronzen haben wegen ihrer großen Härte nur geringe Einlauffähigkeiten. Sie werden bei niedrigen Gleitgeschwindigkeiten im Getriebebau benutzt. Bleibronzen und Zinn - Blei - Bronzen lassen sich für Gleitgeschwindigkeiten bis 10 m/s einsetzen. Die Verschleißfestigkeit und die Belastbarkeit sind niedriger als bei Zinnbronzen. Messinglegierungen sind hoch belastbar, haben jedoch nur mäßige Notlaufeigenschaften.

c) Aluminiumlegierungen (DIN ISO 4383; 6279):
Die Notlaufeigenschaften steigen mit zunehmendem Zinngehalt an und nehmen mit steigendem Silizium- bzw. Zink - Gehalt ab. Wegen der hohen Belastbarkeit und Verschleißfestigkeit werden sie in Mehrschichtlegierungen eingesetzt. Bei solchen Mehrschichtlagern werden auf einen Stahlgrundkörper hochbelastbare Lagerwerkstoffe aufgebracht. Die schlechten Notlaufeigenschaften werden durch eine weitere, sehr dünne Schicht, eines weicheren Lagerwerkstoffes verbessert. Weit verbreitet sind solche Lager mit einer Blei - Bronze Zwischenschicht und einer galvanisch aufgebrachten Blei - Zinn - Kupfer Gleitschicht (Pleuellager, Kurbelwellenlager).

d) thermoplastische Kunststoffe (DIN ISO 6691; VDI 2541):

Lager aus Thermoplasten werden bei Mangelschmierung, Einmalschmierung, Trockenlagern oder bei Korrosionsgefahr eingesetzt. Allerdings sind die Druckfestigkeit, Verschleißfestigkeit und Temperaturfestigkeit niedriger als bei metallischen Lagerwerkstoffen. Bei der Auslegung ist die schlechte Wärmeleitfähigkeit, die große Wärmedehnung und eventuell Kriechen und Feuchtigkeitsaufnahme zu beachten.

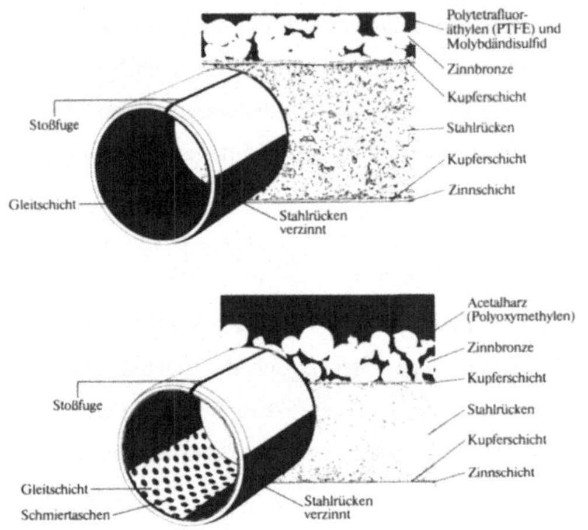

Bild 11.3: PTFE Verbundlager (SKF, Schweinfurt)

In Verbundlagern wird auf einen verkupferten Stahlstützkörper eine poröse Schicht aus Zinnbronze aufgesintert. Die Poren dieser Schicht werden in einem Walzprozeß mit PTFE ausgefüllt und zum Schluß mit einer dünnen Deckschicht (5 - 30 μm) aus PTFE überzogen (Bild 11.3).

11.2 Hydrodynamische Lager

11.2.1 Funktionsweise

Bei diesem Lagertyp wird die Tragfähigkeit durch den Druckaufbau im Schmierspalt bestimmt. Der Druckaufbau entsteht durch Stauen des haftenden Schmierfilmes in einem verengten Spalt (Bild 11.4). Die Schubspannungen im Schmierstoff sind nach Gl. 11.1 von der dynamischen Viskosität und der Geschwindigkeitsänderung abhängig. Da sich das Geschwindigkeitsgefälle im Spalt ändert, ergibt sich ein Druckaufbau im Spalt. Bei entsprechendem Druckaufbau werden die Gleitflächen vollständig voneinander getrennt und die Belastung wird vom Schmierfilm aufgenommen. Zur Sicherstellung des Druckaufbaues werden keine weiteren Bauelemente benötigt. Allerdings entsteht der Druck erst durch die Relativbewegung der Gleitflächen. Somit muß beim Anfahren bzw. Auslaufen das Gebiet der Mischreibung (Verschleiß) durchfahren werden. Zusätzlich verändert sich die Lage des Zapfens im Lager mit steigender Drehzahl.

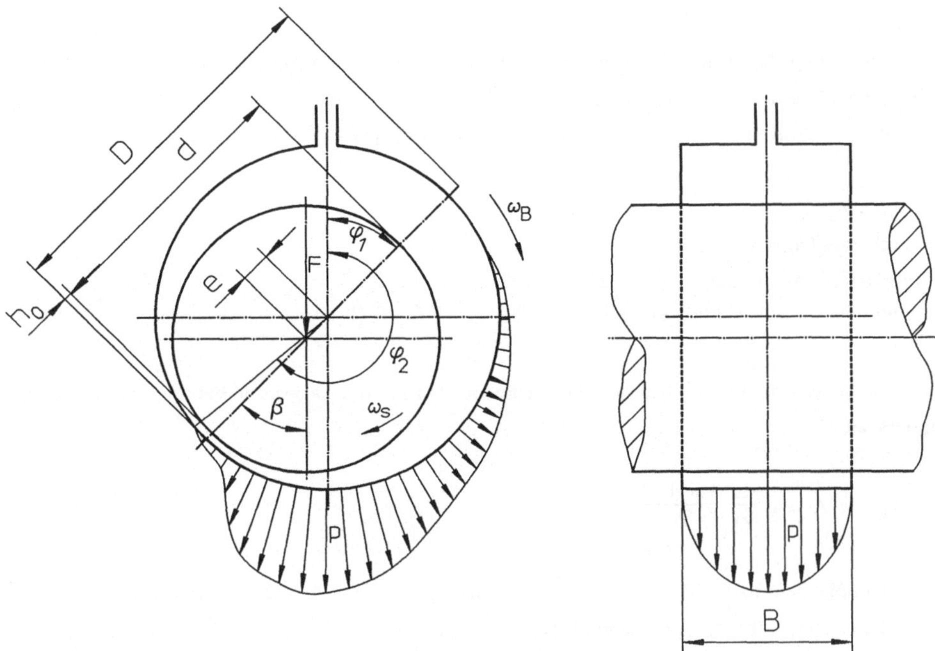

Bild 11.4: Druckaufbau im hydrodynamischen Lager

Durch die Reibung im Schmierfilm entsteht die Verlustleistung im Lager, die zur Erwärmung des Lagers führen kann. Durch Abfuhr der Wärme aus der Schmierschicht wird ein stationärer Betriebszustand erreicht.

Grundlage der recht komplexen Zusammenhänge zwischen Geschwindigkeit und Druckverlauf in der Schmierschicht bildet die Reynoldsche Differentialgleichung der Hydrodynamik.

$$\frac{d}{dx}\left[h^3 \frac{dp}{dx}\right] + \frac{d}{dz}\left[h^3 \frac{dp}{dz}\right] = 6\,\eta\,(u_S + u_B)\frac{dh}{dx} \qquad (11.6)$$

Zur Sicherstellung der hydrodynamischen Tragfähigkeit des Lagers wird die Gl. 11.6 numerisch durch

Differenzenverfahren gelöst. Dabei gelten folgende Voraussetzungen:

* stationäres Betriebsverhalten
* Newtonsche Flüssigkeit
* konstante Viskosität
* glatte, starre Gleitflächen
* konstante Schmierfilmdicke in axialer Richtung

Durch Anwendung des Ähnlichkeitsprinzips ergeben sich dimensionslose Kennwerte zur Beurteilung der Tragfähigkeit und des Reibungsverhaltens.
Bei Radiallagern (Bild 11.5) wird die Lage des Zapfens in der Lagerschale beschrieben durch:

Lagerspiel	$C = D - d$	(11.7)
relatives Lagerspiel	$\Psi = C / D$	(11.8)
relative Exzentrizität	$\varepsilon = 2e / C$	(11.9)
minimale Schmierfilmdicke	$h_0 = C/2 - e = D/2\ \Psi\ (1 - \varepsilon)$	(11.10)

Für den theoretischen Fall, daß sich der Wellenzapfen genau in der Lagermitte befindet, ergibt sich als Reibungskraft:

$$F_f = \tau\ A = \eta\ \frac{du}{dy}\ \frac{2\pi\ d\ B}{2} \tag{11.11}$$

Da die Spalthöhe dem halben Spiel entspricht, wird $du/dy = 2\ u\ /\ C$. Durch Einsetzen von Gl. 11.8 folgt somit aus dem Reibgesetz die Reibungszahl f:

$$f = F_f / F = \frac{\eta\ \omega\ \pi}{\Psi\ \bar{p}} \tag{11.12}$$

Zu Vergleichszwecken wird gern die bezogene Reibungszahl benutzt.

$$\frac{f}{\Psi} = \frac{\eta\ \omega\ \pi}{\Psi^2\ \bar{p}} = \frac{\pi}{So} \tag{11.13}$$

Kennzeichnend für die Tragfähigkeit ist die Sommerfeldzahl So:

$$So = \frac{\Psi^2\ \bar{p}}{\eta\ \omega} = \frac{F\ \Psi^2}{D\ B\ \eta\ \omega} \tag{11.14}$$

Gleitlager sind hydrodynamisch ähnlich, wenn sie bei gleichem Breitenverhältnis B / D die gleiche Sommerfeldzahl und die gleiche bezogene Reibungszahl besitzen. Aus der Sommerfeldzahl ist gut zu erkennen, daß eine Erhöhung der Viskosität oder der Winkelgeschwindigkeit und die Verringerung des Lagerspieles zu einer Erhöhung der Tragfähigkeit führen.
Aus der Reibungszahl läßt sich die Reibleistung im Lager bestimmen zu:

$$P_f = P_0 = f\ F\ U_s = f / \Psi\ F\ u_s\ \Psi \qquad (11.15)$$

Dieser Wärmestrom muß durch den austretenden Schmierstoff und durch Wärmeleitung über das Lagergehäuse abgeführt werden. In der Praxis ist entweder die Wärmeleitung oder die Abführung durch den Schmierstoff dominierend, so daß sich bei Vernachlässigung des zweiten Anteiles eine zusätzliche Sicherheit bei der Auslegung ergibt.
Folgende Annahmen sind üblich:

* Drucklos geschmierte Lager führen die Wärme durch Konvektion an die Umgebung ab
* Bei Lagern mit Umlaufschmierung überwiegt der Anteil durch den Schmierstoff

a) Wärmeabfuhr durch Konvektion

$$P_A = k\ A\ (\vartheta_B - \vartheta_a) \qquad (11.16)$$

$k = 7 + 12\sqrt{w_a}$ bei Luftbewegung mit w_a in m/s

sonst $k = 15 \ldots 20\ W/m^2 K$

Die abgebende Fläche A wird wie folgt bestimmt:

	Oberfläche A
Stehlager	$\pi H (B_H + H/2)$
Zylindrische Gehäuse	$\pi/2\ (D_H^2 - D^2) + \pi D_H B_H$

D_H = Gehäuseaußendurchmesser B_H = Gehäusebreite H = Stehlagergesamthöhe

b) Wärmeabfuhr durch den Schmierstoff

$$P_Q = \rho\ c_p\ \dot{Q}\ (\vartheta_2 - \vartheta_1) \qquad (11.17)$$

$\dot{Q}$= Schmierstoffdurchsatz = f (Bauart, Ölzuführung)

Aus dem stationären Wärmezustand des Lagers ergibt sich die effektive Lagertemperatur. Diese Temperatur ist zur Bestimmung aller Stoffwerte (η, c_p) zu verwenden.

11.2.2 Radiallager

11.2.2.1 Bauformen

Die Radiallager lassen sich in zylindrische Lager, Mehrflächengleitlager und Kippsegmentlager unterteilen. Dabei wird die Welle vollständig oder teilweise vom Lager umschlossen.
Zylindrische Lager, die wegen ihrer einfachen Form leicht herstellbar sind, werden in allen Bereichen des Maschinenbaues eingesetzt. Die Lager unterscheiden sich durch die Lage der Ölzuführung. Alle Lager mit zylindrischer Bohrung sind nur für eine Drehrichtung geeignet und neigen teilweise zu instabilem Laufverhalten.
Bei höheren Anforderungen an die Führungsgenauigkeit und zur Vermeidung von Lagerinstabilitäten werden Mehrflächengleitlager (MFL) eingesetzt. Üblich sind zwei bis vier Gleitflächen, die durch Kopierdrehen bzw. elastische Verformung der Lagerschale beim Einbau hergestellt werden. Die Lager haben eine gute Führungsgenauigkeit bis zu höchsten Drehzahlen, allerdings eine geringere Tragfähigkeit als zylindrische Lager. Anwendungsgebiete sind Turbomaschinen, Maschinen mit vertikaler Welle und Schleifspindeln.
Bei Kippsegmentlagern besteht die Lagerschale aus mehreren Segmenten. Jedes Segment kann auf einer konstruktiv ausgebildeten Kippkante kippen und stellt sich selbstständig auf die vorhandene Belastung ein. Den prinzipiellen Aufbau der Bauformen enthält das Bild 11.5.

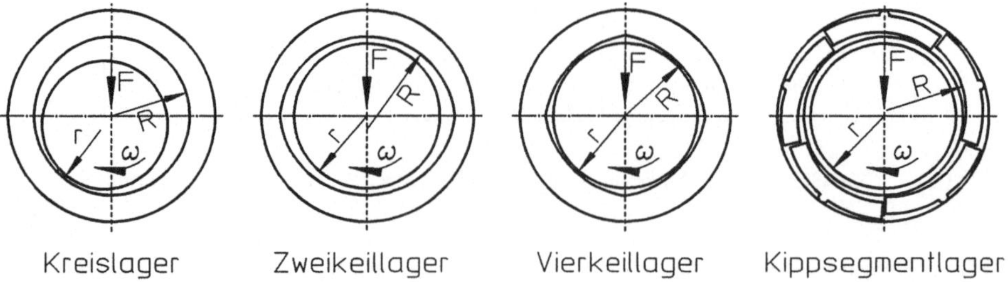

Bild 11.5: Bauformen von Radiallagern

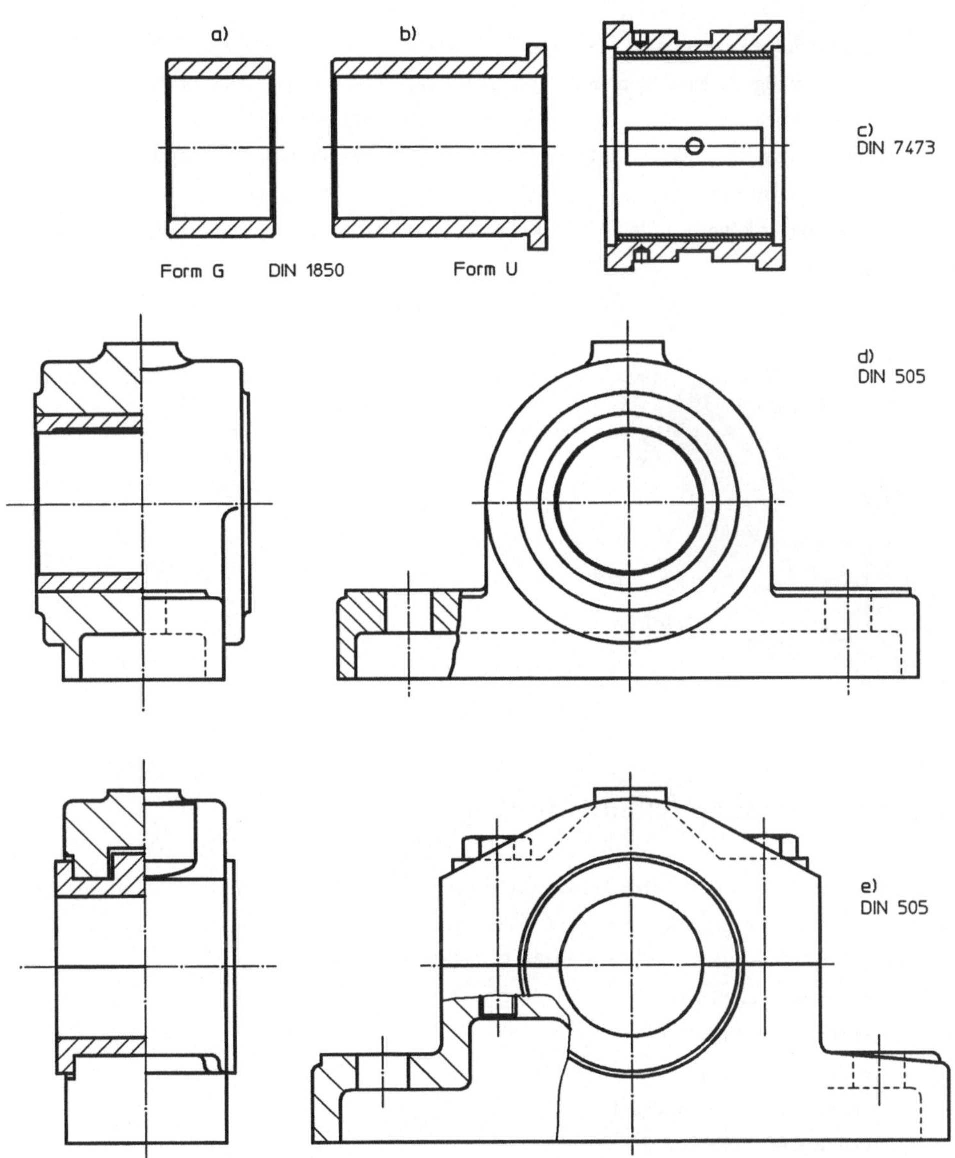

Bild11.6: Genormte Gleitlagerbauformen a) - c) Lagerbuchsen d) Augenlager e) Deckellager

Radiallager werden als funktionsfähige Einheiten mit eigenem Gehäuse oder als Lager - Grundkörper eingesetzt (Bild 11.6). Folgende Lagerkörper und einbaufertige Einheiten sind genormt:

* Buchsen	DIN 1850 T1 - T6
* Dickwandige Lagerschalen (geteilt und ungeteilt)	DIN 7473; 7474
* Dünnwandige Lagerschalen (mit Bund, ohne Bund)	DIN ISO 6864; DIN 1497
* gerollte Buchsen	DIN 1494
* Flanschlager, Augenlager, Deckellager	DIN 502; 503; 504; 505; 506
* Gehäusegleitlager	DIN 31690; 31693

Die Gehäusegleitlager können mittels Umlaufschmierung oder Tauchschmierung (Losring) geschmiert werden (Bild 11.7).

Bild 11.7: Gehäusegleitlager (Renk, Hannover)

11.2.2.2 Berechnung zylindrischer Lager

Die Berechnung wird im stationären Betrieb vorgenommen, bei dem die Drehfrequenz, die Belastung und die Temperatur im Lager konstant sind. Wegen der Ähnlichkeitsgesetze werden bei allen Bauformen Kennzahlen zur Berechnung verwendet. Bei Radiallagern sind dies:

* relatives Lagerspiel (Ψ)
* relative Exzentrizität (ε)
* relative Breite (B^*)
* Tragfähigkeitskennzahl (So)
* Reibungskennzahl (f / Ψ)
* Durchflußkennzahl (Q_1, Q_2)

Die aufgeführten Kennzahlen werden mit dem Lagerdurchmesser D bestimmt.

Für die Festlegung des Betriebslagerspieles hat sich folgende Festlegung für das mittlere relative Spiel in °/oo bewährt:

$$\Psi_m = 0{,}8 \sqrt[4]{u_s} \tag{11.18}$$

Da es teilweise schwierig ist, mit Hilfe von ISO - Abmaßen das Spiel zu verwirklichen, sollte das Lagerspiel vorzugsweise nach DIN 31698 ausgewählt werden. Erfahrungswerte für eine allgemeine Zuordnung des Lagerspieles zum Wellendurchmesser und zur Umfangsgeschwindigkeit enthält die Tabelle 1 im Anhang L .
Analog zum Festigkeitsnachweis an Bauteilen wird die Funktionsicherheit des Lagers durch Kennwerte nachgewiesen. Das Lager ist funktionssicher (Verschleiß, mechanische Belastung, thermische Belastung), wenn die ermittelten Kennwerte kleiner sind als zulässige Richtwerte.
In der Berechnung werden die Betriebsbedingungen als bekannt vorausgesetzt. Falls das Lager in unterschiedlichen Betriebszuständen (variable Last, variable Drehzahl) betrieben wird, ist für alle Zustände der Nachweis zu führen.

Zur Vereinheitlichung und Vereinfachung ist die Auslegung von Kreiszylinderlagern in DIN 31652 T1 genormt. In der VDI - Richtlinie 2204 wird auch die Behandlung anderer Lagertypen angesprochen.

Bei der Berechnung nach DIN 31652 muß zuerst die wichtigste Annahme, die laminare Strömung im Schmierspalt, überprüft werden. Hierzu wird die Reynoldszahl Re mit der Umfangsgeschwindigkeit der Welle (u_S) verwendet:

$$Re = \frac{\rho\ u_S\ C}{2\ \eta} < 41{,}3 \sqrt{\frac{D}{C}} \tag{11.19}$$

Aus den Abmessungen der Welle und der Bohrung wird das relative Lagerspiel bestimmt:

$$\Psi_{min} = (D_{min} - d_{max}) / D \tag{11.20}$$

$$\Psi_{max} = (D_{max} - d_{min}) / D \tag{11.21}$$

$$\Psi_m = 0{,}5\ (\Psi_{max} + \Psi_{min}) \tag{11.22}$$

Nach der Überprüfung der zulässigen Flächenpressung wird iterativ der Gleichgewichtszustand im Lager bestimmt. Dabei wird zuerst angenommen, daß die Kühlung des Lagers durch Konvektion erfolgt. Ergibt sich kein stationäres Gleichgewicht, ist mit Druckschmierung zu rechnen.

Berechnungsablauf: Mit einer angenommen Ölaustrittstemperatur wird die Tragfähigkeitszahl, die Reibungszahl (Anhang L Bild 2) und die Reibleistung nach Gl. 11.15 bestimmt. Bei Umlaufschmierung ergibt sich in axialer Richtung folgender Schmierstoffdurchsatz:

$$Q_1 = D^3 \; \Psi \; \omega \; q_1 \tag{11.23}$$

$$q_1 = \varepsilon/4 \; [B^* - 0{,}223 \, (B^*)^3] \tag{11.24}$$

Der Schmierstoffdurchsatz in Umfangsrichtung wird vernachlässigt. Liegt Druckschmierung vor, so ergibt sich aus dem Zuführdruck p_E folgender Schmierstoffdruchsatz:

$$Q_2 = q_2 \frac{D^3 \; \psi^3 \; p_E}{\eta} \tag{11.25}$$

$q_2 = f \; (\varepsilon \, , \; B^* \; , \Omega \,)$ nach Bild 3 Anhang L

Die Berechnung wird abgebrochen, wenn die Differenz zwischen der angenommen und der berechneten Ölaustrittstemperatur kleiner als 2 K wird (stationärer Fall). Nach der Überprüfung der Lagertemperatur mit der zulässigen Betriebstemperatur (ϑ_{lim}) wird zum Schluß die minimale Schmierfilmdicke h_0 nach Gl. 11.10 ermittelt und mit Betriebsrichtwerten verglichen. Der vollständige Nachweis umfaßt also:

$$Re < Re_{grenz} \tag{11.26a}$$

$$p < p_{lim} \tag{11.26b}$$

$$\vartheta < \vartheta_{lim} \tag{11.26c}$$

$$h_0 < h_{0\,lim} \tag{11.26d}$$

Die zulässigen Grenzwerte enthalten die Tabellen 2 und 3 im Anhang L. Da die dynamische Viskosität stark von der Temperatur abhängig ist, muß die Viskosität bei der mittleren Lagertemperatur $\vartheta_{eff} = \vartheta_1 - \vartheta_2$ bestimmt werden (ϑ_1 Eintrittstemperatur, ϑ_2 Austrittstemperatur).

11.2.3 Axiallager

11.2.3.1 Bauformen

Bei Axiallagern muß der für die hydrodynamische Druckentwicklung erforderliche konvergente Spaltverlauf konstruktiv realisiert werden. Dies läßt sich durch Lager mit fest eingearbeiteten Keilflächen oder durch kippbeweglich angeordnete Lagersegmente erreichen. Bei Lagern mit fester Keilfläche überwiegt die Ausführungsform mit Rastfläche am Ende des Keilspaltes (Bild 11.8).

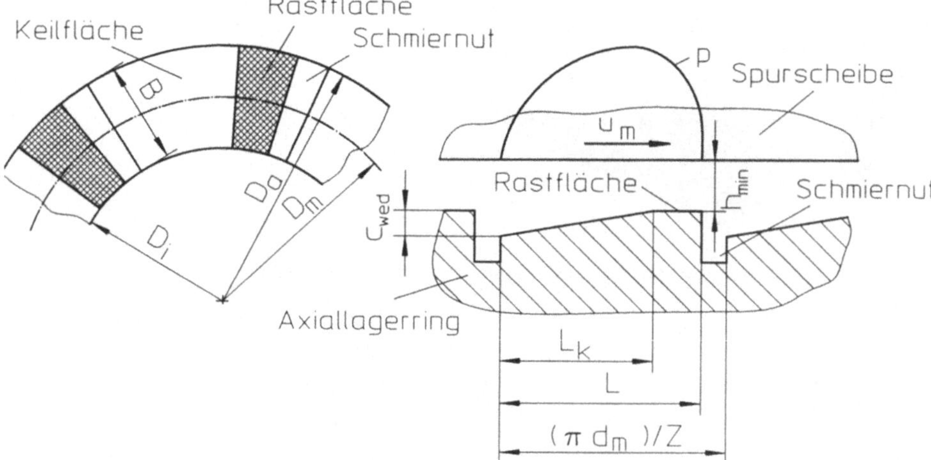

Bild 11.8: Prinzipieller Aufbau eines axialen Segmentlagers mit Rastflächen

Die Wahl der Lagerbauart wird wesentlich von den Betriebsbedingungen bestimmt. Hohe Flächenpressungen und häufiges Anfahren bzw. Auslaufen erfordern Kippsegmentlager, da sich bei ihnen die optimale Keilneigung im Betrieb selbstständig einstellt. Bei niedrigen Flächenpressungen und seltenen Laständerungen werden Lager mit festem Keilspalt eingesetzt. Alle Lager sind nur für eine Drehrichtung geeignet.

Werden Lager mit festem Keilspalt für beide Drehrichtungen vorgesehen, so ergibt sich eine verminderte Tragfähigkeit, da jeweils nur eine Keilfläche zur Tragfähigkeit beiträgt. Kippsegmentlager für beide Drehrichtungen werden zweckmäßigerweise mittig unterstützt. Die Schmierstoffversorgung erfolgt zwischen den Segmenten durch Nuten. Eine glatte Spurscheibe an der Welle bildet das Gegenstück. Für jede

Kraftrichtung ist ein Axiallager notwendig. Die Lager werden oft mit hydrodynamischen Radiallagern kombiniert (Bild11.9).

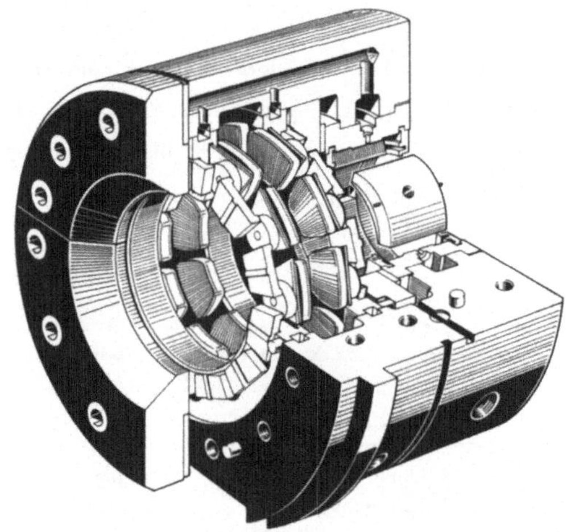

Bild 11.9: Beispiel eines Kombinationslagers (Mannesmann Demag, Duisburg)

Genormte Lager sind:

* Axiale Segmentlager DIN 31696
* Axiale Ringlager DIN 31697

11.2.3.2 Berechnung von Axialsegmentlagern

Für die Auslegung im stationären Betriebszustand werden ebenfalls Ähnlichkeitsgrößen benutzt. Aus den Lagerdaten werden die Kennzahlen des Lagers berechnet und mit zulässigen Richtwerten verglichen. DIN 31653 gilt für Axiallager mit dem Verhältnis $L_k / L = 0,75$, d.h. die Keilfläche ist das 0,75 - fache der Segmentlänge. Benötigt werden:

* relatives Lagerspiel (Ψ)
* relative Breite ($B^*=B/L$)
* relative minimale Spalthöhe ($h^* = h_{min} / C_{wed}$)
* Tragfähigkeitskennzahl (F^*)
* Reibungskennzahl (f^*)
* Durchflußkennzahlen (Q_1, Q_2, Q_3)

Tragfähigkeitskennzahl F^* :

$$F^* = \frac{h_{min}^2 \bar{p}}{u \eta L} = \frac{F h_{min}^2}{u \eta L^2 B Z} \tag{11.27}$$

Reibungskennzahl f^*:

$$f^* = \frac{f h_{min} \bar{p}}{u \eta} = \frac{F f h_{min}}{u \eta B L Z} \tag{11.28}$$

Das Bild 4 im Anhang L enthält die Kennwerte als Funktion von B^* und h^*_{min}.

Der Gleichgewichtszustand wird wegen der stark von der Temperatur abhängigen Kenngrößen iterativ bestimmt.

$$Re = \frac{\rho u h_{min}}{\eta} < 600 \tag{11.29}$$

Wie bei Radiallagern wird nach der Überprüfung der zulässigen Flächenpressung ($p < p_{lim}$) zuerst mit konvektiver Wärmeabfuhr gerechnet. Bei Axiallagern wird durch die Drehung der Spurscheibe die Schmierstoffmenge Q_3 an den Segmentseiten herausgefördert. Am Ende des Segmentes (Rastfläche) fließt die Schmierstoffmenge Q_2 ab.

$$Q_2 = Q_1 - Q_3 = Q_B (q_1 - q_3) = B h_{min} Z u (q_1 - q_3) \tag{11.30}$$

Es wird angenommen, daß der seitlich austretende Schmierstoff die Temperatur $(\vartheta_1 + \vartheta_2) / 2$ hat. q_1 und q_3 enthält das Bild 5 im Anhang L. Es muß der Wärmestrom nach Gl. 11.15 abgeführt werden. Die Wärmeabfuhr wird nach Gl. 11.15 bzw. 11.17 bestimmt. Als abgebende Fläche A wird verwendet:

Zylindrische Gehäuse	$\pi/2 D_H^2 + \pi D_H B_H$
Lager im Verbund mit Radiallagern	(15 ... 20) B L Z

Im stationären Fall wird nun die ermittelte Lagertemperatur und die Schmierfilmdicke mit zulässigen Werten verglichen (Tabelle 2 und 3 im Anhang L).

11.2.3.3 Berechnung von Kippsegmentlagern

Im stationären Betrieb ist die Berechnung für Kippsegmentlager mit Kippklötzen in DIN 31654 festgelegt. Kennzahlen für mittig unterstützte Kreisringgleitschuhe enthält die VDI Richtlinie 2204 Bl. 4 .
Jedes Kippsegment der Länge L und der Breite B kann sich selbstständig über die Kippkante auf den im Betrieb erforderlichen Schmierspalt einstellen. Die Lage der Kippkante wird vom Spalteintritt in Bewegungsrichtung der Spurscheibe angegeben (Bild 11.10). Zuvor ist jedoch die Lage der Unterstützungsstelle festzulegen. Sie liegt an der Stelle des Druckmittelpunktes und bestimmt entscheidend die Tragfähigkeit, den Schmiermitteldurchsatz und die Reibleistung im Lager.

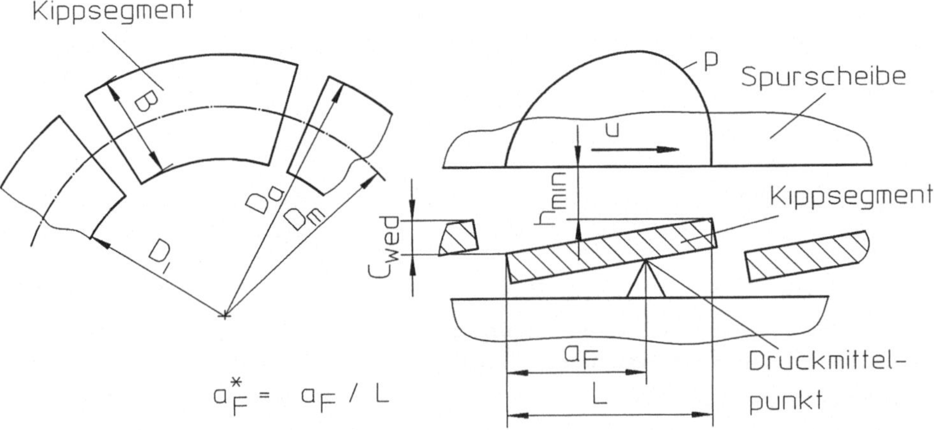

Bild 11.10: Aufbau eines Kippsegmentlagers

Die relative Lage der Kippkante als Funktion der relativen Breite enthält das Bild 6 im Anhang L. Es werden die gleichen Kennzahlen wie bei Axialsegmentlagern verwendet (Anhang L Bild 7).

Der Schmierstoffdurchsatz wird wie bei Segmentlagern bestimmt. Das Bild 8 im Anhang L enthält die benötigten Durchflußkennzahlen. Die zulässigen Werte für die Flächenpressung und die Schmierfilmdicke sind ebenfalls in Tabelle 2 und Tabelle 3 (Anhang L) aufgeführt.

11.3 Hydrostatische Lager

Beim hydrostatischen Lager wird Schmiermittel von einer Pumpe der Druckkammer des Lagers zugeführt. Das Schmiermittel fließt über enge Spalte aus dem Lager ab.
Hydrostatische Lager erreichen die volle Tragfähigkeit auch im Stillstand (Relativgeschwindigkeit Null) oder bei geringen Relativgeschwindigkeiten. Es liegt also immer der verschleißfreie Betrieb vor. Das Gebiet der Mischreibung wird auch beim Anfahren und Auslaufen nicht durchlaufen. Diese günstigen Eigenschaften erfordern allerdings eine Schmierstoffversorgung (Pumpe, Kapillaren, Filter).

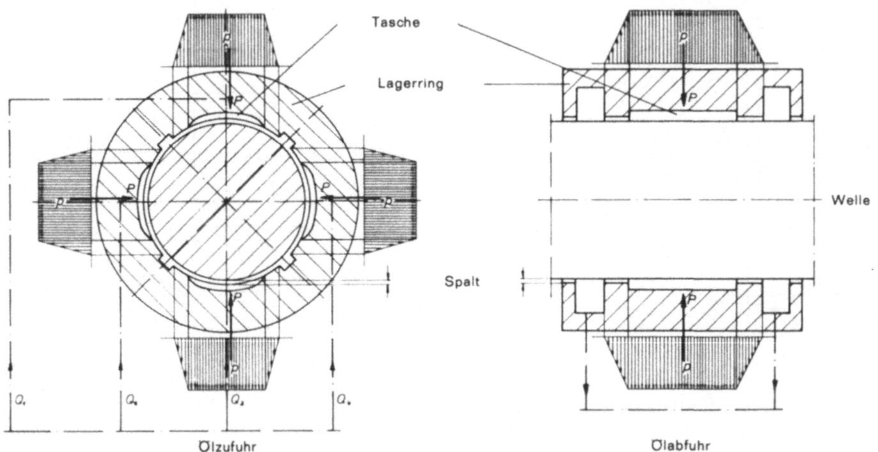

Bild 11.11: Hydrostatisches Radiallager (FAG, Schweinfurt)

Radiallager haben immer mehrere Druckkammern (Bild 11.11). Für die Druckerzeugung in der Kammer kann eine gemeinsame Pumpe mit Drosseln oder für jede Kammer eine eigene Pumpe (Aufwand) benutzt werden. Als Drosselstellen werden überwiegend Kapillaren eingesetzt. Durch das Abheben der Welle im Lager entsteht ein Spalt, durch den der zugeführte Schmierstoff abfließen kann. Beim Abströmen wird im Spalt ein zusätzliches Druckfeld aufgebaut. Die Spaltweite hängt von der Belastung, der Lagergeometrie und den hydraulischen Eigenschaften des Versorgungssystems ab.

11.3.1 Radiallager

Radiallager werden mit oder ohne Schmierstoffabströmnuten zwischen den Tragtaschen verwendet. Lager ohne Abströmnuten benötigen eine geringere Pumpleistung. In DIN 31655 ist ein Näherungsverfahren zur Berechnung der Lager ohne Abströmnuten angegeben. Dabei wird vorausgesetzt, daß die Taschentiefe h_T (Bild 11.12) um den Faktor 10 ... 100 größer als die Spalthöhe ist. Die Lage der Taschen wird bezüglich der Linie O - O_1 durch den Anfangswinkel Φ_1 und den Endwinkel Φ_2 beschrieben.

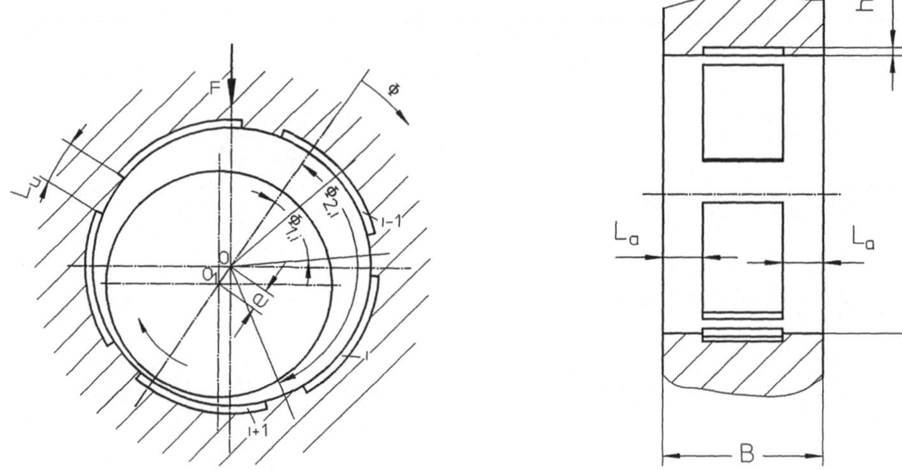

Bild 11.12: Hydrostatisches Radiallager nach DIN 31655 T1

Der primäre Druckaufbau erfolgt durch die Parallelströmung in axialer Richtung (Hagen - Poiseuille). In Umfangsrichtung fließt das abströmende Öl der i-ten Tasche der i + 1 - ten Tasche zu. Aus dem Ölfluß resultiert die Druckverteilung in den Kammern. Die vektorielle Zusammenfassung der Kammerkräfte muß im Gleichgewicht mit der äußeren Belastung sein. Wie beim hydrodynamischen Lager werden zur Berechnung Kennzahlen verwendet:

$$L_a / B = L_a^* \tag{11.31}$$

$$L_u / D = L_u^* \tag{11.32}$$

Tragkraftkennzahl
$$F_e^* = \frac{F}{(B - L_a)\, D\, p_{zu}} \tag{11.33}$$

Widerstandsverhältnis $k = \frac{z}{\pi} \left[\frac{B}{D}\right]^2 \frac{(1 - L_a^*)}{L_u^*}$ (11.34)

Durchflußzahl $C_D = \frac{\eta\ \omega\ k}{p_{zu}\ \psi^2}\ L_u^*$ (11.35)

Schmierstoffdurchsatz $Q^* = \frac{\eta\ Q}{\Delta R^3\ p_{zu}} \approx \frac{p_T}{p_{zu}}$ (11.36)

Reibleistung $P_R^* = \frac{P_R\ \Delta R}{\eta\ u^2\ B\ D}$ (11.37)

Pumpleistung $P_P = \frac{Q^*\ p_{zu}^2\ \Delta R^3}{\eta}$ (11.38)

Der geringste Leistungsaufwand (Reibleistung und Pumpleistung) wird bei optimierten Lagern erreicht. Bei der Festlegung der Stegbreiten ist zu beachten, daß im Stillstand die Belastung von den Stegen aufgenommen werden muß ($p < p_{zul}$) .

Für Lager mit Zwischennuten enthält DIN 31656 ein analoges Rechenverfahren.

11.3.2 Axiallager

Am Wellenende läßt sich ein einfach aufgebautes Axiallager aus einer zentralen Druckkammer anordnen. Von der Pumpe wird das Öl über eine Kapillare der Kammer zugeführt. Aus dem im Bild 11.13 dargestellten Druckverlauf im Spalt ergibt sich als Tragkraft:

$$F = \frac{\pi}{2} \frac{1 - \delta^2}{\ln(1/\delta)}\ r_a^2\ \frac{p_z}{k} \quad (11.39)$$

$$k = 1 + \frac{64\ h^3\ L_k}{3\ d^4\ \ln(1/\delta)} \quad (11.40)$$

$$\text{mit } \delta = r_i\ /\ r_a \quad (11.41)$$

Aus dem Volumenstrom V ergibt sich die notwendige Pumpleistung P_P und die Reibleistung P_f .

$$\dot{V} = \frac{\pi \, h^3 \, p_Z}{6 \, \eta \, \ln(1/\delta)} \tag{11.42}$$

$$P_P = \dot{V} \, p_Z = \frac{2 \, \ln(1/\delta)}{3 \, \pi \, (1 - \delta^2)^2 \, r_a^4} \, \frac{h^3 \, F^2 \, k^2}{\eta} \tag{11.43}$$

$$P_f = \int_{r_i}^{r_a} \tau \, r \, \omega \, dA = \frac{\pi}{2} \, \frac{\eta \, \omega^2 \, r_a^4 \, (1 - \delta^4)}{h} \tag{11.44}$$

Die Gesamtleistung $P = P_P + P_f$ wird minimal, wenn die Reibleistung und die Pumpenleistung gleich sind. Dann erreicht die Kennzahl Ψ mit $\delta = 0{,}5$ ihr Maximum von 2,37.

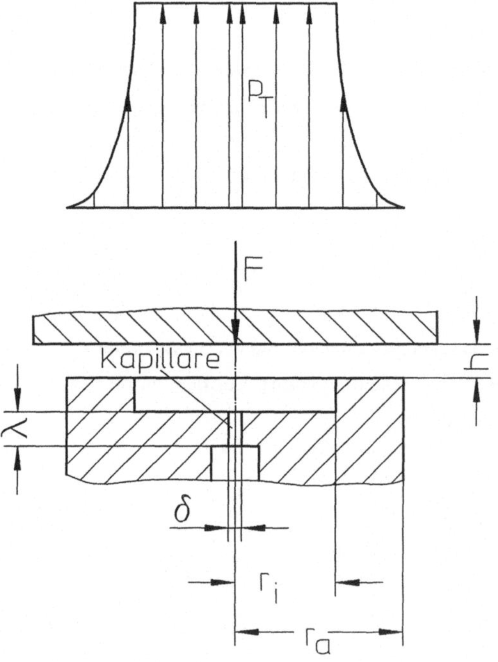

Bild 11.13: Hydrostatisches Axiallager (am Wellenende)

$$\Psi = \frac{F\, h^2\, H}{\eta\, \omega\, r_a^4} = \sqrt{\frac{3\, \pi^2\, (1 - \delta^2)^3\, (1 + \delta^2)}{4\, \ln(1/\delta)}} \tag{11.45}$$

Da die Belastung und die Drehzahl meistens vorgegeben sind, läßt sich der erforderliche Außendurchmesser aus Gl. 11.45 bestimmen. Das Verhältnis k an der Kapillare sollte dabei nicht größer als drei gewählt werden.

Für Traglager an durchgehenden Wellen werden die Tragflächen ringförmig ausgebildet. Wegen der möglichen Schiefstellung der Welle ist es notwendig, mehrere Druckkammern mit Drosselstellen vorzusehen.

Die Auslegung von Axiallagern läßt sich besonders bei Druckkammern mit unterschiedlicher Länge durch Anwendung von elektrotechnischen Analogien vereinfachen /11.4/ .

12 KUPPLUNGEN

12.1 Allgemeines

Kupplungen haben immer die Hauptfunktion "Drehmomentleiten" zu erfüllen. Kupplungen werden auch eingesetzt zum Ausgleich von Verlagerungen, zur Begrenzung des übertragbaren Drehmomentes, zur Verbesserung der dynamischen Eigenschaften des Antriebes und zum Schalten des Drehmomentes. Für diese Aufgabenvielfalt sind mechanisch, elektrisch, elektromagnetisch und hydraulisch wirkende Kupplungen im Einsatz. In diesem Kapitel werden nur die mechanisch wirkenden Kupplungen behandelt. In jedem Abschnitt werden zuerst einige Bauformen vorgestellt und anschließend die wichtigsten Eigenschaften bzw. die Auslegung besprochen.

Durch die VDI-Richtlinie 2240 wird eine systematische Einteilung der Kupplungen nach der geforderten Funktion angestrebt. Die Einteilung in dieser Richtlinie erfolgt primär nach schaltbaren und nicht schaltbaren Kupplungen (Bild 12.1). Aus weiteren Funktionen und der Art der Momentenübertragung ergibt sich eine feinere Einteilung.

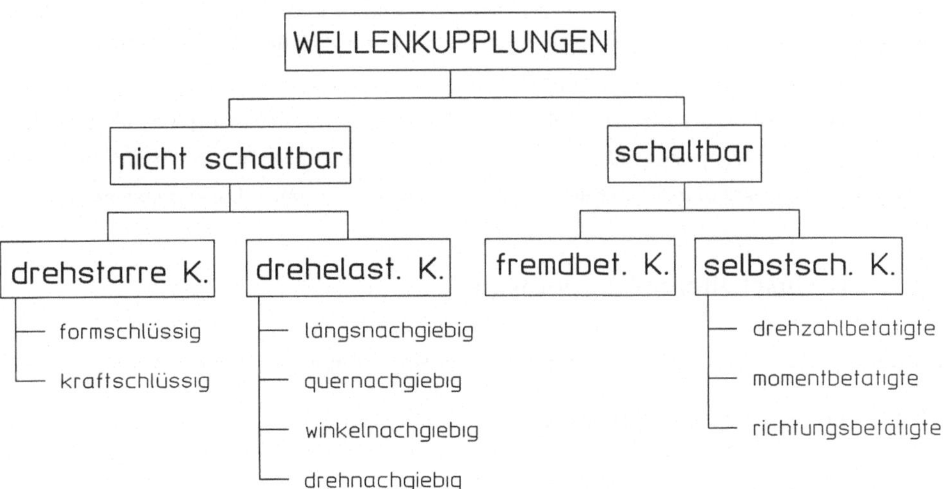

Bild 12.1: Einteilung der Kupplungen (VDI Richtlinie 2230)

In einem typischen Antrieb wird die Antriebsmaschine durch ein Getriebe mit der Arbeitsmaschine verbunden (Bild 12.2). An den Trennstellen wird jeweils eine Kupplung vorgesehen, die neben der Trennung der Komponenten zur Montage weitere Funktionen übernimmt. Die Auswahl einer Kupplung erfolgt nach der zu erfüllenden Zusatzfunktion (Ausgleichen, Schalten, u.s.w.), dem im Antrieb zu übertragenden Drehmoment (beim Anfahren) und den Betriebsbedingungen.

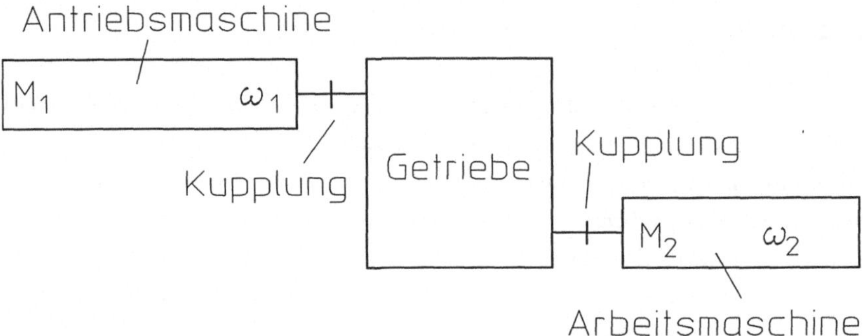

Bild 12.2: Prinzipskizze eines Antriebes

Da beim Anfahren neben dem Lastmoment der Antrieb beschleunigt wird, ist der Anfahrvorgang vom Verhalten der Arbeits- und der Antriebsmaschine abhängig. Das Anfahrverhalten läßt sich durch Drehmoment - Drehzahl Kennlinien beschreiben. Der Betriebspunkt des Antriebes ergibt sich im Schnittpunkt beider Kennlinien. Bei den häufig eingesetzten Drehstrommotoren (Nebenschluß) steigt das Drehmoment mit der Drehzahl bis zum Kippmoment M_{ki} an (Bild 12.3), und fällt dann wieder bis auf null ab .

In Förderanlagen bleibt das Lastmoment oft nahezu konstant, bei hydraulischen Maschinen (Lüfter, Pumpen) steigt das Lastmoment quadratisch mit der Drehzahl an. Der Verlauf des Antriebsmomentes bzw. des Lastmomentes wird in vielen Fällen als konstant oder linear veränderlich angenommen.

12.2 Nichtschaltbare Kupplungen

Zu diesen Kupplungen zählen die starren Kupplungen und die nachgiebigen Ausgleichskupplungen.

12.2.1 Drehstarre Kupplungen

Diese einfachste Kupplungsbauart wird benutzt um zwei Wellenenden miteinander zu verbinden, d.h. nur die Hauptfunktion Drehmomentleiten ist zu erfüllen. Starre Kupplungen sind wartungsfrei und kostengünstig. Sie werden daher in einfachen Antrieben eingesetzt. Allerdings müssen die zu verbindenden Wellen genau fluchten.

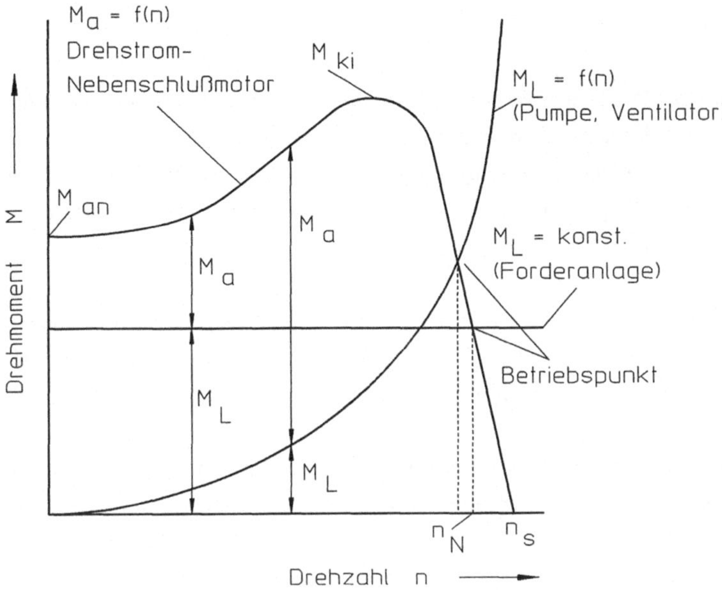

Bild 12.3: Drehmoment-Drehzahl Kennlinien

a) **Scheibenkupplung (DIN 116):** Zwischen den beiden Kupplungshälften wird mittels Paßschrauben eine Normalkraft erzeugt. Das Nennmoment wird daher kraftschlüssig übertragen. Durch Verwendung eines geteilten Zwischenringes (Form B) läßt sich die Kupplung auch in radialer Richtung montieren bzw. demontieren (Bild 12.4).

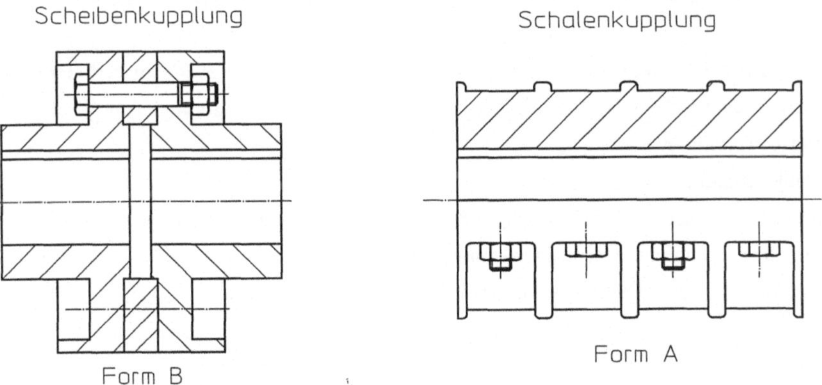

Bild 12.4: Starre Kupplungen

Bei höheren Drehzahlen werden Wellen mit angeschmiedeten Flanschen eingesetzt. Diese Lösung ist auch bei Turbomaschinen üblich.

b) Schalenkupplung (DIN 115): Das Drehmoment wird auch hier kraftschlüssig zwischen zwei Schalenelementen übertragen. Die Schalenelemente werden mittels wechselnd eingesteckten Schrauben verspannt, d.h. es handelt sich um eine Klemmverbindung mit geteilter Nabe (Kap. 5). Es ist immer ein radialer Einbau / Ausbau möglich. Einige Bauformen haben aus sicherheitstechnischen Gründen einen Stahlblechmantel (Form AS, BS, CS).

c) Stirnzahnkupplung: Die Kupplungshälften sind wegen der formschlüssigen Kerbverzahnung selbstzentrierend und auch für wechselnde, stoßartige Belastungen geeignet. Durch die zentrisch angeordnete Schrauben wird die erforderliche axiale Verspannung der Kupplungshälften aufgebracht.

Bei der Scheiben- und der Schalenkupplung können Überlastmomente auch formschlüssig aufgenommen (Paßfedern, Paßschrauben) werden. Die Abmessungen der Kupplung richten sich nach dem vorliegenden Wellenende. An elektrischen Maschinen sind die Wellenenden nach DIN 748 T3 zu beachten.

12.2.2 Drehstarre Ausgleichskupplungen

Ausgleichskupplungen werden benötigt, wenn die zu verbindenden Wellen radiale oder winklige Fluchtungsfehler haben oder einen Axialversatz erfahren. Solche Fehler können durch elastische Verformungen, Wärmedehnungen oder Ausrichtfehler entstehen. Da die Fehler in zwei Ebenen auftreten können muß im allgemeinsten Fall die Kupplung querbeweglich, längsbeweglich und winkelbeweglich sein. Nur das Drehmoment (und damit auch Stöße und Schwingungen) wird ohne Ausgleich starr übertragen.

Der Ausgleich der Lagefehler erfolgt ohne Reaktionskräfte, d.h. die Lagerungen der zu verbindenden Wellen werden nicht zusätzlich belastet. Die Kupplungen können folgende Verlagerungen ausgleichen:

* nur Längsbewegungen
* nur Radialbewegungen
* nur Winkelbewegungen (winkelbewegliche Kupplungen mit einem Zwischenstück können auch Radialbewegungen und Längsbewegungen ausgleichen)

Alle Kupplungen dieser Gruppe arbeiten mit Formschluß zur Kraftübertragung.

12.2.2.1 Bauarten

a) **Klauenkupplung** (Bild 12.5a): Jede Kupplungshälfte hat auf der Stirnseite drei oder fünf Klauen. Bei drei Klauen ist eine einfache Fertigung möglich. Die Zentrierung erfolgt durch die Klauen bzw. einen Zentrierring. Es kann nur ein Axialversatz ausgeglichen werden.

b) **Parallel-Kurbel Kupplung** (Bild 12.5b): Bei diesem Typ werden beide Kupplungsscheiben jeweils über drei parallele Lenker mit der gemeinsamen Mittelscheibe verbunden. Es handelt sich also um zwei hintereinander geschaltete Parallelkurbelgetriebe. Durch diese Kupplung lassen sich sehr große radiale Verlagerungen (auch während des Betriebes veränderliche) ausgleichen. Die Kupplung darf jedoch nicht in der Strecklage (Querversatz = Lenkerlänge) betrieben werden.

c) **Kreuzschlitzkupplung (Oldham Kupplung):** Bei dieser Kupplung werden die Kupplungshälften über ein Zwischenstück mit zwei senkrecht zueinander stehenden Mitnehmern verbunden. Somit lassen sich geringe axiale Verschiebungen und radiale Verschiebungen (auch während des Betriebes veränderliche) ausgleichen. Da die Mitnehmer verschleißempfindlich sind, können nur geringe Drehmomente übertragen werden (Bild 12.5c).

d) **Ringspann Ausgleichskupplung:** Bei dieser Kupplung greifen von beiden Kupplungsscheiben je acht Mitnehmer in die Zwischenscheibe ein. Diese stützt sich über Stütznocken auf den Kupplungsscheiben ab. Es ist daher eine Winkelverlagerung und eine Radialverlagerung ausgleichbar.

e) **Bogenzahnkupplung:** Auf der Kupplungsscheibe befindet sich eine ballig ausgeführte bogenförmige Verzahnung. Die Drehmomentübertragung erfolgt durch eine Zwischenhülse mit Innenverzahnung an beiden Enden. Somit können Axialversatz, Radialverlagerungen und Winkelverlagerungen ausgeglichen werden. Die Kupplungen können große Drehmomente bis zu hohen Drehzahlen übertragen. Allerdings muß die Kupplung wegen der Gleitbewegung auf den Zahnflanken gut geschmiert werden.

f) **Thomaskupplung:** Die Kupplungsscheiben werden über biegeweiche, aber in Umfangsrichtung starre Elemente verbunden. Da die Scheiben abwechselnd mit dem flexiblen Element verbunden sind, läßt sich dieses axial und winklig verformen. Kupplungen mit Zwischenstück können auch radiale Verformungen ausgleichen (Bild 12.5f).

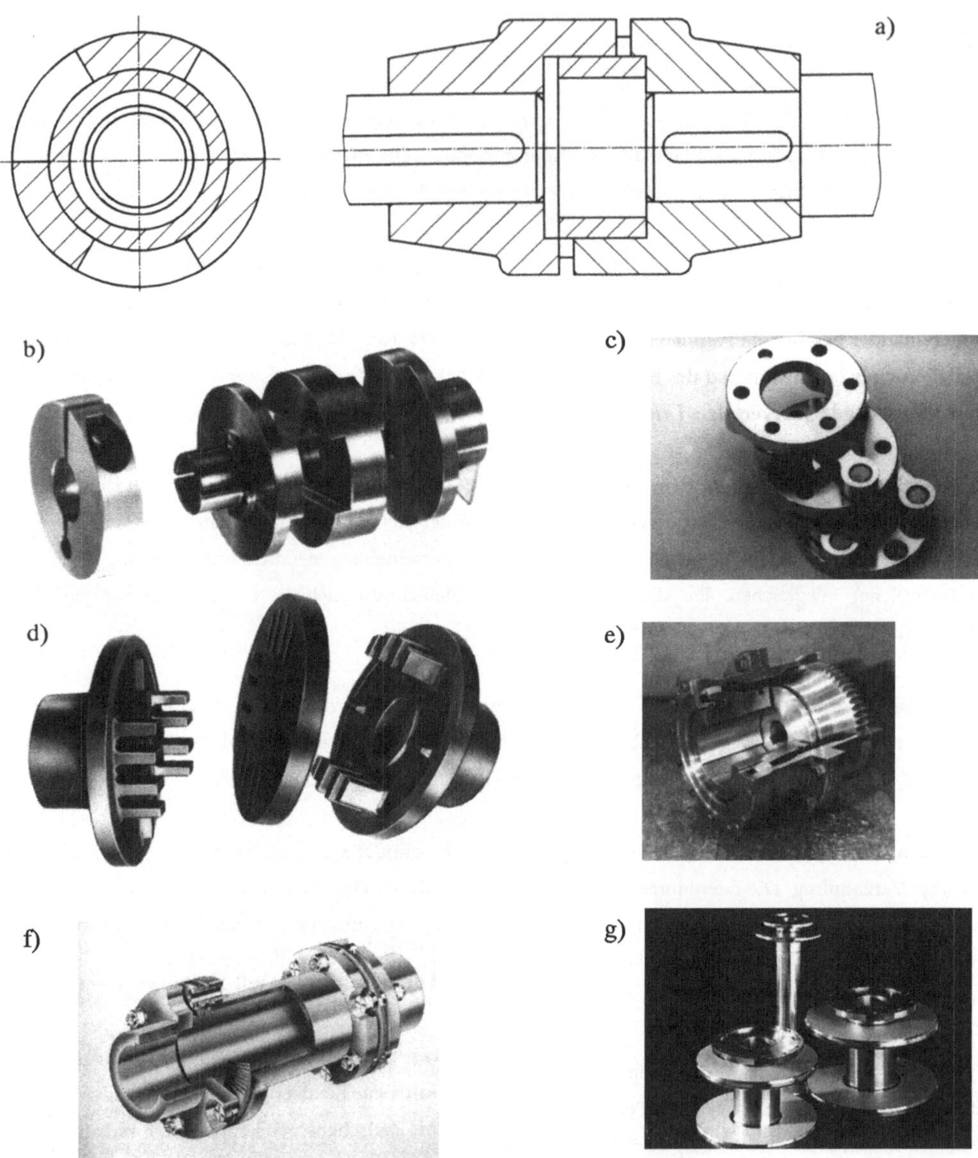

Bild 12.5: Drehstarre Kupplungen a) Klauenkupplung b) Kreuzschlitzkupplung (Baeuerle; St. Georgen) c)Parallel-Kurbel Kupplung (Schmidt; Wolfenbütel) d)Ringspann Kupplung (Ringspann; Bad Homburg) e) Bogenzahnkupplung (Renk Tacke; Rheine) f) Thomaskupplung (P.I.V. Tschan;Neunkirchen) g) Membrankupplung (Voith; Heidenheim)

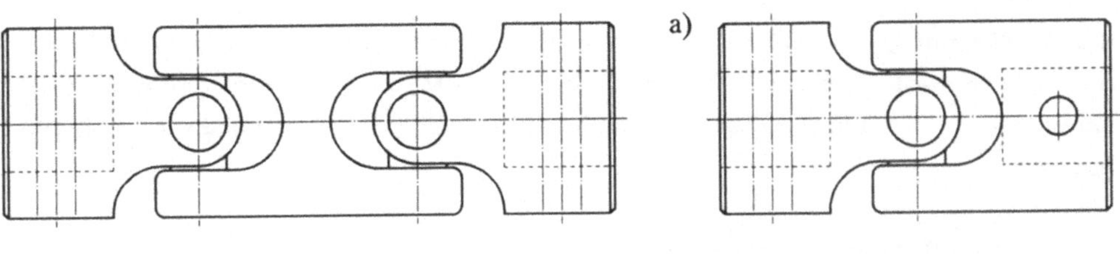

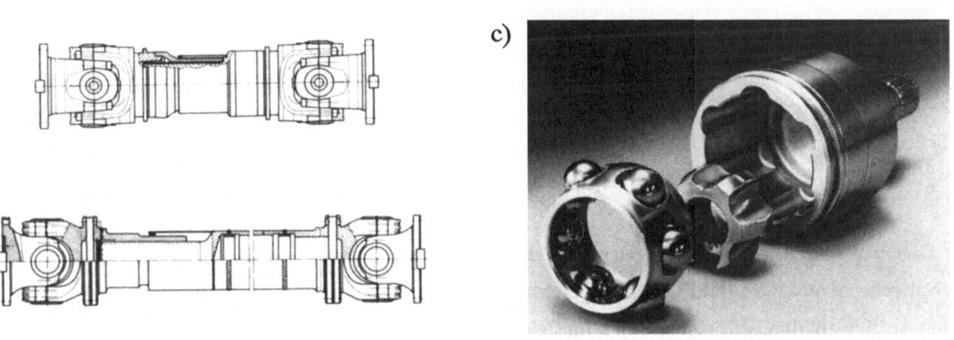

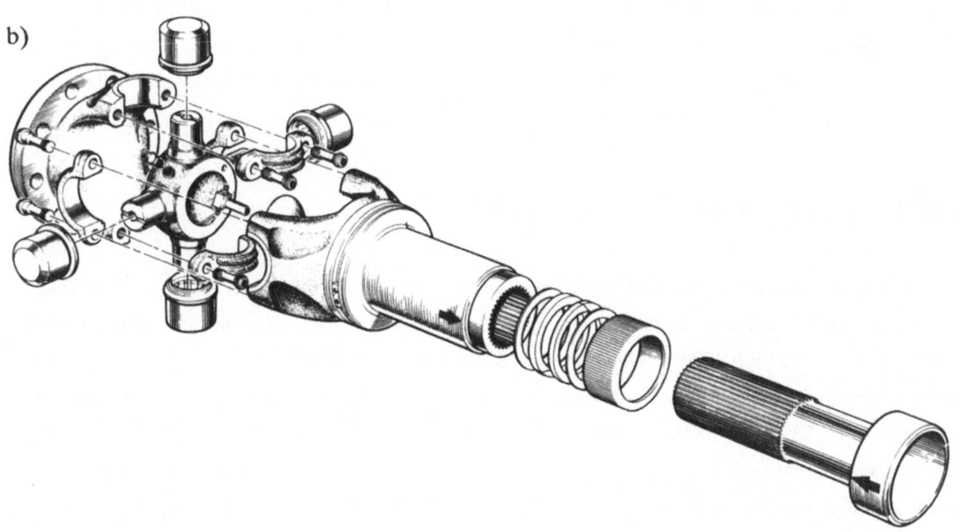

Bild 12.6: Gelenkwellen a) Wellengelenk b) Gelenkwelle (Gelenkwellenbau; Essen)
c) Gleichlaufgelenk (GKN; Siegburg)

g) **Membrankupplung:** Bei diesem Typ werden Membranen zwischen den Kupplungsscheiben und der Zwischenwelle als biegeweiches Element benutzt. Die Membranen werden verschweißt oder verschraubt. Auch diese Kupplung kann wie die Thomaskupplung axiale, radiale und winklige Fehler ausgleichen.

h) **Wellengelenk (DIN 808):** Bei diesen wird die Welle über ein Kreuzgelenk verbunden (Bild 12.6a). Es sind Beugewinkel bis 40° möglich. Ein konstante Winkelgeschwindigkeit am Antrieb wird jedoch in eine periodisch pulsierende Winkelgeschwindigkeit des Abriebes umgewandelt (Kap. 12.2.2.2).

i) **Gelenkwellen:** Bei Gelenkwellen kann durch ein zweites Kreuzgelenk die Ungleichförmigkeit des Abtriebes aufgehoben werden. Dazu müssen die Gabeln der Verbindungswelle in einer Ebene liegen, die Beugewinkel an beiden Gelenken gleich sein (Kap.12.2.2.2) und die Gelenkwelle in einer Ebene liegen Durch eine Zwischenwelle mit Kerbverzahnung (Bild 12.6b) ist auch ein Längenausgleich möglich

j) **Gleichlaufgelenke:** Gleichlaufgelenke entstehen aus der Gelenkwelle wenn die Länge der Zwischenwelle zu null wird (Bild 12.7). Es entsteht ein einziges Gelenk, daß die Drehbewegung gleichförmig vom Antrieb auf den Abtrieb überträgt. Im Gelenk werden zur Bewegungsübertragung meistens Kugeln oder Rollen eingesetzt. Diese stützen sich in bogenförmigen Rillen ab und beschreiben beim Umlauf des gebeugten Gelenkes oszillierende Bewegungen in den Rillen. Bei entsprechender Gestaltung (Bild 12.6c) ist ebenfalls ein Längenausgleich im Gelenk (Verschiebegelenk) möglich. Allerdings sind als Beugewinkel meistens nur 30° zulässig. Im KFZ-Bereich haben durch den großen Einsatz des Frontantriebes die Gleichlaufgelenke die Gelenkwelle fast vollständig ersetzt.

12.2.2.2 Kinematik der Kreuzgelenke

Bei einem Kreuzgelenk, auch kardanisches Gelenk genannt, werden die beiden zu verbindenden Wellen über ein Zapfenkreuz miteinander verbunden. An den Enden der Wellen befinden sich Gabeln. Da die Abtriebswelle (φ_2 , ω_2) um einen Beugewinkel δ gegenüber der Antriebswelle (φ_1 , ω_1) geneigt ist, bewegen sich die Endpunkte des Zapfenkreuzes in unterschiedlichen Bahnebenen (Bild 12.7). Wird die Antriebswelle um φ_1 gedreht, so verschiebt sich der Endpunkt des Zapfenkreuzes vom Punkt E zum Punkt A. Der um 90° versetzte Zapfen der Abtriebswelle wird dabei vom Punkt F zum Punkt B verschoben. Da durch die Drehung das Zapfenkreuz erhalten bleibt, liegen alle Punkte des Kreuzes in einer Ebene durch die Punkte A und B. Die Kinematik des Gelenkes ergibt sich daher aus dem sphärischen Dreieck ABE.

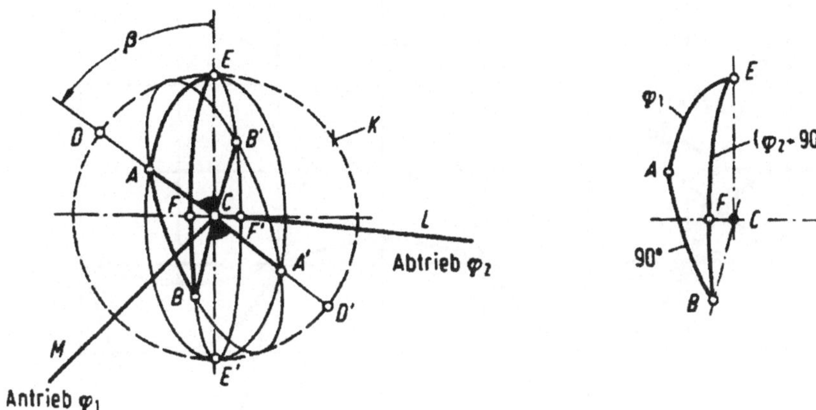

Bild 12.7: Bewegungsbahnen am Kardangelenk

Für dieses Dreieck liefert der Seitencosinussatz:

$$\cos 90^{o} = \cos(\varphi_2 + 90^{o}) \cos\varphi_1 + \sin(\varphi_2 + 90^{o}) \sin\varphi_1 \cos\delta \tag{12.1}$$

Da $\cos 90^{o} = 0$ ist ergibt sich nach einigen Umformungen:

$$\tan\varphi_2 = \cos\delta \tan\varphi_1 \tag{12.2}$$

Aus Gl. 12.2 ist zu erkennen, daß der Abtriebswinkel φ_2 nicht dem Antriebswinkel φ_1 entspricht, d.h. es entsteht ein Winkelfehler bei der Übertragung. Die Größe des Fehlers läßt sich durch die Winkeldifferenz $\Delta = \varphi_2 - \varphi_1$ beschreiben. Mit

$$\tan(\varphi_2 - \varphi_1) = \frac{\tan\varphi_2 - \tan\varphi_1}{1 + \tan\varphi_2 \tan\varphi_1}$$

$$\tan\varphi_2 - \tan\varphi_1 = (\cos\delta - 1) \tan\varphi_1$$

$$\Delta = \arctan\left[\frac{(\cos\delta - 1)\tan\varphi_1}{1 + \cos\delta \tan^2\varphi_1}\right] \tag{12.3}$$

Analog dazu läßt sich der Kardanfehler für die Geschwindigkeiten herleiten. Mit $d\varphi / dt = \omega$ und Anwendung der Produktregel auf Gl. 12.2 folgt:

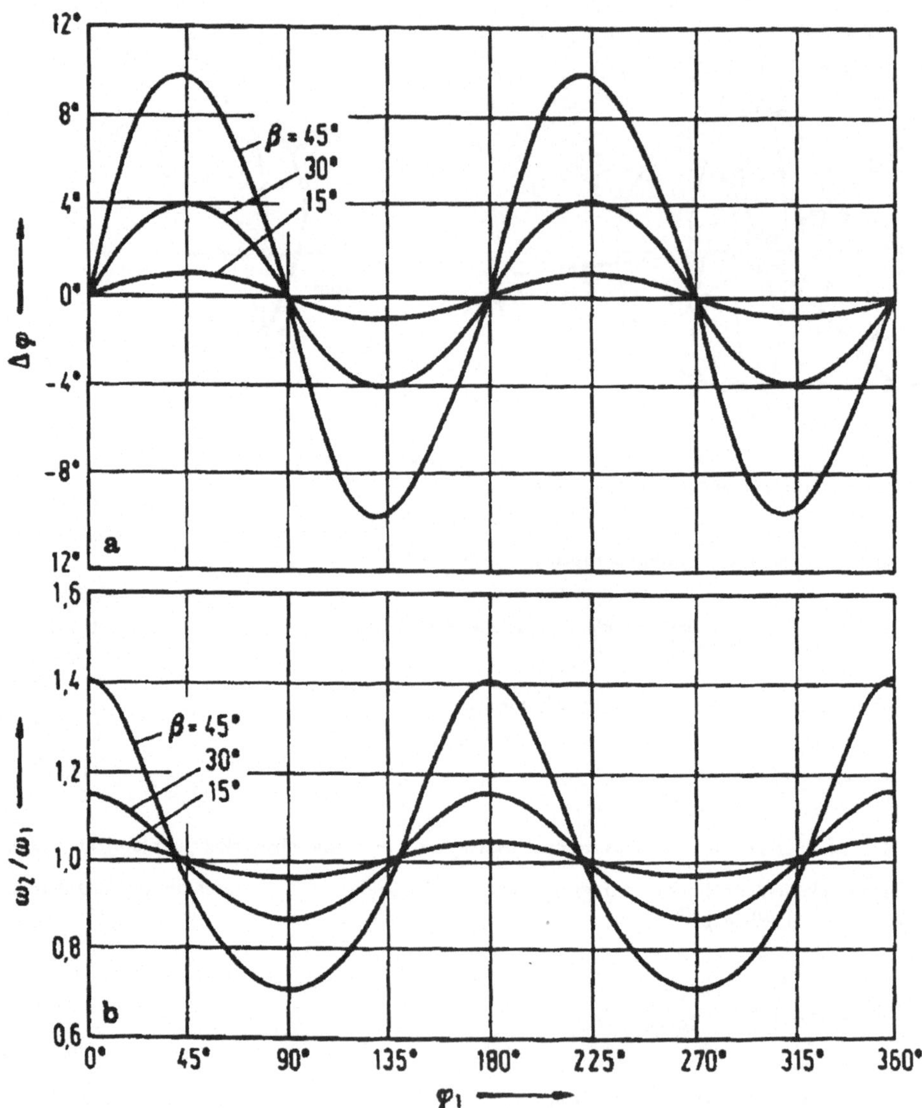

Bild 12.8: Darstellung des Kardanfehlers

$$\frac{\omega_2}{\omega_1} = \frac{\cos\delta\ (1 + \tan^2\varphi_1)}{1 + \cos^2\delta\ \tan^2\varphi_1} = \frac{\cos\delta}{1 - \sin^2\delta\ \sin^2\varphi_1} \tag{12.4}$$

Der Verlauf beider Kardanfehler enthält das Bild 12.8. Mit zunehmendem Beugewinkel wird der Kardanfehler größer. Daher kann ein einzelnes Kreuzgelenk nur eingesetzt werden, wenn die ungleichförmige Drehbewegung auf der Abtriebsseite nicht störend ist.

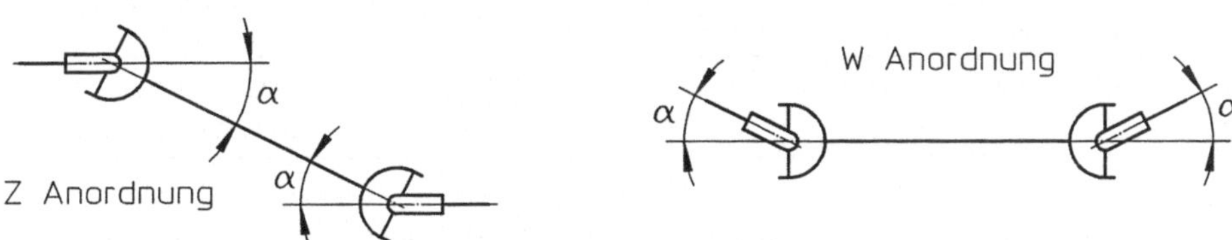

Bild 12.9: Gelenkwellenanordnungen in der Ebene

Aus der Reihenschaltung von zwei Kreuzgelenken entsteht das Doppelkreuzgelenk. Analog zum ersten Gelenk wird beim zweiten Gelenk:

$$\tan\varphi_3 = \cos\delta_2\ \tan\varphi_2 \tag{12.5}$$

Mit tan φ_2 aus Gl. 12.2 ergibt sich bei geschränkten Gabeln auf der Zwischenwelle:

$$\tan\varphi_3 = \cos\delta_1\ \cos\delta_2 \tan\varphi_1 \tag{12.6}$$

Liegen beide Gabeln der Zwischenwelle in einer Ebene, so folgt:

$$\tan\varphi_3 = \frac{\cos\delta_2}{\cos\delta_1} \tan\varphi_1 \tag{12.7}$$

Der Kardanfehler des ersten Gelenkes kann also durch den reziproken Kardanfehler des zweiten Gelenkes aufgehoben werden, falls im letzten Fall beide Ablenkwinkel gleich sind. Folgende Bedingungen müssen somit erfüllt sein:

* die Gabeln der Zwischenwelle müssen in einer Ebene liegen
* die Ablenkwinkel müssen gleich sein
* alle drei Wellen müssen in einer Ebene liegen.

Die genannten Bedingungen lassen sich durch die Anordnung der Wellen in Z-Form oder W-Form erfüllen (Bild 12.9). In beiden Fällen läuft die Zwischenwelle immer ungleichmäßig um und stellt daher eine periodische Schwingungsanregung dar.
Durch die Übertragung des Drehmomentes in der abgewinkelten Welle entstehen an den Lagerstellen durch die Kraftumlenkung zusätzliche Lagerkräfte. Diese ändern sich periodisch mit der doppelten Drehfrequenz der Welle (Bild 12.10) und hängen von der Anordnung der Wellen ab.

	Z-Beugung	W-Beugung
Maximalwert φ= 90°	$F_A = F_B = T \tan\delta / a$	$F_A = F_B = T \sin\delta / a$
Maximalwert φ = 0°	$F_A = F_B = 0$	$F_A = 2\,b\,T \sin\delta / L\,a$
		$F_B = 2\,(a + b)\,T \sin\delta / L\,a$

Zusätzlich ergeben sich in allen Wellen periodisch veränderliche Torsions- und Biegemomentverläufe, die zu einer wechselnden Belastung dieser Bauteile führen.

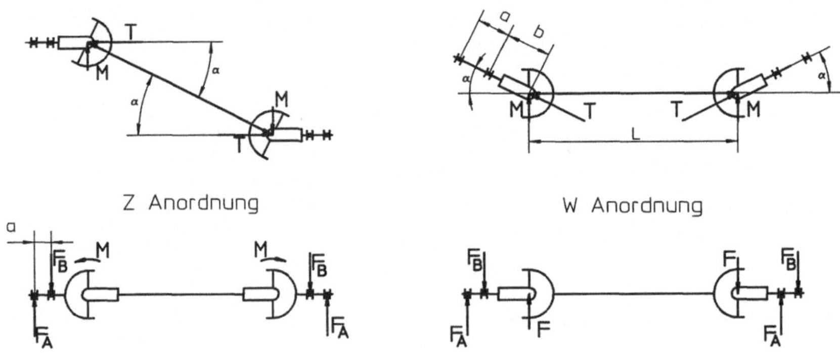

Bild 12.10: Gelenkwelle mit angreifenden Kräften

12.2.3 Drehelastische Ausgleichskupplungen

Zwischen Antriebs- und Abtriebsseite befinden sich bei diesem Kupplungstyp elastische Elemente. Somit ist innerhalb der Kupplung ein Verdrehwinkel zwischen der Antriebsseite und der Abtriebsseite möglich. Das eingeleitete Drehmoment wird also nicht zeitgleich auf die Abtriebsseite übertragen. Daher werden solche Kupplungen bei folgenden zusätzlichen Funktionen eingesetzt:

* Reduzierung von Drehmomentspitzen im Antriebsstrang (Stöße)
* Dämpfung von eingeleiteten Schwingungsamplituden
* Resonanzverschiebung bzw. Beeinflussung der Torsionsschwingungen im Antrieb

Die elastischen Zwischenelemente müssen bei einigen Anwendungsfällen auch dämpfende Eigenschaften besitzen. Daher werden neben Metallelementen sehr viele Kupplungen mit Zwischenelementen aus Elastomeren gebaut. Die Dämpfungseigenschaften dieser Bauformen sind besser als bei Zwischenelementen aus Metall. Allerdings sind wie bei Gummifedern fast alle Eigenschaften sehr stark von der Belastung, der Temperatur und der Frequenz abhängig (Kap. 8.6).
Wichtige Eigenschaften sind:

Metallelemente	Elastomerelemente
lineare Kennlinie	progressive Kennlinie
geringe Dämpfung	höchste Dämpfung
für hohe Temperaturen geeignet	für niedrige Temperaturen geeignet
kleine Verformungen	große Verformungen

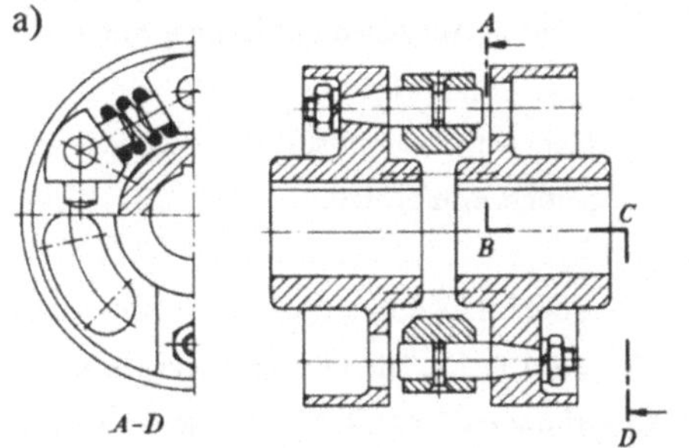

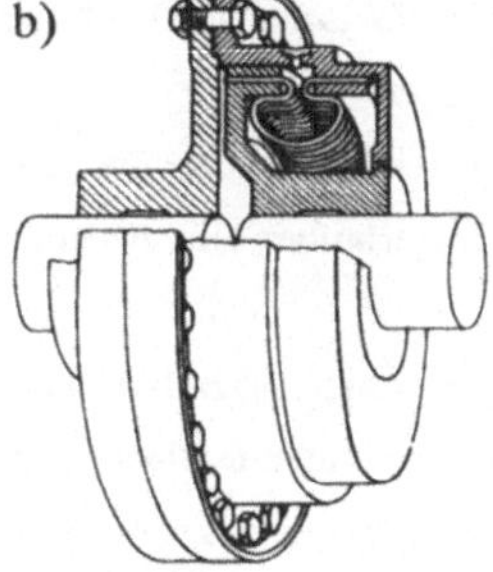

Bild 12.11: Ausgleichskupplungen mit Metallelementen a) Hochreuther & Baum; Ansbach
b) Voith; Heidenheim

12.2.3.1 Bauformen

a) Metallelastische Kupplungen Die Bauarten unterscheiden sich primär durch die benutzten Federarten (Schraubenfedern, Biegefedern). Bei vielen Bauformen (Bild 12.11) läßt sich die lineare Kennlinie durch konstruktive Maßnahmen, z.B. veränderliche Stützlänge, in eine progressive Kennlinie verändern. Mit zunehmender Belastung erhöht sich somit die Drehsteifigkeit der Kupplung. Ebenfalls konstruktiv läßt sich erreichen, daß bei großen Verformungen die elastische Wirkung der Zwischenelemente aufgehoben und das anliegende Drehmoment wie bei drehstarren Kupplungen übertragen wird.

a)  b) 

Bild 12.12: Ausgleichskupplungen mit Elastomerelementen a) Desch; Arnsberg b)Renk; Hannover

b) Elastomerkupplungen mit geringer Elastizität Es handelt sich um formschlüssige Kupplungen, bei der sich die beiden Kupplungshälften über ein steifes Elastomerzwischenstück abstützen (Bild 12.12). Die Verformung im Zwischenstück ist nur gering. Sie können somit in Antrieben mit kleinen Anfahrstößen eingesetzt werden.
Oft sind für die gleiche Kupplung Zwischenelemente mit verschiedenen elastischen Eigenschaften (Shore Härte) wählbar und erlauben eine Abstimmung auf den vorliegenden Antriebsfall.

c) Elastomerkupplungen mit hoher Elastizität Hier werden die Kupplungshälften über weiche, und damit voluminös bauende Elastomerelemente verbunden (Bild 12.13). Die Elemente werden anvulkanisiert oder über Klemmstücke mit den Kupplungshälften verbunden. Fast alle Typen haben eine progressive Kennlinie mit Hysterese. Durch die Fläche zwischen der Belastungs- und der Entlastungskennlinie wird die Dämpfungsfähigkeit der Kupplung beschrieben.
Einsatzgebiete sind große Wellenverlagerungen und stark ungleichförmig arbeitende Antriebe mit großen Drehmomenten (Schiffsantriebe).

Bild 12.13: Ausgleichskupplungen mit großer Elastizität (Vulkan; Herne)

12.2.3.2 Betriebsverhalten

a) Anfahren mit konstantem Moment

Eine Arbeitsmaschine wird mittels einer elastischen, nichtschaltbaren Kupplung mit der Antriebsmaschine verbunden. Es wird angenommen, daß die Antriebsmaschine ein konstantes Anfahrmoment M_A hat und ein ebenfalls konstantes Lastmoment M_L vorhanden ist (Bild 12.14). Zur Beschleunigung des Antriebes steht somit nur das Moment M_B zur Verfügung. Durch die Kupplung muß das Lastmoment M_L und das Beschleunigungsmoment für die Arbeitsmaschine übertragen werden. Der Antrieb wird beschleunigt zu:

$$\ddot{\varphi} = \frac{M_B}{\Theta} = \frac{M_A - M_L}{\Theta_1 + \Theta_2} \tag{12.8}$$

Daher folgt als Kupplungsmoment:

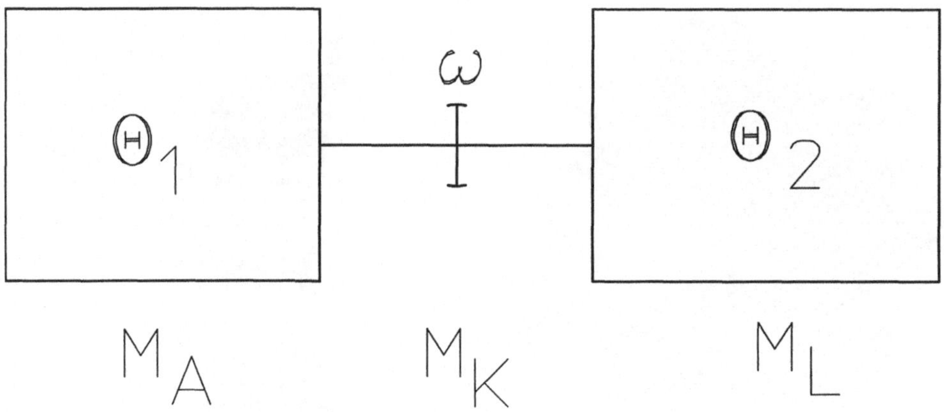

Bild 12.14: Antrieb mit elastischer Kupplung (Prinzip)

$$M_{KN} = \ddot{\varphi}\,\Theta_2 + M_L = \frac{\Theta_2}{\Theta} M_A + \frac{\Theta_1}{\Theta} M_L \qquad (12.9)$$

Es ist deutlich zu erkennen, daß das benötigte Kupplungsmoment vom Lastmoment und der Drehmassenverteilung im Antrieb abhängig ist. Beschleunigt z.B. ein Antrieb mit großer Drehmasse eine Arbeitsmaschine mit kleiner Drehmasse, so verringert sich der erste Term im Gl. 12.9 und das Kupplungsmoment wird primär durch das Lastmoment bestimmt.

b) Drehmomentenstoß

Beim Anfahren von Drehstrommotoren treten durch die Luftspalterregung Drehmomentstöße auf, d.h. das Antriebsmoment des Motors wird:

$$M_A = M_{ki}\,(1 - \cos \omega_e t) \qquad (12.10)$$

M_{ki} Kippmoment

ω_e Erregerfrequenz

Da der cos - Term maximal den Wert eins erreicht, beträgt der Größtwert der Klammer in Gl. 12.10 zwei. Nach DIN 740 T2 wird maximal mit $S_A = 1{,}8$ gerechnet.

Somit ergibt sich bei einem Drehmomentstoß auf der Antriebsseite:

$$M_K = = \frac{\Theta_2}{\Theta} M_{As}\, S_A \qquad (12.11)$$

und bei einem Drehmomentenstoß auf der Abtriebsseite:

$$M_K = = \frac{\Theta_1}{\Theta} M_{Ls}\ S_L \tag{12.12}$$

S_A Drehmomentenstoßfaktor der Antriebsseite

S_L Drehmomentenstoßfaktor der Abtriebsseite

c) Geschwindigkeitsstoß

Ein Geschwindigkeitsstoß entsteht z. B. in Kupplungen mit Verdrehspiel. Beim Drehrichtungswechsel oder beim Anfahren liegt zwischen den Kupplungshälften eine Relativgeschwindigkeit vor. Aus der Relativgeschwindigkeit folgt nach dem Impulssatz das auftretende Stoßmoment zu:

$$\int_t M\,dt = \Theta_1\ \omega_1 - \Theta_2\ \omega_2 \tag{12.13}$$

Bei einem Antrieb nach Bild 12.14 haben beide Kupplungshälften vor dem Stoß die Geschwindigkeiten ω_1 bzw. ω_2 und nach dem Stoß die gemeinsame Geschwindigkeit ω. Da kein äußeres Moment angreift gilt:

$$\omega = \frac{\Theta_1\ \omega_1 + \Theta_2\ \omega_2}{\Theta_1 + \Theta_2} \tag{12.14}$$

Durch den Stoß wird in der Kupplung Energie gespeichert. Aus der Energiebilanz folgt:

$$\Delta W = W_v - W_n = 1/2\,(\Theta_1\ \omega_1^2 + \Theta_2\ \omega_2^2) - 1/2\,(\Theta_1 + \Theta_2)\,\omega^2 = \frac{\Theta_1\,\Theta_2\ (\omega_1 - \omega_2)^2}{2\,\Theta} \tag{12.15}$$

Die aufgenommene Energie wird in der Kupplung als Formänderungsenergie gespeichert.

$$\Delta W = W_{el} = 1/2\ M_s\ \varphi_s \tag{12.16}$$

Mit der Verdrehfederrate $R_T = M_s / \varphi_s$ wird dann das auftretende Stoßmoment:

$$M_s = (\omega_1 - \omega_2) \sqrt{R_T \frac{\Theta_1\,\Theta_2}{\Theta_1 + \Theta_2}} \tag{12.17}$$

d) Antrieb bzw. Abtrieb mit periodisch veränderlichem Drehmoment

Insbesondere bei Kolbenmaschinen treten im Antrieb durch die periodischen Motorkräfte Drehmomentschwankungen auf. Jeder periodische Verlauf läßt sich in eine Summe aus harmonischen Anteilen mit verschiedenen Frequenzen und Amplituden zerlegen (Fourier - Reihe). Je nach Motortyp (Zylinderzahl, Verbrennungsverfahren) und Anordnung der Zylinder treten unterschiedliche harmonische Komponenten auf. Diese Komponenten M_{Ai} werden als Wechseldrehmoment der i-ten Ordnung bezeichnet.

Es muß daher geprüft werden, ob die Erregung mit der Erregerfrequenz f_i mit der Torsionseigenfrequenz des Antriebsstranges zusammenfällt. Nach Kap. 9 läßt sich diese Frequenz berechnen zu:

$$f_k = \frac{1}{2\pi} \sqrt{R_T \frac{\Theta_1 + \Theta_2}{\Theta_1 \; \Theta_2}} \tag{12.18}$$

R_T dynamische Drehfederrate (technische Unterlage)

Die Vergrößerung der Schwingungsausschläge wird durch den Drehmomentvergrößerungsfaktor der i-ten Ordnung beschrieben.

$$V_i = \sqrt{\frac{1 + (\frac{\psi}{2\pi})^2}{[1 - (\frac{f_i}{f_k})^2]^2 + (\frac{\psi}{2\pi})^2}} \tag{12.19}$$

ψ verhältnismäßige Dämpfung (technische Unterlage)

Für jede auftretende Ordnung ist die zugehörige Vergrößerungsfunktion zu bestimmen.

Bei antriebsseitigen Schwankungen folgt somit als Kupplungsmoment der i-ten Ordnung:

$$M_{Ki} = \frac{\Theta_2}{\Theta_1 + \Theta_2} M_{Ai} \; V_i \tag{12.20}$$

und bei abtriebsseitiger Schwankung:

$$M_{Kj} = \frac{\Theta_1}{\Theta_1 + \Theta_2} M_{Lj} \; V_j \tag{12.21}$$

12.2.3.3 Auslegung von Ausgleichskupplungen

Die Vordimensionierung wird wie bisher überschlägig mittels herstellerspezifischen Erfahrungswerten vorgenommen. Dazu ist nur die Nennleistung und der Typ der Arbeits- bzw. Antriebsmaschine erforderlich. Aus den letzen beiden Informationen wird ein herstellerspezifischer Erhöhungsfaktor K bestimmt und das erforderliche Kupplungsmoment wird dann:

$$M_{KN} > K\, M_N = K\, \frac{9550\ P}{n} \tag{12.22}$$

In diese Zahlenwertgleichung muß die Drehzahl n in 1/min und die Leistung P in kW eingesetzt werden. Mit dem Kupplungsmoment aus Gl. 12.22 erfolgt dann die Auswahl entsprechend den Herstellerunterlagen.

Die Nachrechnung der Kupplung wird in üblichen Antrieben nach DIN 740 T2 vorgenommen. Dabei wird angenommen, daß sich der Antrieb durch einen Drehmassenschwinger (Kap. 9) abbilden läßt. Die Drehfederrate des Modelles entsteht allein durch die Kupplung. Bei komplizierten Antrieben muß eine genaue dynamische Berechnung durchgeführt werden. Im folgenden wird der Berechnungsablauf nach DIN 740 dargestellt.

Grundsatz der Nachrechnung ist, daß das auftretende Kupplungsmoment in keinem Betriebszustand das zulässige Kupplungsmoment überschreiten darf. Dabei werden festigkeitsmindernde Einflüsse der Betriebstemperatur und der Anlaufhäufigkeit erfaßt. Zusätzlich müssen die auftretenden Verlagerungen mit den Grenzwerten des Herstellers verglichen werden und die Rückstellkräfte aus der elastischen Verformung des Zwischenelementes bestimmt werden. Diese Kräfte ergeben Zusatzbelastungen für die angeschlossenen Bauteile (Lager, Wellen). Neben der Nennleistung müssen nun die Drehmassen und die Betriebstemperatur bekannt sein. Aus den Herstellerunterlagen sind zu entnehmen:

* Drehfederrate R_T
* Dämpfungsfaktor ψ
* zulässige Kupplungsmomente
* zulässige Verlagerungen

Berechnung der Kupplungsmomente

a) stationärer Betrieb

$$M_{KN} > M_N\, S_\vartheta \tag{12.23}$$

S_ϑ Temperaturfaktor (Anhang M Tabelle 1)

b) Drehmomentenstoß

Antrieb: $$M_{Kmax} > \frac{\Theta_2}{\Theta_1 + \Theta_2} M_{As}\, S_A\, S_Z\, S_\vartheta \qquad (12.24a)$$

Abtrieb: $$M_{Kmax} > \frac{\Theta_1}{\Theta_1 + \Theta_2} M_{Ls}\, S_L\, S_Z\, S_\vartheta \qquad (12.24b)$$

S_A, S_L Stoßfaktor (Anhang M Tabelle 1)

S_Z Anlauffaktor (Anhang M Tabelle 1)

Nach DIN 740 werden Geschwindigkeitsstöße durch ein geringeres Kupplungsmoment in den Herstellerangaben berücksichtigt.

c) periodische Belastung

Antrieb: $$M_{KW} > \frac{\Theta_2}{\Theta_1 + \Theta_2} M_{Ai}\, V_i\, S_f\, S_\vartheta \qquad (12.25a)$$

Antrieb: $$M_{KW} > \frac{\Theta_1}{\Theta_1 + \Theta_2} M_{Li}\, V_i\, S_f\, S_\vartheta \qquad (12.25a)$$

S_f Frequenzfaktor (Anhang M Tabelle 1)

Bei Viertaktmotoren entspricht die Haupterregung immer der halben Zylinderzahl.

Berechnung der Verlagerungen

Die auftretenden Verlagerungen (W_a, W_r, W_w) sind mit den zulässigen Verlagerungen (ΔK_a, ΔK_r, ΔK_w) zu vergleichen. Bei vielen Kupplungen dürfen nicht gleichzeitig extreme Werte in verschiedenen Richtungen auftreten.

$$\Delta K_a > W_a\, S_\vartheta \qquad (12.26a)$$

$$\Delta K_r > W_r\, S_\vartheta \qquad (12.26b)$$

$$\Delta K_w > W_w\, S_\vartheta \qquad (12.26c)$$

Aus den Verlagerungen resultieren Rückstellkräfte. Zur Berechnung müssen die entsprechenden Federraten der Kupplung bekannt sein. Üblicherweise wird zwischen statischen und dynamischen Federraten unterschieden. In der Regel sind die dynamischen Federraten größer als die statischen.

Drehfederrate R_T

Axialfederrate R_a

Radialfederrate R_r

Winkelfederrate R_w

Axialkraft: $F_a = \Delta W_a\ R_a$ (12.27a)

Radialkraft: $F_r = \Delta W_r\ R_r$ (12.27b)

Rückstellmoment: $M_W = \Delta W_W\ R_W$ (12.27c)

Bei langen Antriebswellen hat der Antriebsstrang auch eine Drehfederrate (Kap. 9).

$$R_{Tw} = \frac{I_p\, G}{L} \tag{12.28}$$

Durch den zusätzlichen Einbau einer drehelastischen Kupplung entsteht eine Reihenschaltung (Kupplung, Welle). Somit läßt sich durch konstruktive Festlegung der Kupplungsdrehfederrate die Torsionseigenfrequenz des Antriebsstranges beeinflussen und ein großer Drehzahlbereich erreichen, in dem nur geringe dynamische Momentenerhöhungen auftreten.

12.3 Fremdgeschaltete Kupplungen

Bei fremdgeschalteten Kupplungen läßt sich die Übertragung des Drehmomentes zwischen zwei Wellen durch Betätigung der Kupplung unterbrechen bzw. wiederherstellen. Läßt sich die Übertragung in allen Betriebszuständen unterbrechen bzw. herstellen, so handelt es sich um eine Schaltkupplung. Läßt sich die Verbindung nur in bestimmten Betriebszuständen (Sillstand, Synchronlauf) wiederherstellen, so handelt es sich um eine Trennkupplung. Das Drehmoment kann in der Kupplung formschlüssig oder kraftschlüssig übertragen werden. Die zum Schaltvorgang benötigten Kräfte lassen sich aufbauen durch:

* mechanische Betätigung
* elektrische Betätigung
* hydraulische Betätigung
* pneumatische Betätigung.

Das Wirkprinzip der Kupplung kann mechanisch, elektrisch oder hydraulisch ausgeführt werden. In diesem Abschnitt werden ausschließlich mechanische Kupplungen behandelt.

12.3.1 Formschlüssige Schaltkupplungen

Diese Kupplungen sind nur im Stillstand bzw. im Synchronlauf der Wellen schaltbar. Teilweise ist auch ein Ausschalten unter Last möglich. Durch den Formschluß ergeben sich kompakte Bauformen und preisgünstige Lösungen.

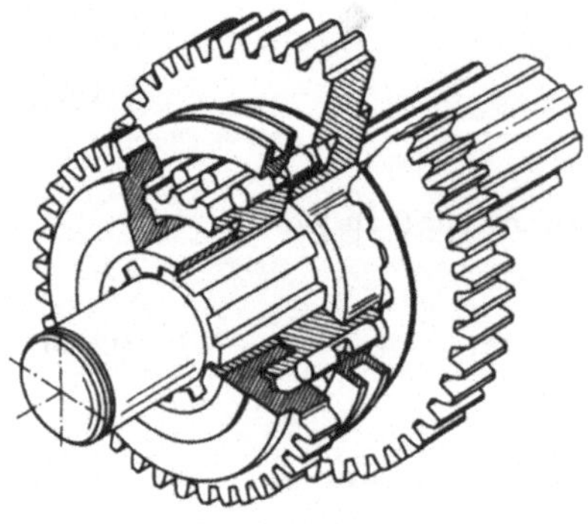

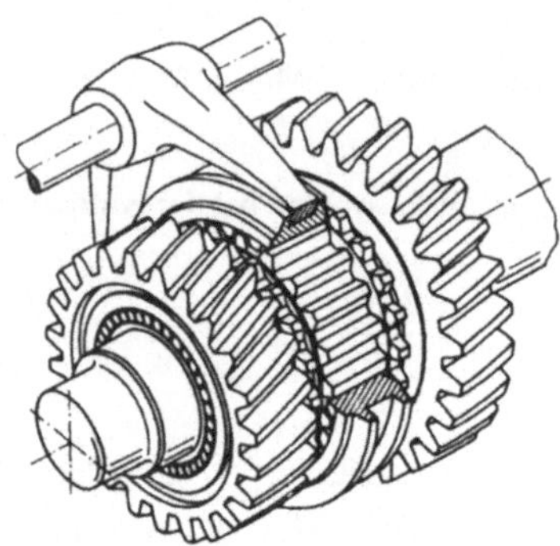

Bild 12.15: Klauenkupplungen in Getrieben (ZF; Friedrichshafen)

a) **Klauenkupplung:** Bei dieser einfachen Kupplung wird eine Kupplungshälfte meist mechanisch in Axialrichtung verschoben. Die verschiebliche Kupplungshälfte wird dabei auf einer Vielkeilwelle bzw. Kerbverzahnung mit Evolventenflanken geführt.

In KFZ-Getrieben werden innenverzahnte Hülsen benutzt, die sich über eine Gabel in zwei Richtungen verschieben lassen (Bild 12.15). Die zu kuppelnden Räder stützen sich über Nadellager auf der Welle ab. Zur Schalterleichterung werden zusätzliche Schaltsperren oder Schaltkupplungen benutzt, da sich die Schaltmuffe nur bei Drehzahlgleichheit verschieben läßt.

a)

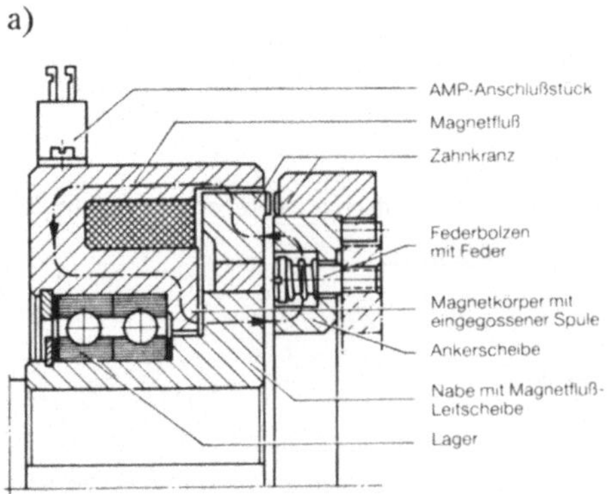

b)

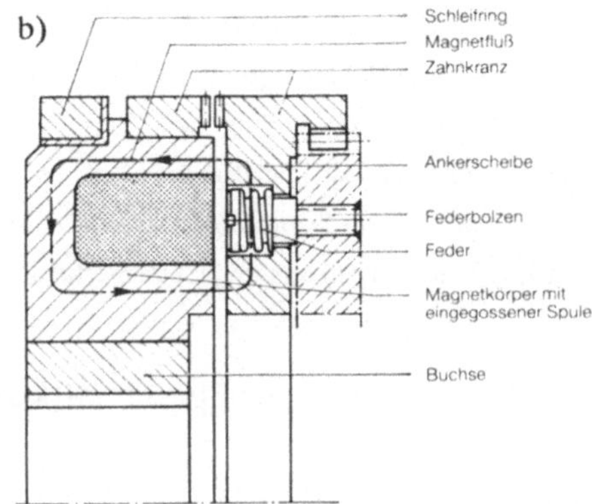

Bild 12.16: Zahnkupplungen a) ohne Schleifring b) mit Schleifring (ZF; Friedrichshafen)

b) **Zahnkupplung:** Solche Kupplungen bestehen aus einer Kupplungsscheibe mit Spule und einem Zahnkranz mit radialer Kerbverzahnung. Beim Betätigen der Kupplung wird die zweite Kupplungshälfte, die ebenfalls über eine Kerbverzahnung verfügt, in axialer Richtung verschoben und die Verbindung hergestellt. Bei fehlender Erregung drücken Federn die Ankerscheibe wieder in die Ausgangslage zurück. Es gibt Bauformen ohne Schleifring (Spulenkörper steht fest) und Bauformen mit Schleifring (Bild 12.16).

12.3.2 Kraftschlüssige Schaltkupplungen

Durch diese Kupplungen läßt sich das zu übertragende Drehmoment auch unter Last und bei Drehzahlunterschieden schalten. Allerdings entsteht durch den Schlupf während des Schaltvorganges (die Kupplung rutscht teilweise durch) eine Wärmebelastung der Kupplung durch den Energieverlust beim Rutschen.

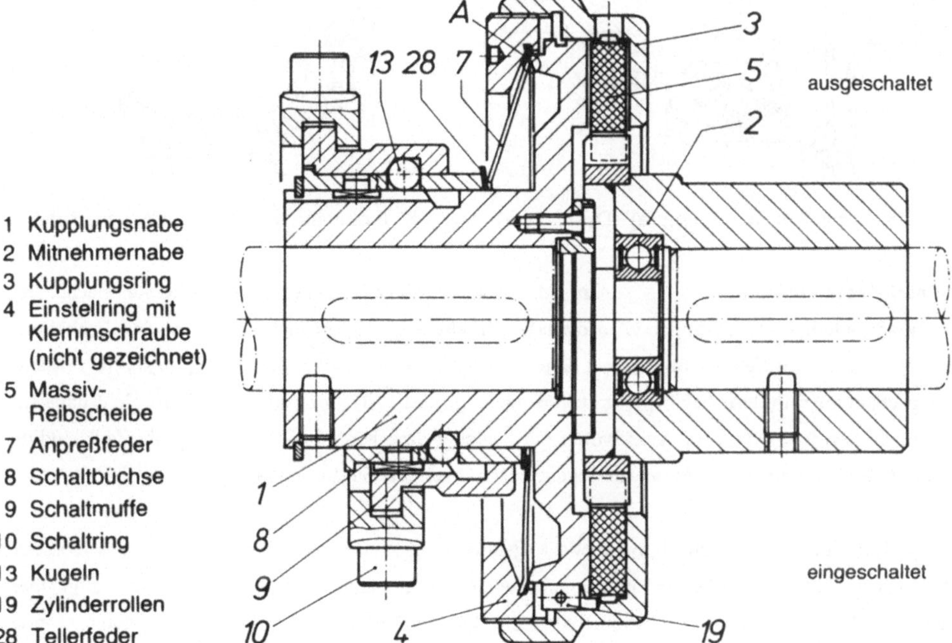

Bild 12.17: Einscheibenkupplung (Ringspann; Bad Homburg)

Durch die Form der Reibflächen wird unterteilt in Einflächenkupplungen, Zweiflächenkupplungen, Kegelkupplungen und Mehrflächenkupplungen (Lamellenkupplungen). Zusätzlich wird zwischen naßlaufenden (ölgeschmierte) und trockenen Kupplungen unterschieden.

Als Reibstoffpaarung wird beim Naßlauf Stahl/Stahl oder Stahl/Sinterbronze eingesetzt. Trockenlaufende Kupplungen haben die Werkstoffpaarungen Gußeisen/organischer Belag, Metallkeramik/Stahl oder ebenfalls Stahl/Sinterbronze. Die erreichbaren Reibungszahlen enthält die Tabelle 2 im Anhang M.

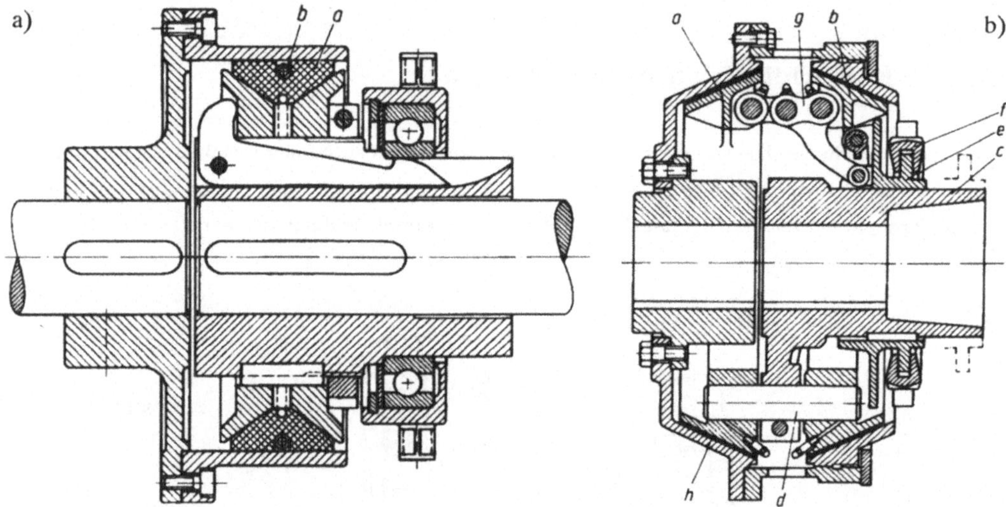

Bild 12.18: Doppelkegelkupplung a) (Desch; Arnsberg) b) (Lohmann & Stolterfoht; Witten/Ruhr)

a) Einscheibenkupplung: Auf jeder Seite der Scheibe befindet sich eine Reibfläche. Bei mechanisch betätigten Kupplungen wird die erforderliche Anpreßkraft meist über eine Schaltgabel mit Gleitsteinen, Schaltmuffe oder über Hebel eingeleitet. Üblicherweise liegt die Betätigungskraft während der Einschaltdauer an. Nur bei Typen mit Verriegelung (Bild 12.17) muß die Schaltkraft nicht dauernd aufgebracht werden. Erst zum Ausschalten wird wieder eine Kraft benötigt. Durch die vollständige Trennung der Reibflächen tritt im ausgerückten Zustand kein Leerlaufmoment auf.

b) Kegelkupplung: Da einfach wirkende Kegelkupplungen eine Axialkraft auf die angeschlossene Welle hervorrufen, werden bevorzugt Doppelkegelkupplungen eingesetzt. Die Betätigung erfolgt über Kniehebel oder Winkelhebel und eine Schaltmuffe. Die im Bild 12.18 dargestellte Kupplung ist eine Kombination aus Doppelkegelkupplung und Zylinderkupplung. Der mehrfach geteilte Reibring wird von den kegeligen Tellerscheiben gegen die zylindrische Mantelfläche gepreßt. Doppelkegelkupplungen werden bei großen Drehmomenten (Schiffbau) als druckluft bzw. hydraulisch geschaltete Kupplungen ausgeführt.

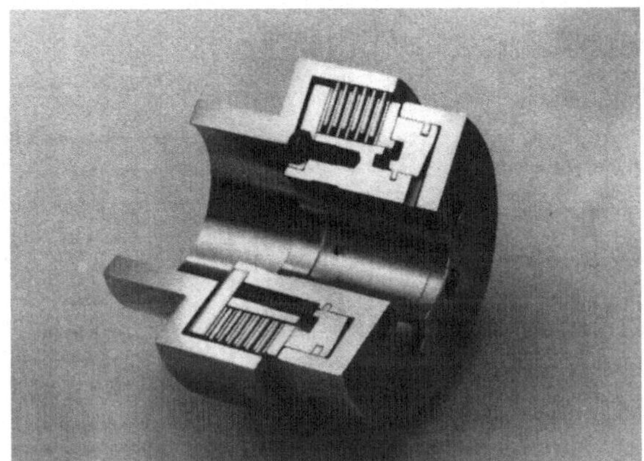

Bild 12.19: Hydraulisch betätigte Lamellenkupplung (Ortlinghaus; Wermelskirchen)

c) **Lamellenkupplungen:** Durch die Verteilung der Reibflächen auf viele Lamellen haben diese Kupplungen einen kleinen Außendurchmesser (Massenträgheit). Da alle Lamellen gegeneinander verschoben werden müssen, ergeben sich größere Ansprechzeiten als bei Einscheibenkupplungen. Durch die teilweise noch vorhandene Haftung der Lamellen im ausgeschalteten Zustand entsteht ein Leerlaufmoment in der Kupplung. Zur Verringerung dieses Leerlaufmomentes werden die Innenlamellen gewellt oder profiliert ausgebildet.

Die Kupplungen werden mechanisch, hydraulisch oder elektrisch betätigt (Bild 12.19). Durch die Kraftumlenkung (Winkelhebel) bauen mechanisch betätigte Kupplungen am längsten. Sehr kurze Schaltzeiten ergeben sich bei pneumatischer oder hydraulischer Betätigung. Allerdings ist dann für die Zufuhr des Betätigungsmediums ein freies Wellenende erforderlich. Bei Kupplungen mit Fernbedienung (Automatisierung) werden überwiegend elektromagnetisch geschaltete Kupplungen benutzt.

Zur Erzeugung der Anpreßkraft werden bei diesen Kupplungen die im Bild 12.20 dargestellten Bauprinzipien eingesetzt:

* magnetisch durchflutete Lamellen
* magnetisch nicht durchflutete Lamellen

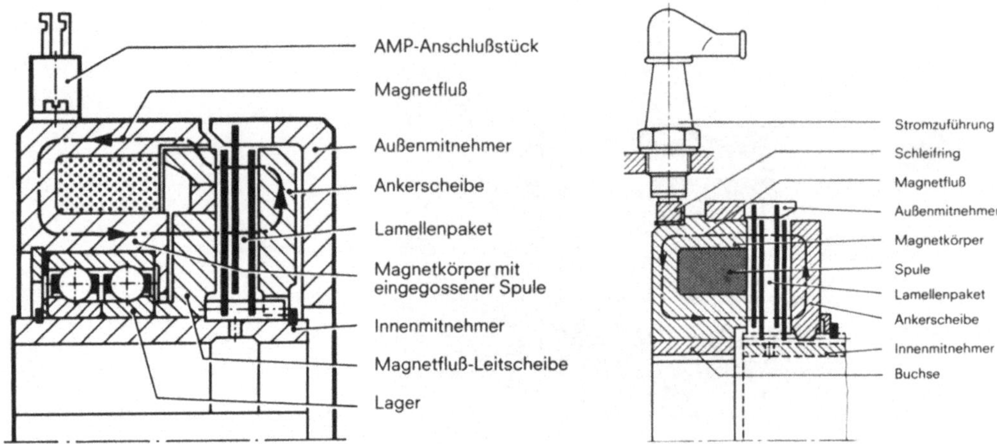

Bild 12.20: Elektrisch betätigte Lamellenkupplungen (ZF; Friedrichshafen)

Wie bei den Zahnkupplungen werden beide Bauformen mit fest stehendem Magnetkörper oder mit Schleifringen hergestellt. Bei den durchfluteten Bauformen wird das im Magnetkörper erzeugte Magnetfeld durch die Lamellen geleitet, d.h. die Lamellen müssen ferromagnetisch sein.

Wird nur die Anpreßplatte vom Magnetfeld durchflutet, so sind beliebige Werkstoffpaarungen an den Lamellen möglich.

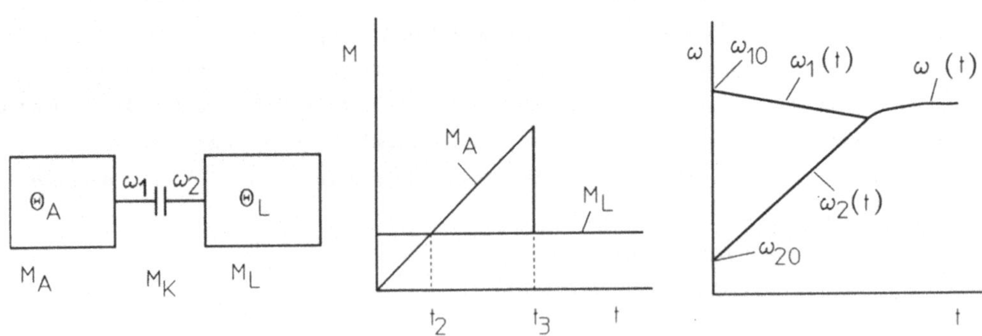

Bild 12.21: Antrieb mit Rutschkupplung (Prinzip)

Beide Ausführungen haben folgende Vor- und Nachteile:

durchflutete Lamellen	nichtdurchflutete Lamellen
ferromagnetische Lamellen	beliebige Lamellenwerkstoffe
keine Verschleißnachstellung	Verschleißnachstellung erforderlich
Naßlauf	Naß- oder Trockenlauf

Aus den Anforderungen lassen sich folgende Auswahlkriterien ableiten:

kleinste Abmessungen	Lamellenkupplung, Kegelkupplung Kupplung an schnellaufender Welle anbringen
hohe Lebensdauer	geringe Kupplungsbelastung Kupplungsmoment $M_K = (2 \ldots 4) * M_L$
Verschleißnachstellung	weiche Anpreßfedern durchflutete Lamellen
kurze Schaltzeit	Einscheibenkupplungen
geringes Leerlaufmoment	Trockenlauf mit geringen Reibflächen profilierte Lamellen mit Ölnuten beim Naßlauf

Alle kraftschlüssigen Kupplungen lassen sich auch als Bremse einsetzen. Dabei steht die Abtriebsseite immer still.

12.3.3 Schaltvorgang

Der Schaltvogang in der fremdbetätigten Kupplung wird an einem Antrieb mit den Drehmassen Θ_1 und Θ_2 erläutert (Bild 12.21). Die Drehmassen sind auf die Kupplungswelle bezogen. Befindet sich ein Getriebe in der Anlage, so müssen die angeschlossenen Drehmassen entsprechend reduziert werden. Es wird angenommen, daß die Antriebsmaschine mit dem Antriebsmoment M_A bereits beim Hochlaufen durch das konstante Lastmoment M_L belastet wird. Der Antrieb muß zusätzlich beschleunigt werden.
In der Kupplung wird durch den Kraftschluß das übertragbare Kupplungsmoment M_K (t) aufgebaut.
Solange das Kupplungsmoment noch kleiner als das Lastmoment ist, bleibt der Abtrieb stehen.
Durch Anwendung des Momentensatzes auf beide Wellen ergibt sich ab dem Schaltpunkt t_2:

$$M_A(t) - \omega_1 \Theta_1 - M_K(t) = 0 \qquad (12.29a)$$

$$M_K(t) - \dot{\omega}_2 \Theta_2 - M_L(t) = 0 \tag{12.29b}$$

Der Beschleunigungsvorgang auf der Abtriebsseite wird nach der Synchronisation der Kupplungshälften ($\omega_1 = \omega_2$) beendet. Danach laufen beide Wellen bis zum stationären Betriebspunkt hoch. Es gilt also:

$$M_A(t) - \dot{\omega} (\Theta_1 + \Theta_2) - M_L(t) = 0 \tag{12.29c}$$

Die Kupplung rutscht zwischen den Zeitpunkten t_2 und t_3 durch. Durch die anfallende Verlustleistung wird die Kupplung thermisch belastet. Am Antrieb wird folgende Leistung aufgebracht:

$$P_1 = M_B \omega_1 = (M_K(t) - M_L) \omega_1 \tag{12.30}$$

Zur Beschleunigung der Arbeitsmaschine wird davon gebraucht:

$$P_2 = M_B \omega_2 = (M_K(t) - M_L) \omega_2 \tag{12.31}$$

Daraus resultiert die gesuchte Verlustarbeit W_{vB} zu:

$$W_{vB} = \int_{t_2}^{t_3} (M_K(t) - M_L) \omega_1(t)\, dt - \int_{t_2}^{t_3} (M_K(t) - M_L) \omega_2(t)\, dt = \frac{\Theta_2 \omega_{syn}}{2} \tag{12.32}$$

In der ersten Anlaufphase ($t < t_2$) steht der Abtrieb. Die Verluste betragen also:

$$W_{v0} = \int_0^{t_2} M_K(t) \omega_1(t)\, dt \tag{12.33}$$

Zusätzlich ergibt sich ein Verlust aus der Überwindung des Lastmomentes M_L zu :

$$W_{vL} = M_L \left[\int_{t_2}^{t_3} \omega_1(t)\, dt - \int_{t_2}^{t_3} \omega_2(t)\, dt \right] \tag{12.34}$$

Die auftretende Verlustarbeit wird minimal wenn:

* das Kupplungsmoment immer größer als das Lastmoment ist ($W_{v0} = 0$)
* der Antrieb unbelastet hochfahren kann

Da der Verlauf des Kupplungsmomentes nach einer kurzen Zeit nahezu konstant bleibt, wird bei der Auslegung mit konstantem Antriebsmoment M_A und konstantem Kupplungsmoment M_K gerechnet. Aus den GL. 12.29 folgt dann:

$$\omega_1 = \omega_{10} + \frac{(M_A - M_K)\,t}{\Theta_1} \tag{12.35}$$

$$\omega_2 = \omega_{20} + \frac{(M_K - M_L)\,t}{\Theta_2} \tag{12.36}$$

Zum Zeitpunkt $t = t_3$ ist die Synchronisierung abgeschlossen, d.h. die Drehzahldifferenz $\omega_1 - \omega_2$ wird null. Daraus läßt sich die Schaltzeit t_3 und die Synchrondrehzahl ω_{syn} bestimmen zu:

$$t_3 = \frac{(\omega_{10} - \omega_{20})\,\Theta_1\,\Theta_2}{\Theta_1\,(M_K - M_L) + \Theta_2\,(M_K - M_A)} \tag{12.37}$$

$$\omega_{syn} = \frac{\omega_{10}\,\Theta_1\,(M_K - M_L) - \omega_{20}\,\Theta_2\,(M_K - M_A)}{\Theta_1\,(M_K - M_L) + \Theta_2\,(M_K - M_A)} \tag{12.38}$$

Die Verlustleistung jeder Schaltung hängt von der Relativgeschwindigkeit der Kupplungsscheiben ab, die sich bei konstantem Moment linear mit der Zeit verringert.

$$W_v = \frac{P_{v0}\,t_3}{2} = \frac{M_K\,\Delta\omega_0\,t_3}{2} \tag{12.39}$$

Mit der Schaltzeit t_3 aus Gl. 12.37 und $\Delta\omega_0 = \omega_{10} - \omega_{20}$ wird:

$$W_v = \frac{(\omega_{10} - \omega_{20})^2\,\Theta_1\,\Theta_2}{2}\;\frac{1}{\Theta_1\,(1 - M_L/M_K) + \Theta_2\,(1 - M_A/M_K)} \tag{12.40}$$

In manchen Anwendungen darf eine Rutschzeit t_3 nicht unterschritten werden. Das erforderliche Kupplungsmoment zur Erzielung dieser Zeit wird dann:

$$M_K = \frac{1}{\Theta_1 + \Theta_2}\left[\frac{\Theta_1\,\Theta_2\,(\omega_{10} - \omega_{20})}{t_3} + \Theta_1\,M_L + \Theta_2\,M_A\right] \tag{12.41}$$

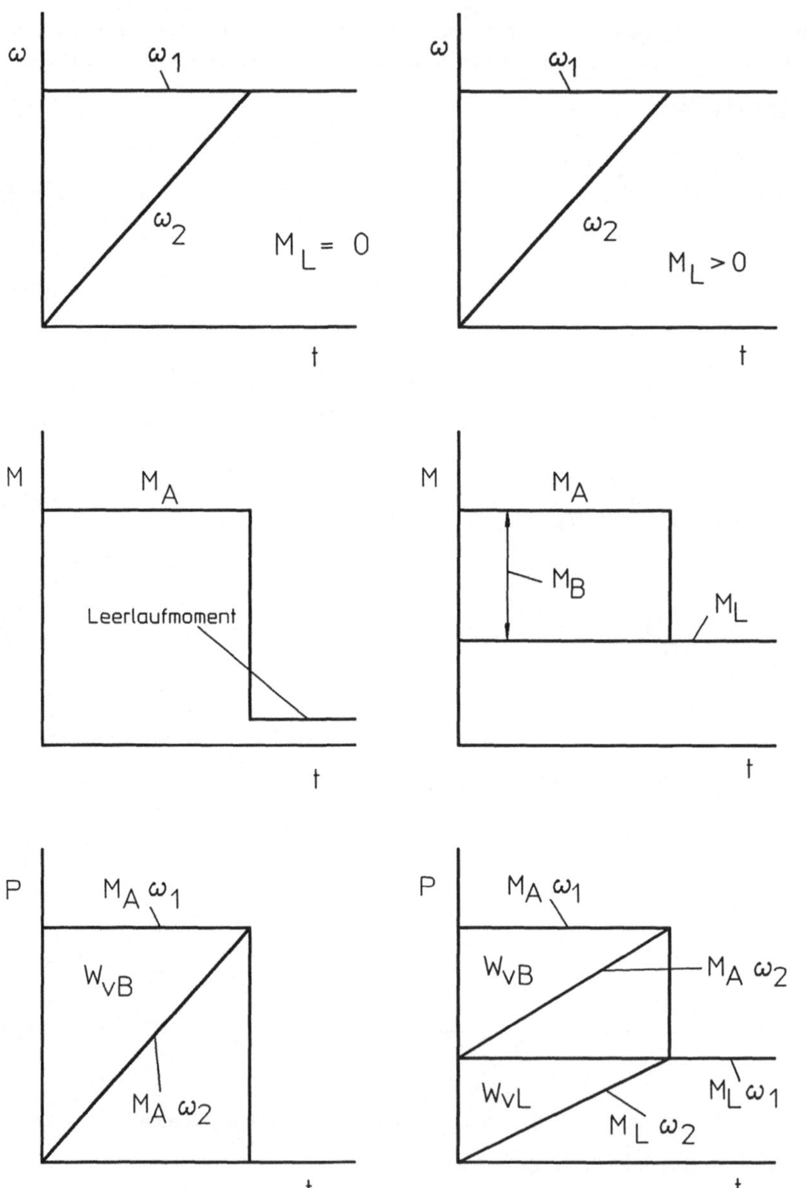

Bild 12.22: Verlauf der Winkelgeschwindigkeit, der Drehmomente und der Leistung beim Schaltvorgang (Prinzip)

Mit den angegebenen Gl. 12.37 - 12.41 lassen sich die oft vorkommenden Sonderfälle $M_K = M_A$ bzw. $M_L = 0$ ebenfalls behandeln. Falls die Abtriebsseite sich entgegen der Antriebsseite dreht, ist ω_2 mit negativem Vorzeichen einzusetzen.

Der prinzipielle Verlauf der Drehzahlen, Momente und Leistungen über der Zeit ist im Bild 12.22 dargestellt.

Der auftretende Gesamtverlust ergibt sich aus dem bisher bestimmten Verlust / Schaltung und der Schalthäufigkeit / Stunde.

$$Q = z\, W_V \qquad (12.42)$$

12.3.4 Auslegung fremdgeschalteter Kupplungen

Die Auslegung erfolgt nach mechanischen und thermischen Gesichtspunkten. Wird die Kupplung oft geschaltet, so sind meistens die thermischen Kriterien für die Größenbestimmung der Kupplung entscheidend.

Bei Schaltungen ohne Last wird das Kupplungsmoment aus dem Nennmoment und einem herstellerspezifischen Anlauffaktor K bestimmt.

$$M_K > K\, M = K\, 9550\, P / n \qquad (12.43)$$

Bei Lastschaltungen sollte das Kupplungsmoment M_K mindestens das doppelte des Lastmomentes M_L betragen. Der Anteil W_{vL} wird dann nicht zu groß.

$$M_K > 2\, M_L \qquad (12.44)$$

Ist eine Schaltzeit gefordert, so ergibt sich das benötigte Kupplungsmoment aus der Gl. 12.41. Eventuell ist eine spezifische Ansprechverzögerung (t_{11}) und eine Anstiegszeit (t_{12}) zu berücksichtigen.

$$t = t_{11} + t_{12} + t_3 \qquad (12.45)$$

t_{11} bzw. t_{12} aus Herstellerunterlagen

Zusätzlich ist die thermische Belastung der Kupplung zu kontrollieren. Die auftretende Verlustleistung wird durch die zulässige Grenztemperatur des Reibwerkstoffes begrenzt.

Vereinfachend wird angenommen, daß bei "einmaliger" Schaltung die Kupplung die auftretende Wärme speichert und in der Schaltpause wieder langsam abgeben kann (Wärmespeicher). Bei häufigem Schalten muß die zugeführte Wärme und die über die Oberfläche bzw. den Schmierstoff abgeführte Wärme gleich sein (Wärmetauscher).

Die Kupplung ist so auszuwählen, daß die zulässige Wärmebelastung der Kupplung nicht überschritten wird. Dies kann durch den Vergleich der auftretenden Gesamtverluste mit der zulässigen Wärmebelastung (Bild 1 Anhang M) oder durch Vergleich der auf die Reibfläche bezogenen spezifischen Reibleistung erfolgen.

12.4 Selbsttätig schaltende Kupplungen

Bei selbsttätig schaltenden Kupplungen ist keine äußere Kraft zur Auslösung des Schaltvorganges erforderlich. Dieser kann ausgelöst werden durch:

* das Kupplungsmoment
* die Drehzahl
* die Drehrichtung

12.4.1 Drehmomentgeschaltete Kupplungen

Drehmomentgeschaltete Kupplungen werden als Sicherheitskupplungen zwischen Antrieb und Abtrieb eingebaut um Schäden durch auftretende Überlastung oder plötzliches Blockieren der Anlage zu vermeiden. Durch solche Kupplungen lassen sich ebenfalls Anlaufstöße vermeiden, die besonders bei Elektromotoren auftreten können.
In beiden Fällen wird der im Antrieb auftretende Drehmomentstoß von den nachgeschalteten Bauteilen ferngehalten. Die Anlage muß also nicht nach sehr selten auftretenden Lastspitzen bemessen werden.

Das Drehmoment kann formschlüssig oder kraftschlüssig auf ein Nenndrehmoment begrenzt werden. Für die Wahl des Kupplungstypes sind die vorhandene Drehzahl und die Ansprechgenaugigkeit ausschlaggebend.

Durch formschlüssig arbeitende Kupplungen läßt sich das Drehmoment genauer als mit kraftschlüssig arbeitenden Kupplungen einstellen (Schwankung des Reibwertes). Der Formschluß wird über Keile, Rollen, Kugeln oder Verzahnungen hergestellt. Dabei wird das Mitnehmerelement (z.B. eine Rolle) durch Federn in radiale Nuten gepreßt. Somit bestimmt die Vorspannkraft der Federn das übertragbare Drehmoment (Bild 12.23). Wird das eingestellte Drehmoment überschritten, so werden die Rollen gegen die Federkraft aus den Nuten gedrückt und der Kraftfluß unterbunden.
Bei niedrigen Drehzahlen werden durchratschende Typen eingesetzt. Hier schaltet sich die Kupplung selbstständig wieder ein, sobald das Drehmoment wieder unter das eingestellte Schaltmoment gesunken

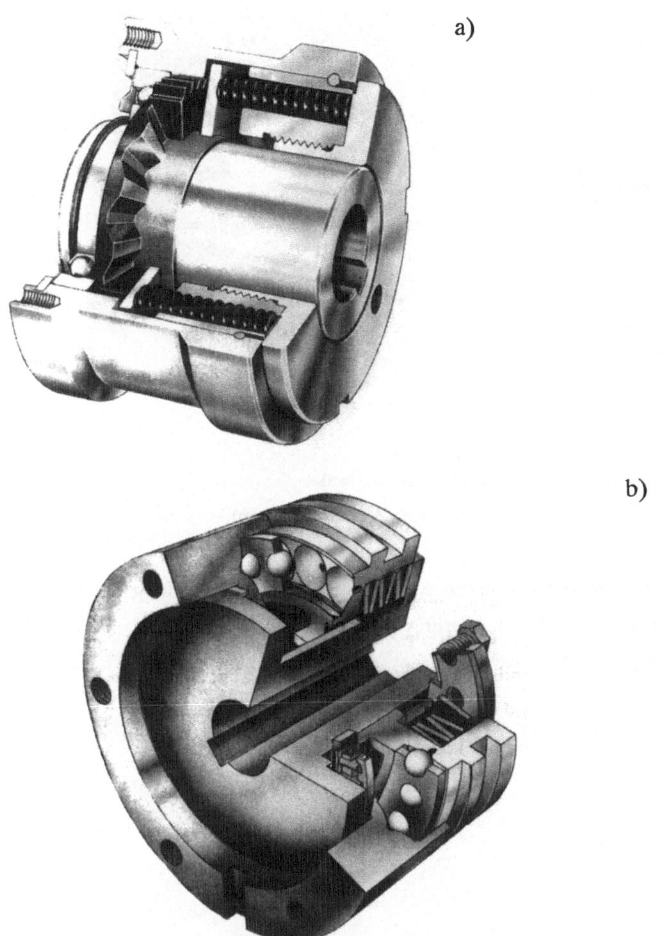

Bild 12.23: Rutschkupplungen a) Ringspann; Bad Homburg b) Mayr; Mauerstetten

ist. Liegen höhere Drehzahlen vor, oder soll die Maschine vom Antrieb getrennt bleiben, so werden selbstausschaltende Typen benutzt. Hier muß die Kupplung zum Wiedereinschalten betätigt werden. Bei allen Typen läßt sich der Schaltvorgang mit einem Sensor erfassen und zur Steuerung bzw. Meldung in der Maschinenanlage benutzten.

Fast alle besprochenen kraftschlüssigen Kupplungen lassen sich als Rutschkupplungen einsetzen (Bild 12.24). Die erforderliche Anpreßkraft wird durch Federn erzeugt. Damit sich das eingestellte Drehmoment durch Verschleiß der Reibflächen nur wenig ändert, werden Federn mit flacher Kennlinie

a)

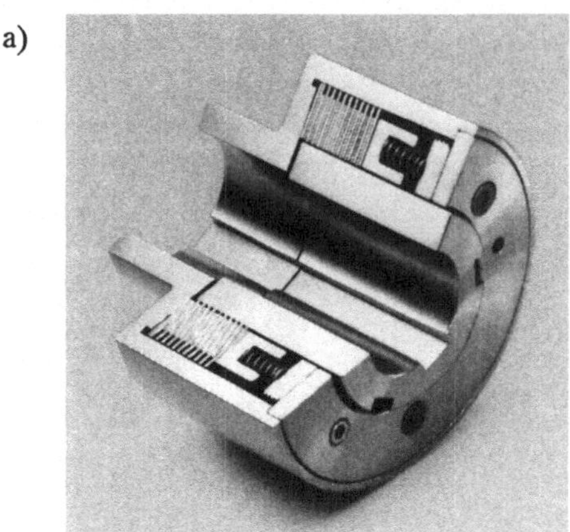

b)

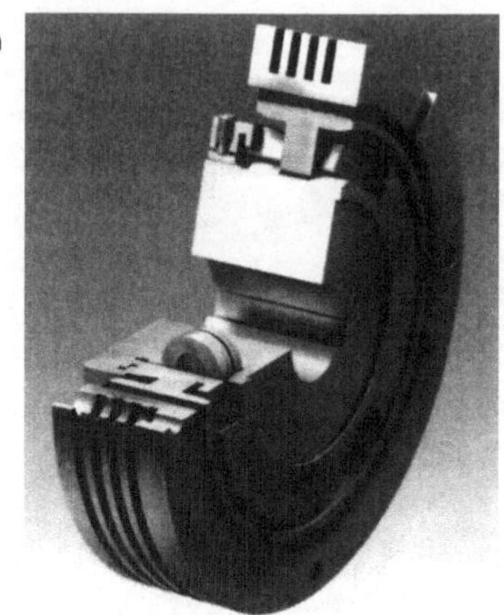

Bild 12.24: Kraftschlüssige Rutschkupplungen a) (Mayr; Mauerstetten)
b) (Ortlinghaus; Wermelskirchen)

(weiche Federn) benutzt. Die Einstellung des Rutschmomentes erfolgt durch Vorspannung der Federn, durch Verringerung der Federanzahl oder durch Veränderung der Federrate.

Bei längerer Rutschzeit ist die Kupplung thermisch sehr stark belastet. Daher wird durch Überwachungseinrichtungen die Rutschzeit begrenzt und eventuell der Antrieb stillgesetzt. Beim Rutschen entsteht wegen des vollen Kupplungsmomentes und der konstanten Drehzahl folgende Verlustarbeit:

$$W_V = M_K \, \omega \, t \tag{12.46}$$

t Rutschzeit

12.4.2 Drehzahlgeschaltete Kupplungen

Diese Kupplungen werden bevorzugt als Anlaufkupplungen eingesetzt. In Antrieben mit großem Lastmoment bzw. großen Drehträgheiten ist dann beim Hochfahren ein kleinerer Antriebsmotor ausreichend. Der Antriebsmotor braucht daher nur für die Nennleistung und nicht für die Anlaufleistung ausgelegt zu werden.

Besonders einfachen Aufbau haben Fliehkraftkupplungen. Bei diesen entsteht die notwendige Anpreßkraft zum kraftschlüssigen Übertragen des Drehmomentes durch eingefüllte Metallkugeln oder Segmente mit Reibflächen. Wegen der Fliehkraftwirkung nimmt die Anpreßkraft quadratisch mit der Drehzahl zu. Damit die Kupplung erst bei einer bestimmten Drehzahl anspricht, werden die Segmente durch weiche Rückholfedern am vorzeitigen Anliegen gehindert (Bild 12.25). Die Schaltdrehzahl wird bei Segmentkupplungen durch die Anzahl der Federn und die Federrate eingestellt. Bei gefüllten Kupplungen läßt sich die Schaltgrenze durch die Füllmenge beeinflussen.

a)

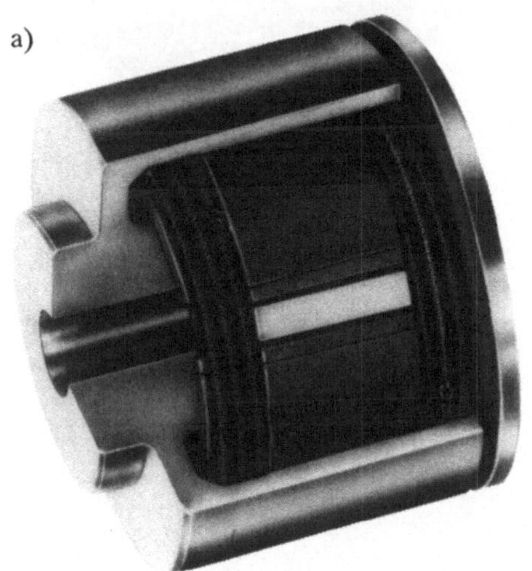

b)

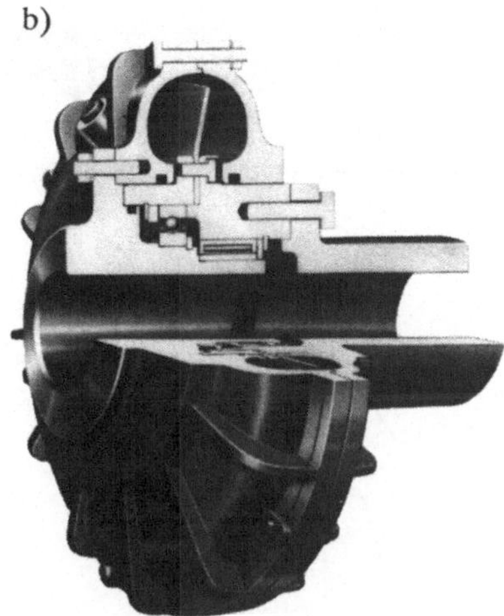

Bild 12.25: Fliehkraftkupplungen a) Desch; Arnsberg b) Stromag; Unna

Die Größe des erforderlichen Kupplungsmomentes ergibt sich aus der geforderten Schaltzeit nach Gl. 12.37. Wie bei den momentgeschalteten Kupplungen ist die thermische Belastung der Kupplung zu kontrollieren.

12.4.3 Richtungsgeschaltete Kupplungen

Hier wird der Schaltvorgang durch die Relativdrehzahl zwischen Antrieb und Abtrieb ausgelöst. In der einen Drehrichtung kann kein Drehmoment übertragen werden, d.h. die Kupplung läuft frei. In der Gegenrichtung wird die Relativdrehzahl zwischen Antrieb und Abtrieb verhindert und es kann ein hohes Drehmoment übertragen werden. Mit diesen Eigenschaften (Bild12.26) lassen sich Freiläufe einsetzen als

* Rücklaufsperre
* Überholkupplung
* Vorschubfreiläufe

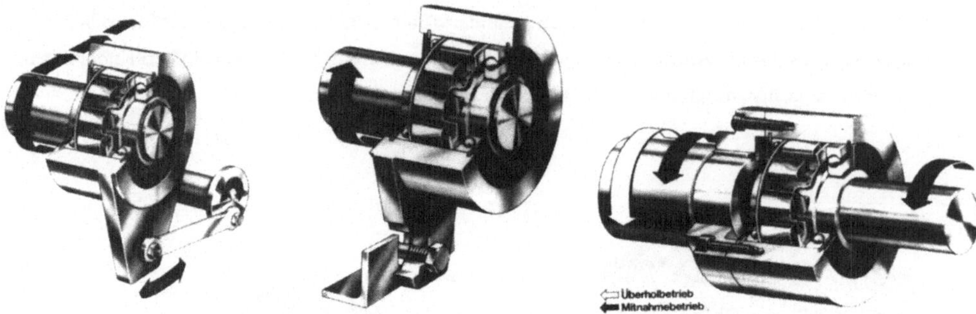

Bild 12.26: Einsatzgebiete für Richtungsgeschaltete Kupplungen

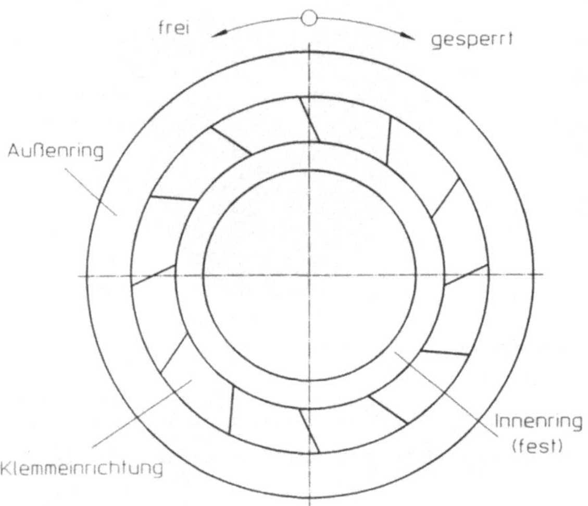

Bild 12.27: Freilaufprinzip

Nur für einfache Aufgaben (Ratschen, Sperräder) werden formschlüssige Klinkenfreiläufe eingesetzt. Sie verursachen ein deutliches Schaltgeräusch und lassen sich nicht in jeder beliebigen Lage schalten.

Es überwiegen daher kraftschlüssig arbeitende Freiläufe, bei denen die Klemmkörper (Rollen, Klemmstücke) zwischen den beiden Ringen des Freilaufes verklemmt werden (Bild 12.27). Der Schaltvorgang ist somit in jeder Stellung und nahezu geräuschlos möglich.

Beim Klemmrollenfreilauf hat entweder der Innenring oder der Außenring Klemmrampen. Der andere Ring ist zylindrisch. Auf den Klemmrampen befinden sich einzeln angefederte Klemmrollen (Bild 12.28).

Klemmstückfreiläufe haben zwei zylindrische Ringe. Dazwischen befinden sich die einzeln angefederten Klemmstücke mit spezieller Geometrie. Durch Variation der Klemmstückgeometrie lassen sich z.B. hohe Drehmomente übertragen oder eine hohe Schaltgenauigkeit erzielen.

Bild 12.28: Klemmrollenfreilauf (Ringspann; Bad Homburg)

Zur Verringerung des Verschleißes werden bei Überholkupplungen die Klemmkörper durch Fliehkraftwirkung oder durch hydrodynamische Schmierung abgehoben.

13 Grundlagen der Zahnradgetriebe

13.1 Allgemeines

Da im allgemeinen die Drehzahl und das Drehmoment der Antriebsmaschine nicht dem Bedarf der Arbeitsmaschine entsprechen, ist eine Anpassung notwendig. Diese Anpassung wird mit Hilfe von Getrieben durchgeführt. Im Getriebe muß daher eine Wandlung der Drehzahlen bzw. Drehmomente stattfinden. In einigen Fällen wird das Drehmoment nicht gewandelt, sondern nur örtlich verändert; d.h. das Getriebe leitet dann das Drehmoment ohne Wandlung weiter. Da die übertragene Leistung, bis auf die unvermeidlichen Verluste, gleich bleibt, bedingt eine Änderung der Drehmomente auch eine Drehzahländerung.

Bei einigen Arbeitsmaschinen wird eine im Betrieb veränderliche Drehzahl benötigt. Häufig ist jedoch eine feste bzw. in Stufen schaltbare Drehzahl ausreichend. Jedes Getriebe besteht im Prinzip aus der(den) Antriebs-, der(den) Abtriebswelle(n) und dem Gehäuse (Gestell). Durch das Gehäuse wird ein Abstützmoment ins Fundament übertragen. Die Verbindung der Wellen kann mechanisch, elektrisch oder hydraulisch erfolgen.

Die Getriebe lassen sich in gleichförmig und ungleichförmig übersetzende Getriebe einteilen. Bei ungleichförmig übersetzenden Getrieben ergibt sich aus einem gleichförmigen Antrieb eine ungleichförmige Abtriebsbewegung.

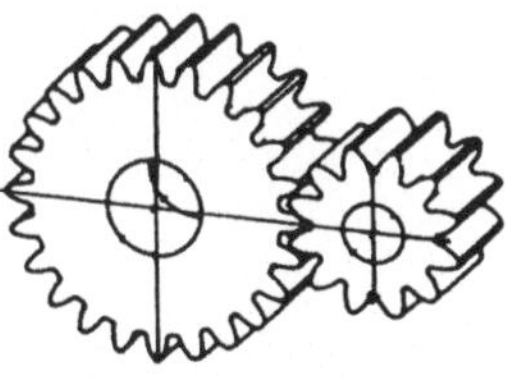

Stirnradgetriebe

Kegelradgetriebe

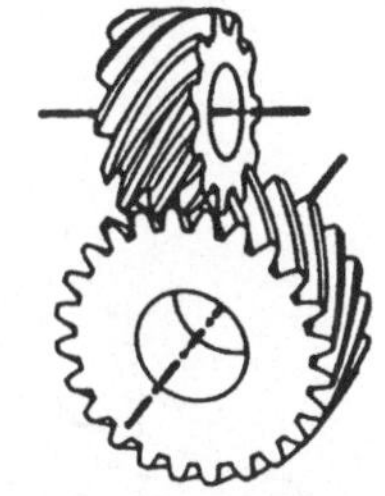

Schraubradgetriebe

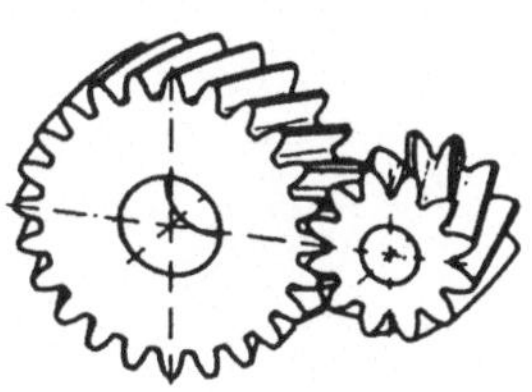

Schneckengetriebe

Bild 13.1: Zahnradpaarungen

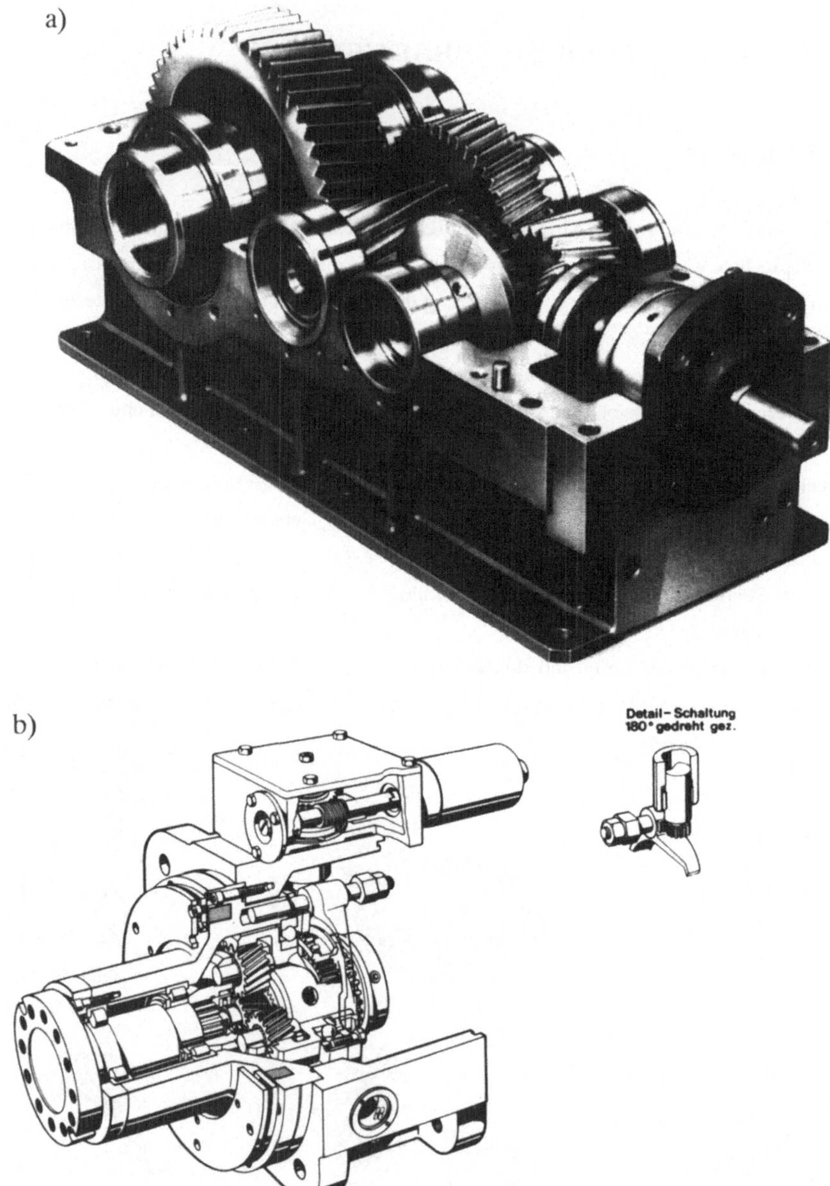

Bild 13.2: Getriebebauformen a) Kegelstirnradgetriebe (PIV; Bad Homburg)
b) Werkzeugmaschinenantrieb (ZF; Friedrichshafen)

In diesem Buch werden nur mechanisch arbeitende Getriebe mit konstanter Übersetzung behandelt.

Im Getriebe bilden das treibende Rad (Ritzel) und das getriebene Rad zusammen ein Zahnradpaar (Radpaar). Durch die Lage der Radachsen zueinander wird die Grundform der Zahnräder bestimmt (Bild 13.1). Bei parallelen Achsen werden Stirnräder mit Außen- bzw. Innenverzahnung eingesetzt. Sich schneidende Achsen erfordern Kegelräder und bei sich kreuzenden Achsen werden Schneckengetriebe, Hypoidgetriebe und Schraubradgetriebe verwendet. Nach den Flankenlinien wird bei Stirnrädern und Kegelrädern zusätzlich unterteilt in Geradverzahnung, Schrägverzahnung, Pfeilverzahnung und Bogenverzahnung (DIN 3998).
Eine Übersicht der vielfältigen Begriffe und Bezeichnungen ist in folgenden Normen enthalten :

* Allgemeine Begriffe	DIN 868
* Benennungen	DIN 3998 T1 ... T4
* Kurzzeichen	DIN 3999

Am häufigsten werden Getriebe als Standgetriebe, bei denen alle Getriebewellen in einer Lage drehbar gelagert sind, ausgeführt. Zur Erreichung der geforderten Drehzahl (Drehmomentwandlung) sind oft mehrere Stufen notwendig. Dabei werden auch Getriebekombinationen als Kegel - Stirnradgetriebe oder Schnecken - Stirnradgetriebe benutzt. Das Bild 13.2 zeigt typische Bauformen von Getrieben.

Als Übersetzung des Radpaares wird das Verhältnis der Winkelgeschwindigkeit auf der Antriebsseite zur Winkelgeschwindigkeit der Abtriebsseite festgelegt.

$$i = \frac{\omega_a}{\omega_b} = \frac{n_a}{n_b} \tag{13.1}$$

Die Gesamtübersetzung des Getriebes ist dann das Produkt aus den Stufenübersetzungen. Haben beide Wellen den gleichen Drehsinn, so ist die Übersetzung positiv.

$\lvert i \rvert < 1$	Übersetzung ins Schnelle
$\lvert i \rvert > 1$	Übersetzung ins Langsame

13.2 Verzahnungsgesetz

Bei einem Zahnradpaar soll die Drehbewegung möglichst gleichförmig vom Ritzel zum Rad übertragen werden. Daher muß während der Bewegung die Übersetzung i konstant bleiben. Eine konstante Übersetzung wird erreicht, wenn zwei (gedachte) Zylinder aufeinander ohne Schlupf abrollen. Im Berührpunkt der Wälzkreise (Punkt C) ist dann die Umfangsgeschwindigkeit an beiden Rädern gleich (Bild 13.3).

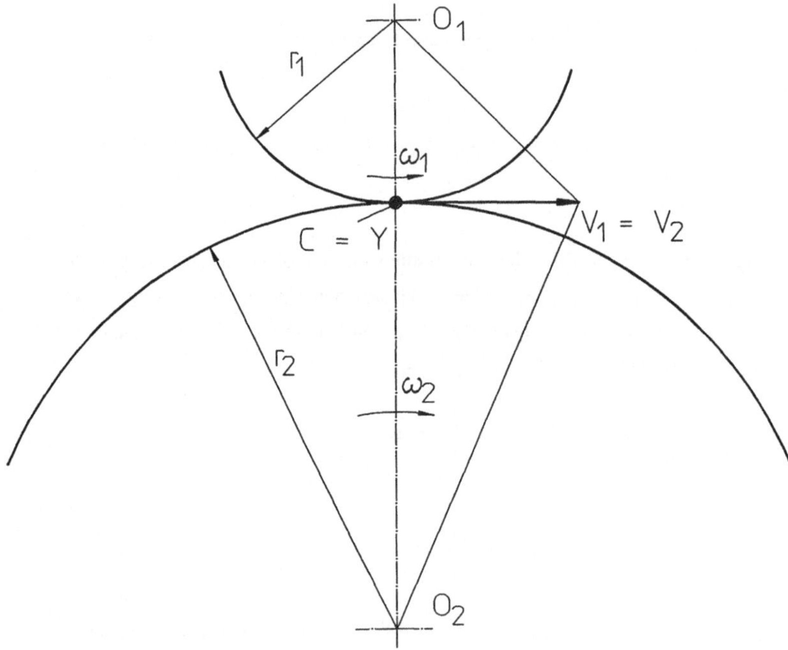

Bild 13.3: Kinematik am Radpaar

$$v_1 = v_2 = v = \omega_1 \; r_1 = \omega_2 \; r_2 \tag{13.2}$$

$$i = \frac{\omega_a}{\omega_b} = \frac{\omega_1}{\omega_2} = \frac{r_2}{r_1} = \text{konst.}$$

Auf den Wälzzylindern ist die Verzahnung so aufzubringen, daß die Bedingung der konstanten Übersetzung eingehalten wird. Da sich die Zahnflanken des Zahnpaares nicht durchdringen können, ist für die Bewegungsübertragung die Geschwindigkeit normal zur Zahnflanke maßgebend.

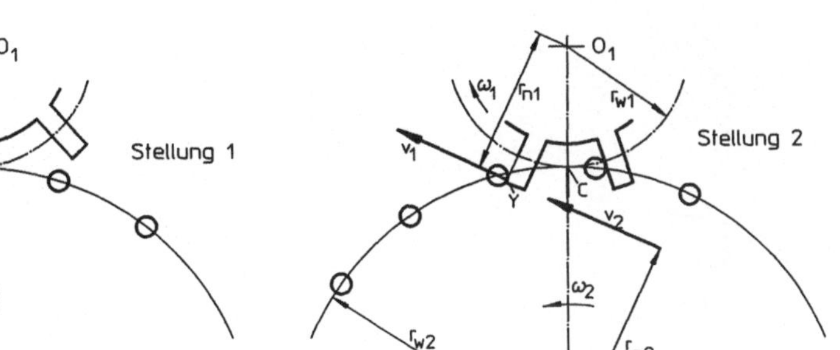

Bild 13.4: Radpaar mit Kastenzähnen

Die Verhältnisse sind im Bild 13.4 an einer Radpaarung mit Kastenzähnen und radialen Zähnen dargestellt. In der Stellung 2 ergibt sich eine andere Übersetzung als in der Stellung 1. Zur Erfüllung der geforderten konstanten Übersetzung muß also die Form der Verzahnung kinematische Bedingungen erfüllen. Die Flanke des treibenden Rades, das sich mit der Geschwindigkeit ω_1 um O_1 dreht, berührt die Gegenflanke des getriebenen Rades, das sich mit ω_2 um O_2 dreht, im Eingriffspunkt Y (Bild 13.5).

Im Eingriffspunkt haben beide Flanken eine gemeinsame Normale und eine gemeinsame Tangente. Da die Flanken weder abheben noch sich durchdringen können, muß die Normalkomponente der Umfangsgeschwindigkeiten im Eingriffspunkt gleich sein. Lote auf die Normale durch die Radmittelpunkte O_1 bzw. O_2 ergeben die Punkte T_1 und T_2. Aus den ähnlichen Dreiecken folgt:

$$\frac{v_{n1}}{v_1} = \frac{\overline{O_1T_1}}{r_1} \qquad \frac{v_{n2}}{v_2} = \frac{\overline{O_2T_2}}{r_2}$$

$v_{n1} = \omega_1 \overline{O_1T_1}$ $\qquad v_{n2} = \omega_2 \overline{O_2T_2}$ $\qquad$ Da $v_{n2} = v_{n1}$ ist, ergibt sich:

$$\omega_1 \overline{O_1T_1} = \omega_2 \overline{O_2T_2}$$

$$i = \frac{\omega_1}{\omega_2} = \frac{\overline{O_2T_2}}{\overline{O_1T_1}} \tag{13.3}$$

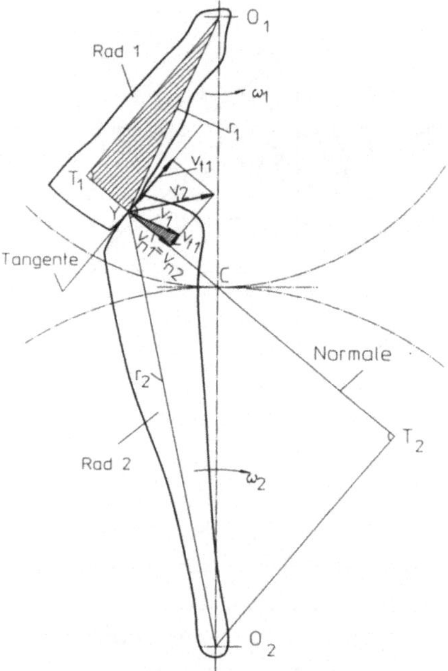

Bild 13.5: Geschwindigkeiten am Berührpunkt Y

Die gemeinsame Normale schneidet die Verbindungslinie der Mittelpunkte im Punkt C. Dadurch entstehen die ähnlichen Dreiecke O_1T_1C und O_2T_2C. Aus diesen ergibt sich:

$$i = \frac{\overline{O_2T_2}}{\overline{O_1T_1}} = \frac{\overline{O_2C}}{\overline{O_1C}}$$

Daher ist nach Gl.. 13.2 der Punkt C der gesuchte Wälzpunkt. Zur Erfüllung der kinematischen Bedingung muß die Normale im jeweiligen Berührpunkt stets durch den Wälzpunkt C gehen. Diese Bedingung läßt sich theoretisch mit beliebigen Zahnflankenformen erfüllen, die dann punktweise konstruiert werden. In der Praxis haben sich aus fertigungstechnischen Gründen die Zykloidenverzahnung und die Evolventenverzahnung durchgesetzt. Im Maschinenbau wird fast ausschließlich mit Evolventenverzahnungen gearbeitet.

13.3 Verzahnungsarten

13.3.1 Zykloidenverzahnung

Zykloiden entstehen durch Punkte eines Rollkreises (Bild 13.6), der auf einem Wälzkreis abrollt. Durch Abrollen auf einem Kreis entsteht eine Epizykloide, durch Abrollen des Rollkreises auf der Innenseite des Wälzkreises wird eine Hypozykloide erzeugt.

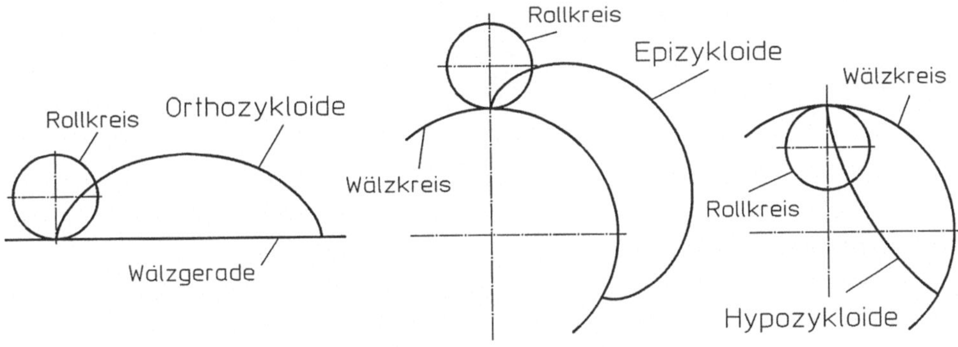

Bild 13.6: Zykloiden

Bei Zykloidenverzahnungen sind die Rollkreisradien (ρ_i) kleiner als die Wälzkreisradien (r_i). Beide Rollkreise berühren sich im Wälzpunkt (Bild 13.7). Die Eingriffslinie liegt auf den Rollkreisen und wird durch die Kopfkreise der Räder begrenzt. An außenverzahnten Rädern besteht jede Zahnflanke aus einer Epizykloide (Kopfflanke) und einer Hypozykloide (Fußflanke) . Dabei entsteht auf dem Wälzkreis ein Wendepunkt. Durch den Rollkreisradius wird die Form der Zahnflanke und die Richtung der Zahnkraft festgelegt. Üblicherweise wird als Rollkreisradius gewählt:

$$\rho_i = (1/3 \; ... \; 3/8)\, r_i \qquad i = 1;2 \qquad (13.4)$$

Bei $\rho_i = 0{,}5\, r_i$ ergeben sich Zykloiden mit radialen Flanken.

Da immer eine konkave und eine konvexe Zahnflanke zusammentreffen, ergeben sich geringe Zahnflankenpressungen (Hertzscher Kontakt) und günstige Verschleißverhältnisse. Des weiteren lassen sich problemlos Räder mit geringen Zähnezahlen fertigen.

Allerdings ist die Verzahnung durch den Wendepunkt auf der Zahnflanke sehr empfindlich gegen

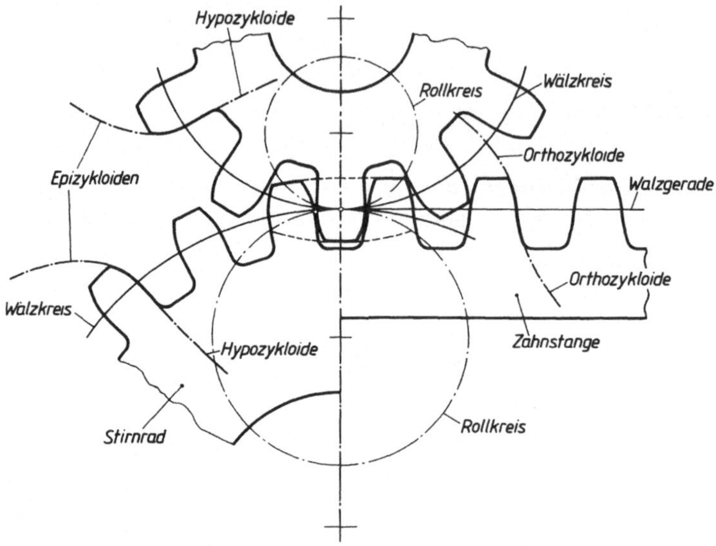

Bild 13.7: Zykloidenverzahnung

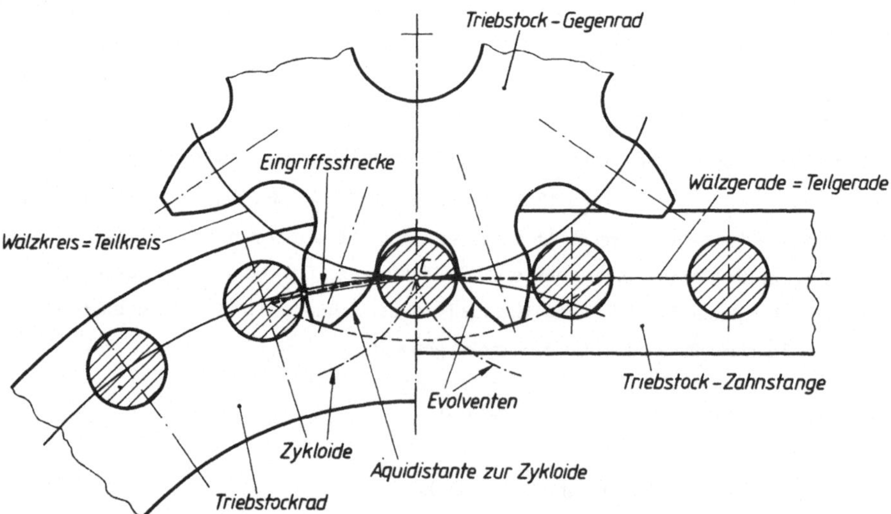

Bild 13.8: Triebstockverzahnung

Achsabstandsänderungen und erfordert zur Herstellung Profilwerkzeuge. Ist nur ein Rollkreis vorhanden ($\rho_1 = 0$), so entsteht eine einseitige Zykloidenverzahnung. Das eine Rad hat nur Zähne mit Fuß-

flanken, das andere nur Zähne mit Kopfflanken. Einen Sonderfall der einseitigen Verzahnung stellt die Triebstockverzahnung (Bild 13.8) dar, bei der der Rollkreis ρ_2 des Gegenrades mit dem Wälzkreis r_2 zusammenfällt. Die sich ergebende punktförmige Verzahnung wird zu Zapfen, den Triebstöcken, erweitert. Die Zahnflanken des Gegenrades entstehen als Äquidistanten zu den Epizykloiden der Punktverzahnung. Häufig werden die Flanken durch Evolventen angenähert und können dann mit geradflankigen Werkzeugen hergestellt werden. Geht das Triebstockrad in eine Zahnstange mit Triebstöcken über, so werden aus den Epizykloiden des Gegenrades Evolventen.
Anwendung findet die Triebstockverzahnung bei Hebezeugen und Drehkränzen.
Wegen der geringen Bedeutung wird die Auslegung von Zykloidenverzahnungen nicht näher behandelt.

13.3.2 Evolventenverzahnung

Eine Kreisevolvente entsteht durch Abwälzen einer Gerade auf einem Kreis, dem Grundkreis. Die Form der Evolvente ist eindeutig durch den Grundkreis bestimmt. Anschaulich läßt sich die Evolvente durch die Fadenkonstruktion erzeugen. Wird von einem Grundkreis ein straff gespannter Faden abgewickelt, so beschreibt der Fadenendpunkt eine Kreisevolvente (Bild 13.9). Die Normale der Evolvente tangiert stets den Grundkreis. Der Krümmungsradius ρ_y entspricht der Fadenlänge.

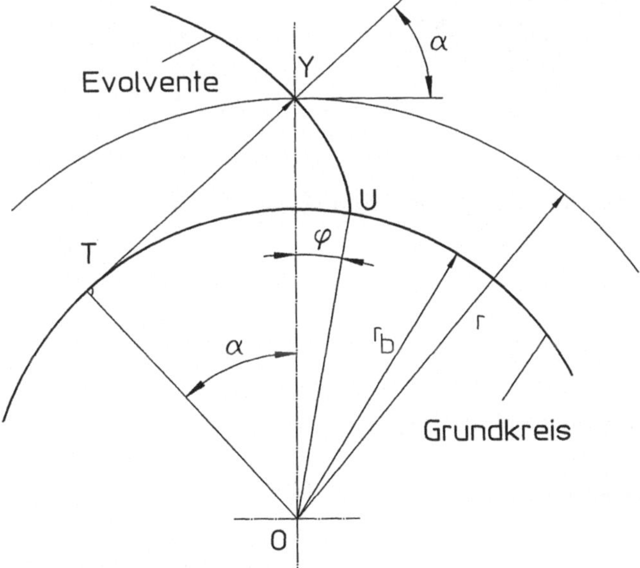

Bild 13.9: Evolventenkonstruktion

In Wirklichkeit wird die Zahnflankenform durch geradflankige Werkzeuge erzeugt, die sich auf einem Herstellkreis abwälzen.

Alle Punkte auf der Geraden ergeben Evolventen. Eine gleichmäßige Teilung auf der Geraden führt daher zu äquidistanten Evolventen. Von der Evolvente wird nur das Kurvenstück vom Grundkreis bis zum Kopfkreis für die Zahnform benutzt (Bild 13.10).

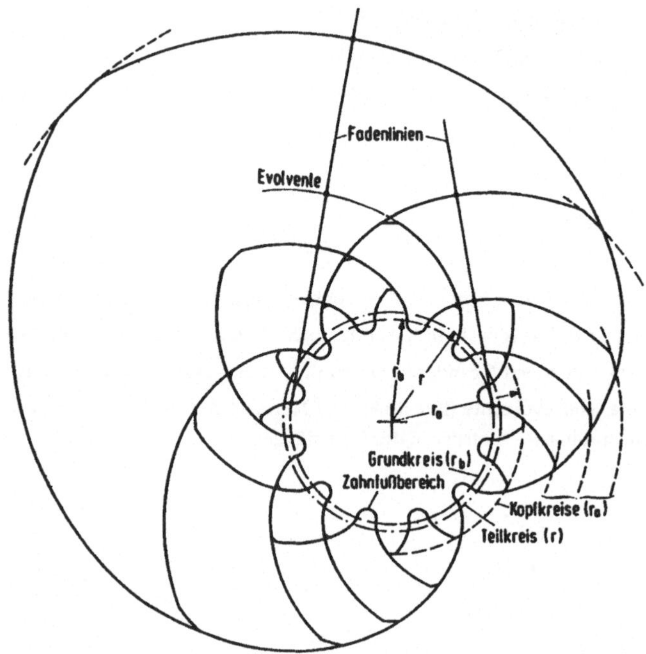

Bild 13.10: Erzeugung verschiedener Evolventenzähne vom gleichen Grundkreis /13.7/

Wichtige Eigenschaften der Evolvente sind:

* zu jedem Grundkreis gibt es nur eine Evolvente
* die Evolvente beginnt am Grundkreis und endet im Unendlichen (Spirale)
* der Krümmungsradius der Evolvente nimmt stetig zu
* die Eingriffslinie ist eine Gerade
* die Lage der Eingriffslinie ergibt sich aus der Drehrichtung der Räder

Zur Berechnung der Verzahnungsgeometrie wird die Funktionsgleichung der Evolvente benötigt. Die Lage des Punktes Y wird durch den Radius ρ_y und den Winkel φ bestimmt (Bild 13.9). Aus der Abwälzbewegung folgt:

$$\overline{TU} = \overline{TY} = \rho_y \tag{13.5}$$

$$\overline{TY} = r_b \tan\alpha$$

$$\overline{TU} = r_b\,(\alpha + \varphi)$$

$$\varphi = \mathrm{inv}\,\alpha = \tan\alpha - \alpha \tag{13.6}$$

Die Beziehung in Gl. 13.6 wird Evolventenfunktion genannt und "inv" wird als "involut" gelesen.

Bei einer Evolventenverzahnung tangiert die Eingriffslinie beide Grundkreise und schneidet die Verbindungslinie der Radmitten im Wälzpunkt C. Das allgemeine Verzahnungsgesetz wird daher erfüllt. Die Eingriffslinie ist gegenüber der Tangente an die Wälzkreise (Bild 13.11) um den Eingriffswinkel α geneigt . Aus den ähnlichen Dreiecken O_1T_1C und O_2T_2C folgt:

$$\cos\alpha = \frac{r_{b1}}{r_1} = \frac{r_{b2}}{r_2} \tag{13.7}$$

oder

$$i = \frac{\omega_1}{\omega_2} = \frac{r_{b2}}{r_{b1}} = \frac{r_2}{r_1} \tag{13.8}$$

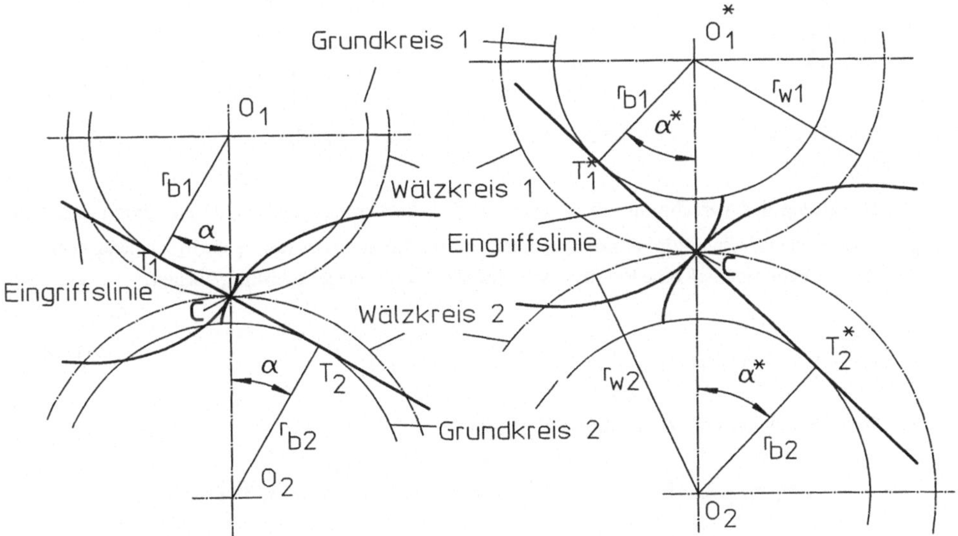

Bild 13.11: Radpaar mit verschiedenem Achsabstand

Die Übersetzung wird daher ausschließlich durch die Grundkreise festgelegt. Eine Veränderung des Achsabstandes zeigt, daß sich zwar die Wälzkreise und die Eingriffswinkel ändern, die Evolventen aber gleich bleiben. Die Evolventenverzahnung ist also unempfindlich gegen Achsabstandsänderungen. Diese wesentliche Eigenschaft und die einfache Herstellung mit geradflankigen Werkzeugen haben zur fast ausschließlichen Verwendung der Evolventenverzahnung im Maschinenbau beigetragen.

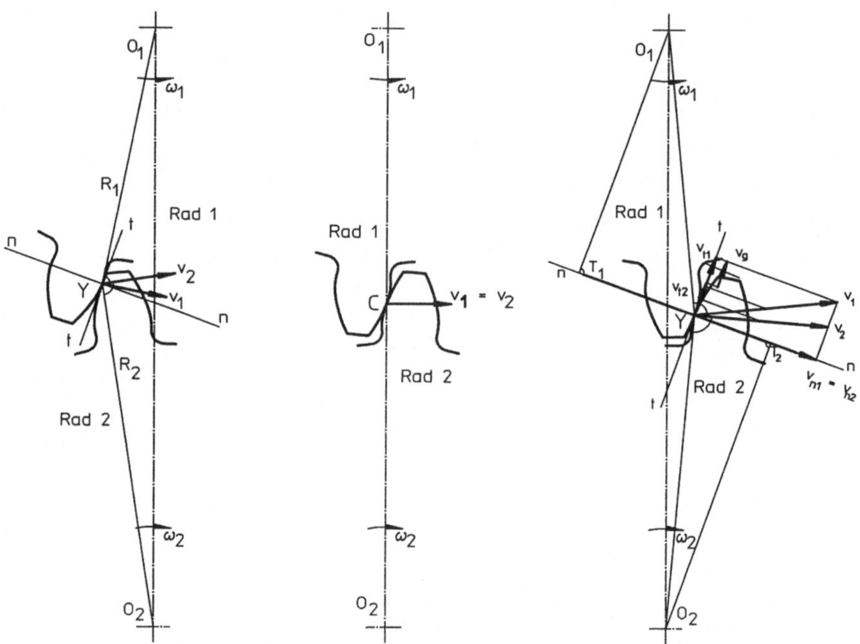

Bild 13.12: Gleitverhältnisse am Berührpunkt Y in verschiedenen Radstellungen

Aus der Herleitung des Verzahnungsgesetzes folgte, daß die Normalkomponente an beiden Zahnflanken gleich war. Die Geschwindigkeitskomponenten in der Tangentialrichtung sind jedoch verschieden (Bild 13.12). Das bedeutet, daß eine Relativgeschwindigkeit v_g in dieser Richtung vorliegt.

$$v_g = v_{t1} - v_{t2} \tag{13.9}$$

Aus den ähnlichen Dreiecken O_1T_1Y und O_2T_2Y folgt:

$$v_{t1} = v_1 \frac{\overline{T_1Y}}{r_1} = \omega_1 \overline{T_1Y} \qquad v_{t2} = v_2 \frac{\overline{T_2Y}}{r_2} = \omega_2 \overline{T_2Y}$$

und den ähnlichen Dreiecken O_1T_1C bzw. O_2T_2C :

$$\frac{\overline{T_1Y} + \overline{YC}}{\overline{T_2Y} - \overline{YC}} = \frac{\overline{O_1C}}{\overline{O_2C}} = \frac{r_1}{r_2} = \frac{\omega_2}{\omega_1}$$

$$v_{t1} + \omega_1 \overline{YC} = v_{t2} - \omega_2 \overline{YC}$$

$$v_g = v_{t1} - v_{t2} = - (\omega_1 + \omega_2) \overline{YC} \qquad (13.10)$$

Die Relativgeschwindigkeit ist bei vorgegebenen Drehzahlen nur vom Abstand des Eingriffspunktes zum Wälzpunkt abhängig. Bei treibendem Ritzel "stemmt" sich die Fußflanke des Rades zu Beginn des Eingriffes gegen die Kopfflanke des Ritzels. Nach Überschreiten des Wälzpunktes, in dem kein Gleiten stattfindet ($\overline{YC} = 0$), wird die Relativgeschwindigkeit positiv.

$$v_g = v_{t1} - v_{t2} = (\omega_1 + \omega_2) \overline{YC}$$

Mit Gl. 13.2 wird also:

$$v_g = \omega_1 \overline{YC} (1 + 1/i) \qquad (13.11)$$

Jeweils zu Beginn und am Ende des Zahneingriffes ergeben sich die Größtwerte der Relativgeschwindigkeit.

13.4 Zahnradherstellung

Es wird kurz die Herstellung von zylindrischen Rädern mit Evolventenverzahnung besprochen. Verfahren zur Herstellung von Kegelrädern und Schneckenrädern sind in /13.1/ beschrieben. Das zu wählende Verfahren ist wesentlich von der Stückzahl, der erforderlichen Genauigkeit und der Zahnradgröße abhängig. Es werden überwiegend spanende Verfahren benutzt.

Bei Formverfahren (Fingerfräser, Scheibenfräser, Schleifscheibe) hat das Werkzeug das Profil der Zahnlücke. Die Zahnlücken werden einzeln gefertigt. Für jede Verzahnungsgeometrie ist ein entsprechendes Werkzeug erforderlich.

Wird zwischen dem Werkzeug und dem Werkstück während der Bearbeitung eine Wälzbewegung realisiert, so lassen sich die Räder durch geradflankige Werkzeuge herstellen. Die Werkzeuge (Wälzfräser, Schleifscheibe, Hobelkamm) entsprechen in ihrer Kontur dem Bezugsprofil nach DIN 867 (Kap. 14.).

Durch die Wälzbewegung werden die Zahnlücken kontinuierlich hergestellt (Bild 13.13). Die Endbearbeitung erfolgt durch Schaben bei ungehärteten Rädern oder durch Verzahnungsschleifen bei gehärteten Rädern.

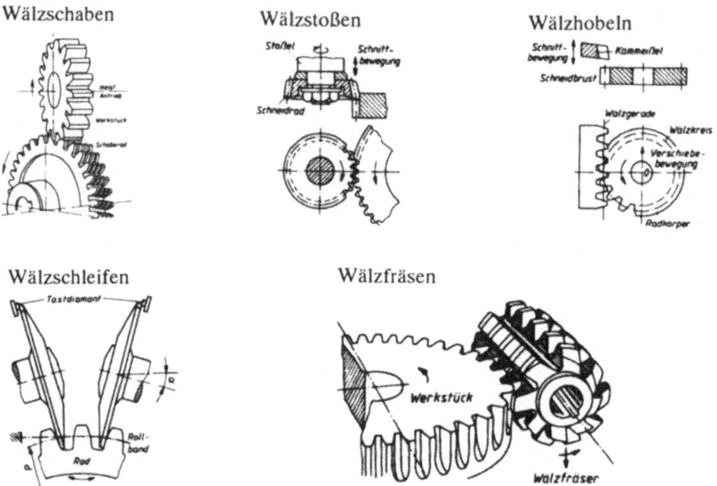

Bild 13.13: Herstellverfahren von Zahnrädern /13.9/

Beim Wälzstoßen (Herstellung von Hohlrädern) bilden das zahnradförmige Werkzeug und das Werkrad bei der Herstellung ein Getriebe. Die Abwälzbewegung entsteht durch kinematische Kopplung der beiden Drehbewegungen. Das Verfahren wird zur Herstellung von Innenverzahnungen und kurzen Außenverzahnungen (Schaltklauen) eingesetzt.

Spanlose Verfahren überwiegen bei der Fertigung von Zahnrädern aus Elastomeren. Bei kleineren Verzahnungsabmessungen läßt sich auch bei metallischen Werkstoffen die Verzahnung durch Walzen oder Sintern fertigen.

13.5 Schmierung von Getrieben

Durch die Reibung an den Lagerstellen, den Verzahnungen den Dichtungen und durch Planschen entstehen Verluste im Getriebe. Der größte Anteil am Gesamtverlust entsteht durch die Verzahnung. In der Verzahnung hängen die Verluste von den Betriebsbedingungen und der Zahngeometrie ab.

Für Industriegetriebe können folgende Anhaltswerte für die Verluste benutzt werden:

* Stirnradverzahnung (vergütet, gefräst)	0,5 % ... 1 %
* Stirnradverzahnung (gehärtet, geschliffen)	0,3 % ... 0,6 %
* Kegelradverzahnung (gehärtet, geläppt)	0,6 % ... 1,2 %
* Wälzlagerung (Stirnradgetriebe)	0,7 % ... 1 %
* Wälzlagerung (Kegelradgetriebe)	0,9 % ... 1,3 %
* Wälzlagerung allgemein	0,1 % der Nennleistung / Lagerstelle

In den Werten der Verzahnung sind bereits die Planschverluste für das Schmieröl enthalten.
Der Wirkungsgrad des Getriebes ist daher:

$$\eta = 1 - \frac{P_V}{P} \tag{13.12}$$

Die Leistungsverluste müssen über den Schmierstoff und das Gehäuse an die Umgebung abgeführt werden. Der Schmierstoff muß zusätzlich die Reibung vermindern und den Verschleiß aus der Gleitbewegung auf den Zahnflanken weitgehend verhindern.
In Abhängigkeit vom Getriebetyp und den Betriebsbedingungen (Umfangsgeschwindigkeit) werden im Getrieben Öle, Fette und Festschmierstoffe, eingesetzt. Nur bei schnellaufenden Getrieben kann sich auf den Zahnflanken ein tragfähiger Schmierfilm ausbilden. Durch den immer vorhandenen Gleitanteil und die ungünstigen Schmiegungsverhältnisse liegt oft Mischreibung vor. Daher sollte bei kleinen Umfangsgeschwindigkeiten und hohen Belastungen eine hohe Schmierstoffviskosität eingesetzt werden.
Bei geschlossenen Getrieben wird fast ausschließlich Ölschmierung eingesetzt, da Öl einfach in den Zahneingriff gebracht werden kann und auch die Wärmeabfuhr aus der Verzahnung sicherstellt. Für Standgetriebe genügen reine Mineralöle ohne Zusätze. Es werden Öle nach DIN 51501 bzw. 51517 benutzt. Nur bei besonderen Bedingungen sollten Öle mit Zusätzen (EP - Zusätze) eingesetzt werden.

Zur Beschreibung der Fließfähigkeit von Ölen wird die Viskosität benutzt (Kap. 11). Mit zunehmender Viskosität verbessert sich der Verschleißschutz und das Dämpfungsvermögen. Zu hohe Viskosität führt besonders bei hohen Umfangsgeschwindigkeiten zu übermäßiger Erwärmung des Schmierstoffes. Zu niedrige Viskosität führt durch überwiegende Mischreibung ebenfalls zu einer Erwärmung.
Bei der Auswahl der Ölviskosität sind auch die Anforderungen der anderen Reibstellen (Lager, Dichtungen) zu beachten. In Getrieben mit Gleitlagern bestimmt die Lagerung wesentlich die Ölviskosität. Die folgenden Anhaltswerte gelten für CLP - Öle /13.3/:

Getriebetyp	ISO - VG
Stirnradgetriebe, Kegelstirnradgetriebe (Tauchschmierung)	220 ... 680
Stirnradgetriebe, Kegelstirnradgetriebe (Umlaufschmierung)	68 ... 220
Schneckengetriebe	22 ... 680

Nach DIN 51509 läßt sich die erforderliche Viskosität für Mineralöle mit und ohne Zusatz bestimmen. Dazu wird aus der Umfangsgeschwindigkeit v , der Belastung und der Radgeometrie am Ritzel ein Kraft- Geschwindigkeitsfaktor bestimmt.

$$k_s / v = \left(\frac{F_t}{b\,d} + \frac{3\,(u + 1)}{u} \right) / v \qquad (13.13)$$

F_t	Umfangskraft
v	Umfangsgeschwindigkeit
u	Zähnezahlverhältnis z_2 / z_1
b	Radbreite
d	Wälzkreisdurchmesser am Ritzel

Die Nennviskosität folgt aus Bild 1 Anh. N. Es wird die nächste höhere ISO - VG gewählt. Für Schneckengetriebe wird:

$$k_s / v = \frac{M_2}{a^3\, n_s} \qquad (13.14)$$

M_2	Drehmoment an der Abtriebswelle
a	Achsabstand
n_s	Schneckendrehzahl

Folgende Korrekturen sind erforderlich:

* Umgebungstemperatur liegt unter 10 °C	Viskositätssenkung: 10 % für je 3 °C
* Umgebungstemperatur liegt über 25 °C	Viskositätserhöhung: 10 % für je 10 °C
* bei Stoßbelastung	Viskositätserhöhung mit Faktor 1,5
* gleiche Werkstoffe für Rad und Ritzel	Viskositätserhöhung um 55 %

Bei zweistufigen Getrieben sind die Daten der letzten Stufe maßgeblich; bei mehrstufigen Getrieben wird der Mittelwert der letzten beiden Stufen benutzt. Falls der Gleitfaktor k_g den Wert 0,3 überschreitet, sind Öle mit verschleißverringernden Wirkstoffen notwendig.

$$k_g = v_g \,/\, v \tag{13.15}$$

v_g nach Gl. 13.11 (am Anfang und am Ende des Eingriffes)

13.5.1 Schmierarten

Industriegetriebe werden überwiegend mit Tauchschmierung ausgestattet. Einspritzschmierung wird vorzugsweise bei schnellaufenden Getrieben mit Gleitlagern benutzt.

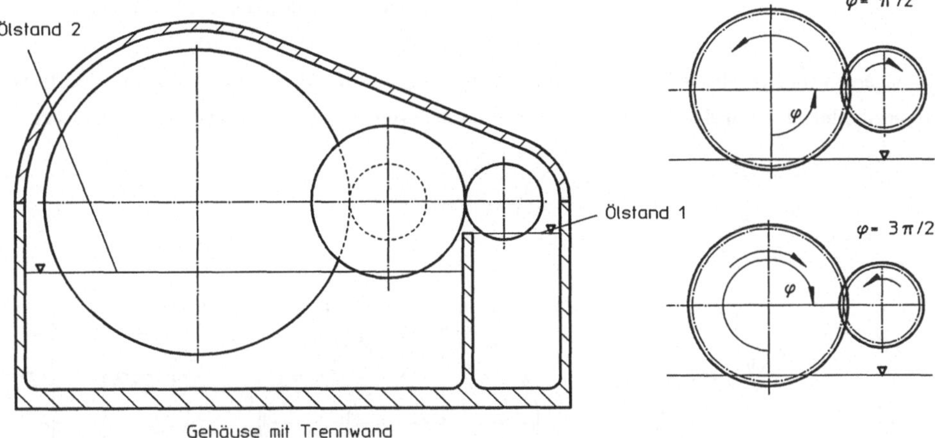

Bild 13.14: Tauchschmierung

Die Tauchschmierung ist einfach und wirtschaftlich zu realisieren (Bild 13.14). Ein oder mehrere Zahnräder tauchen in das Ölbad ein und fördern anhaftendes Öl in den Zahneingriff. Das abgeschleuderte Öl wird über Kanäle auch zu den Lagerstellen geleitet und läuft von dort in den Ölsumpf zurück (Kap. 10). Ohne konstruktive Maßnahmen ist Tauchschmierung bis zu einer Umfangsgeschwindigkeit von 15 m/s (20 m/s) einsetzbar. Bei zu hohen Umfangsgeschwindigkeiten wird das Öl abgeschleudert bevor es den Zahneingriff erreicht. Hier helfen einfache Abstreifer oder Leitbleche die Schmierung zu sichern. Für den Betrieb ist die Einhaltung des vorgegebenen Ölstandes (Schauglas, Peilstab) wichtig. Zu niedriger Ölstand führt zu Mangelschmierung. Zu hoher Ölstand führt durch die ansteigenden Planschverluste zu hohen Temperaturen und damit niedriger Viskosität.

Erfahrungswerte für Eintauchtiefen enthält die folgende Aufstellung für Getriebe mit horizontalen Wellen.

Getriebetyp	Eintauchtiefe
Stirnradgetriebe v < 5 m/s	(3 ... 5) Modul
Stirnradgetriebe v > 5 m/s	(1 ... 3) Modul
Kegelradgetriebe	ganze Radbreite
Schneckenradgetriebe Schnecke oben	1/3 des Raddurchmessers
Schneckenradgetriebe Schnecke unten	1/2 des Raddurchmessers
Schneckenradgetriebe Schnecke seitlich	

Notwendige Ölmenge: 3 ... 10 l / kW Verlustleistung
4 ... 12 l / kW Verlustleistung bei Ölkühlung

Bei waagerechtem Achsabstand wirkt sich die Drehrichtung auf die Ölversorgung aus (Bild 13.14). Bei großem Abschleuderwinkel sollte auch das Ritzel mit mindestens der gesamten Zahnhöhe eintauchen.

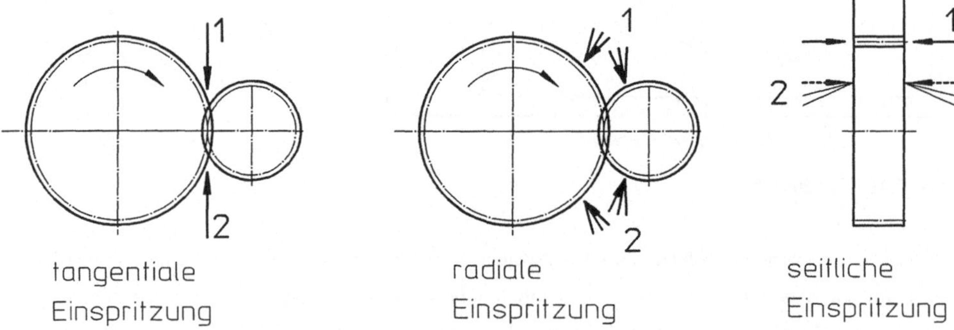

Bild 13.15: Einspritzschmierung

Einspritzschmierung erfordert einen höheren Aufwand als Tauchschmierung. Dafür wird eine dosierbare Schmierung der Verzahnungen und der Lager erreicht. Einspritzschmierung wird bis zu höchsten Umfangsgeschwindigkeiten eingesetzt (v < 250 m/s). Das Öl wird mittels einer Pumpe den einzelnen Schmierstellen zugeführt und über Düsen in die Eingriffsstelle gespritzt. Oft wird das Öl in einem zusätzlichen Ölkühler abgekühlt. Als Einspritzmenge sind 0,5 ... 1 l/min pro cm Zahnbreite ausreichend /13.3/. Bei schrägverzahnten Rädern wird das Öl zu einer Radseite gedrängt. Zur Erzielung einer gleichmäßigen Zahntemperatur wird die Einspritzmenge entlang der Verzahnung durch verschiedene Düsendurchmesser reguliert.

Da vor dem Eingriff eingespritztes Öl zu Quetschverlusten führt, wird bei hohen Umfangsgeschwindigkeiten die größte Ölmenge hinter dem Eingriff eingespritzt. Die Spritzrichtung kann tangential zu den Wälzkreisen oder radial zur Radmitte erfolgen (Bild 13.15).

14 STIRNRADGETRIEBE

Stirnradgetriebe werden benutzt, wenn die Wellen im Getriebe parallel liegen. Die Bewegungsübertragung erfolgt durch die Verzahnung auf den Mantelflächen der sich berührenden Wälzzylinder. Nach der Verzahnungsrichtung wird unterteilt in außenverzahnte und innenverzahnte Stirnräder.

14.1 Außenverzahnung

Wird gedanklich das Rad, das am Umfang z Zähne hat, immer mehr vergrößert, so ergibt sich für $d = \infty$ die Zahnstange mit geraden Flanken. Zur Normung des Profiles wird der Normalschnitt durch die Verzahnung der Zahnstange (Bezugsprofil) benutzt. In DIN 867 sind die Abmessungen des Bezugsprofiles festgelegt. Als Bezugslinie dient die Gerade durch die Profilmitte (Bild 14.1). Die Flanken des Profiles sind gegenüber der Bezugslinie um den Profilwinkel α_P geneigt und bilden ein symmetrisches Profil. Der genormte Profilwinkel beträgt 20° . Durch die Teilung p und die Zahnhöhe wird das Bezugsprofil vollständig festgelegt. Die Teilung wird durch den Modul m beschrieben:

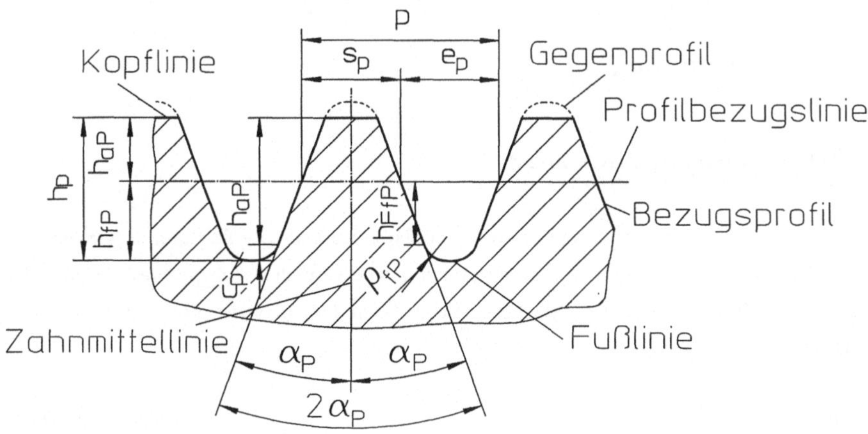

Bild 14.1: Bezugsprofil nach DIN 867

$$p = \pi\ m \tag{14.1}$$

$$s_P = e_P = p / 2 \tag{14.2}$$

$$h_{aP} = h^*_{aP}\ m = m \tag{14.3}$$

$$h_{fP} = h^*_{fP}\ m = m + c_P \tag{14.4}$$

$$h_P = h^*_P\ m = 2\ m + c_P \tag{14.5}$$

Das Kopfspiel c_P verhindert ein Aufsitzen des Zahnkopfes und ermöglicht das Herausdrücken des Schmierstoffes. Üblich ist:

$$c_P = c^*_P\ m = 0{,}25\ m \tag{14.6}$$

Durch das Kopfspiel ergibt sich der Fußrundungsradius ρ_{fP}, da die Fußrundung unterhalb der Flanke beginnt.

$$\rho_{fP} < \frac{c_P}{1 - \sin \alpha_P} \tag{14.7}$$

Für $c^*_P = 0{,}25$ wird $\rho^*_{fP\,max} = 0{,}38$.

Beim Herstellwerkzeug entspricht der Fußausrundungsradius dem Kopfkantenrundungsradius. Das Bezugsprofil ist in DIN 780 definiert im Modulbereich von 1 ... 70 mm . Dabei ist die Modulreihe 1 nach zu bevorzugen (Tabelle 14.1).

14.1.1 Geradverzahnung

14.1.1.1 Bestimmungsgrößen am Zahnrad

Zum besseren Verständnis wird zuerst die Geradverzahnung behandelt. Die Bestimmungsgrößen des Rades ergeben sich durch Beziehungen oder Ergänzungen des genormten Bezugsprofiles. Im Bild 14.2 sind die wichtigsten Größen aufgeführt. Als Bezugsfläche wird üblicherweise der Teilzylinder des Rades benutzt (Index t = Stirnschnitt):

$$d = m_t\ z \tag{14.8}$$

Der Grundkreis ist durch den Teilkreis d (Punkt Y im Bild 13.9 liegt auf dem Teilkreis) und den Stirneingriffswinkel α_t festgelegt.

$$d_b = d \cos \alpha_t = z\ m_t \cos \alpha_t \tag{14.9}$$

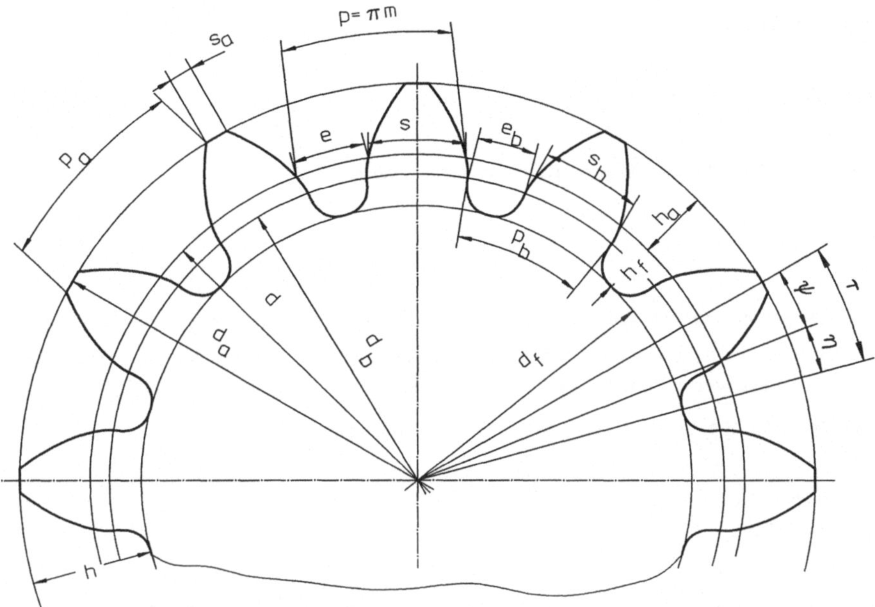

Bild 14.2: Bestimmungsgrößen am Zahnrad

Nur der Grundkreis (Grundzylinder) ist für die Erzeugung der Evolventen bestimmend. Am beliebigen Radius r_y ergibt sich der Stirneingriffswinkel α_{yt} zu:

$$\cos \alpha_{yt} = \frac{d_b}{d_y} = \frac{d \cos \alpha_t}{d_y} \tag{14.10}$$

Da auch für die zweite Zahnflanke die gleiche, spiegelbildliche Evolvente benutzt wird, entsteht die Verzahnung durch ein Netz von äquidistanten Evolventen. Dabei muß die Teilkreisteilung der Teilung des Bezugsprofiles entsprechen.

$$p_t = \frac{d\ \pi}{z} = m_t\ \pi \tag{14.11}$$

Auf dem Grundkreis ergibt sich somit als Teilung:

$$p_{bt} = \frac{d_b\ \pi}{z} = p_t \cos \alpha_t \tag{14.12}$$

Da die vom Grundkreis ausgehenden äquidistanten Evolventen auch auf der Eingriffslinie äquidistant bleiben, entspricht die Eingriffsteilung der Grundkreisteilung

$$p_{et} = p_{bt} \qquad (14.13)$$

Auf dem Teilkreis entspricht die Lückenweite e der Zahndicke s.

$$s = e = p_t / 2 \qquad (14.14)$$

Die Zahnhöhe ergibt sich aus der Zahnhöhe des Bezugsprofiles. Damit für schrägverzahnte Räder die gleichen Beziehungen benutzt werden können, wird als Bezugsmodul der Modul im Normalschnitt (m_n) benutzt. Bei geradverzahnten Rädern sind Normalmodul und Stirnmodul identisch. Dadurch liegen mit Gl. 14.3 und 14.4 der Kopfkreis und der Fußkreis des Rades fest.

$$d_a = d + 2\,m_n \qquad (14.15)$$

$$d_f = d - 2{,}5\,m_n \qquad (14.16)$$

Die bisher beschriebene Verzahnung wird als Nullverzahnung bezeichnet, da die Profilbezugslinie des Werkzeuges den Teilkreis des Rades tangiert. Daher entspricht der Erzeugungswälzkreis dem Teilkreis.

14.1.1.2 Geometrische Grenzen der Verzahnung

Mit den beschriebenen Wälzverfahren lassen sich durch das Zahnstangenprofil des Werkzeuges nur bis zum Grundkreis Evolventen erzeugen. Mit dem Zahnstangenprofil wird daher nur dann eine brauchbare Evolvente erzeugt, wenn die Kopfkante des Werkzeuges die Eingriffslinie innerhalb des Bereiches $\overline{TC}$ schneidet (Bild 14.3). Der Grenzfall wird erreicht, wenn die Kopfkante genau auf dem Tangentenpunkt T liegt. Schneidet die Kopfkante die Eingriffslinie außerhalb des angegebenen Bereiches, so wird durch die Bahn der Werkzeugkopfrundung (Trochoide) die Evolvente weggeschnitten (Bild 14.4). Dies ist besonders schädlich, da dadurch der Zahnfuß geschwächt und die Eingriffsstrecke der Verzahnung deutlich verringert wird. Das Wegschneiden der Verzahnung, das als Unterschnitt bezeichnet wird, ist somit möglichst zu vermeiden.

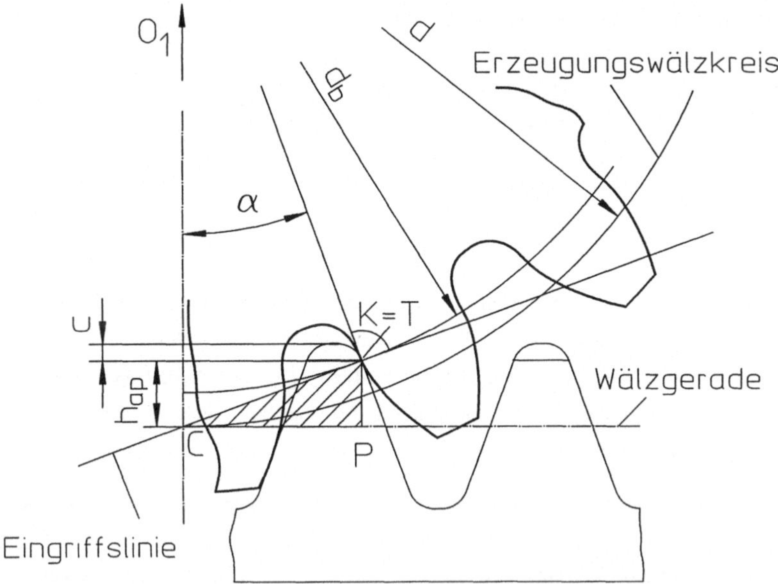

Bild 14.3: Stirnrad mit Grenzzähnezahl

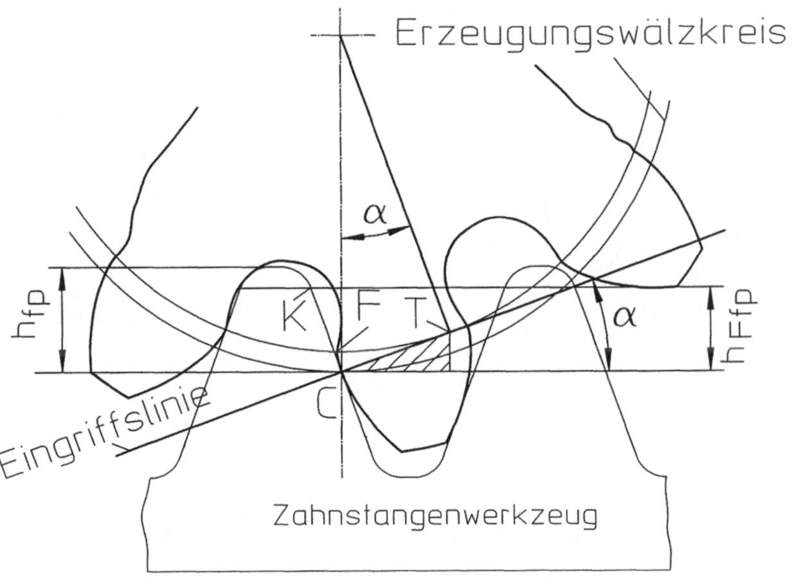

Bild 14.4: Zahnrad mit Unterschnitt

Aus dem Grenzzustand (K = T) läßt sich die Grenzzähnezahl bestimmen, bei der noch kein Unterschnitt auftritt. Aus den Dreiecken O_1TC bzw. TPC folgt:

$$\overline{TC} = \frac{m_t \; z_g \; \sin\alpha_t}{2} = \frac{h_{ap}}{\sin\alpha_t} = \frac{m_t}{\sin\alpha_t} \tag{14.17}$$

$$z_g = \frac{2}{\sin^2\alpha_t} \tag{14.18}$$

Mit dem genormten Winkel $\alpha = 20^o$ ergibt sich eine Grenzzähnezahl von 17 Zähnen. Ab dieser Zähnezahl tritt theoretisch Unterschnitt auf. In der Praxis macht sich der Unterschnitt aber erst bei kleineren Zähnezahlen bemerkbar. Die praktische Grenze wird zu 5/6 der theoretischen Grenze definiert. Für die genormte Verzahnung macht sich daher der Unterschnitt erst für Zähnezahlen unterhalb von 14 Zähnen (z_g') bemerkbar.

Um auch bei kleineren Zähnezahlen den schädlichen Unterschnitt zu vermeiden, wird bei der Herstellung des Rades Profilverschiebung (PV) eingesetzt. Als Profilverschiebung wird die Verschiebung der Profilbezugslinie zur Radmitte bzw. zum Kopfkreis hin bezeichnet. Bei einer positiven Profilverschiebung wird das Werkzeug nach außen, zum Kopfkreis hin, verschoben. Die Werkzeugmitte tangiert dann nicht mehr den Teilkreis. Es ist üblich, den Betrag V um den die Profilmitte vom Teilkreis verrückt wird, durch den Normalmodul zu beschreiben. Bei geradverzahnten Rädern ist $m_n = m_t$.

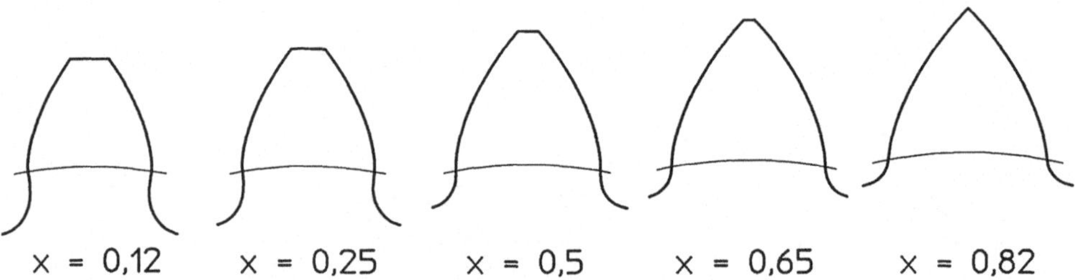

Bild 14.5: Zahnformen für z = 12 mit verschiedenem Profilverschiebungsfaktoren

$$V = x \; m_n \tag{14.19}$$

x Profilverschiebungsfaktor

$x = 0$	keine Profilverschiebung	Null - Rad
$x > 0$	positive Profilverschiebung	V - Plus - Rad
$x < 0$	negative Profilverschiebung	V - Minus - Rad

Durch die Profilverschiebung werden einige geometrische Größen des Rades und die Zahnform verändert. Bei positiver Profilverschiebung ergeben sich folgende Änderungen.

unverändert bleibt	es ändert sich (+ größer)
Teilkreis	Kopfkreis +
Grundkreis	Fußkreis +
Teilung	Zahnbreite am Fußkreis +
Zahnhöhe	Zahnbreite am Kopfkreis -
	Lückenweite am Kopfkreis +

Die Veränderung der Zahnform ist im Bild 14.5 bei einem Rad mit 12 Zähnen für verschiedene Profilverschiebungsfaktoren dargestellt. Durch die Profilverschiebung ändert sich die Zahnkopfhöhe von h_a auf $m - V$. Damit läßt sich aus Gl. 14.17 die notwendige Profilverschiebung bestimmen.

$$x_{min} = 1 - \frac{z \sin^2 \alpha_t}{2} = 1 - \frac{z}{z_g} \tag{14.20}$$

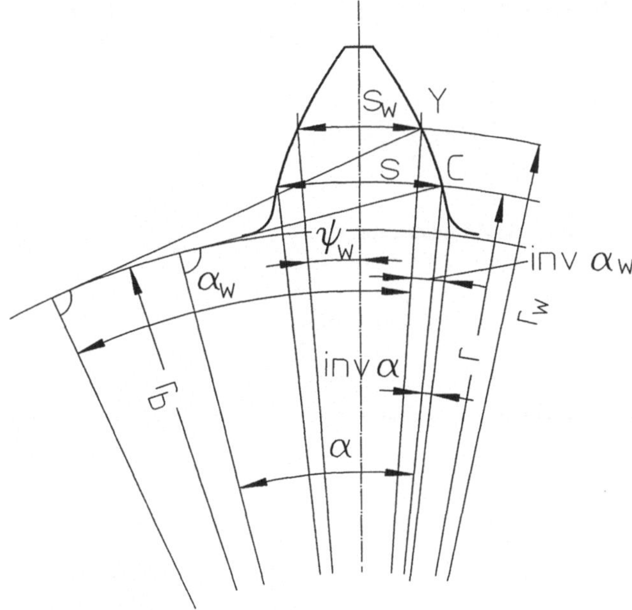

Bild 14.6: Bestimmung der Zahndicke

Die Profilverschiebung wird nicht nur zur Erzielung kleiner Ritzelzähnezahlen benutzt. Durch Profilverschiebung läßt sich auch die Tragfähigkeit der Verzahnung günstig gestalten und ein vorgegebener Achsabstand einhalten.
Aus Bild 14.5 ist zu erkennen, daß bei großer positiver Profilverschiebung die Zähne spitz werden. Die Spitzgrenze wird erreicht, wenn auf dem Kopfkreis die Zahndicke gerade den Wert Null annimmt.
Die mögliche Profilverschiebung wird daher durch die Spitzgrenze nach oben begrenzt.

Zur Ermittlung der Spitzgrenze wird die Zahndicke am Kopfkreis in Abhängigkeit von der Zähezahl und der Profilverschiebung bestimmt. Dazu wird zuerst die Zahndicke auf dem Teilkreis bestimmt (Bild 14.6).

$$s_t = p_t / 2 + 2\, x\, m_n \tan\alpha_t = m_t\,(\pi/2 + 2\, x \tan\alpha_n) \tag{14.21}$$

Der letzte Term entsteht durch das Verrücken des Bezugsprofiles. An einem beliebigen Radius läßt sich die Zahndicke durch Anwendung der Evolventenfunktion bestimmen.

$$\begin{aligned} s_{yt} &= 2\, r_y\, \Psi_y = 2\, r_y\,(\Psi + \operatorname{inv}\alpha_t - \operatorname{inv}\alpha_{yt}) \\ &= 2\, r_y\,[\,1/z\,(\pi/2 + 2\, x \tan\alpha_n) + \operatorname{inv}\alpha_t - \operatorname{inv}\alpha_{yt}\,] \end{aligned} \tag{14.22}$$

Wird auf dem Kopfkreis

$$r_a = m_n\,(z/2 + x + 1) \tag{14.23}$$

der Bogen s_{at} bestimmt, so ergibt sich die gesuchte Zahndicke zu:

$$\frac{s_{at}}{m_n} = (z + 2x + 2)\,[\,1/z\,(\pi/2 + 2\, x \tan\alpha_n) + \operatorname{inv}\alpha_t - \operatorname{inv}\alpha_{at}\,] \tag{14.24}$$

Die Spitzgrenze wird erreicht, wenn die Zahndicke am Kopfkreis null wird. Daher muß eine Klammer in der Gl. 14.24 null werden.

$$1/z\,(\pi/2 + 2\, x \tan\alpha_n) + \operatorname{inv}\alpha_t - \operatorname{inv}\alpha_{at} = 0$$

$$z_s = \frac{\pi/2 + 2\, x \tan\alpha_n}{\operatorname{inv}\alpha_{at} - \operatorname{inv}\alpha_t} \tag{14.25}$$

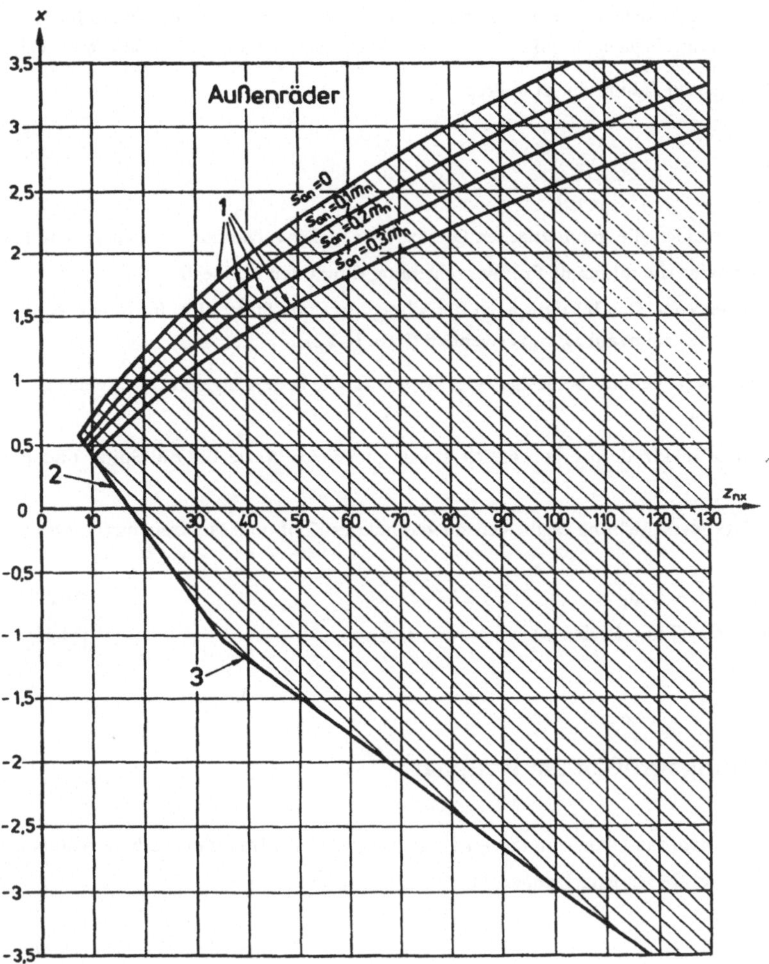

Bild 14.7: Geometrische Grenzen der Außenverzahnung nach /14.4/

1 Spitzgrenze 2 Unterschnittgrenze 3 Mindestkopfkreisdurchmesser

Der noch unbekannte Winkel am Kopfzylinder (α_{at}) ergibt sich aus:

$$\cos \alpha_{at} = \frac{r_b}{r_a} = \frac{z \cos \alpha_t}{z + 2x + 2} \tag{14.26}$$

Da in Gl. 14.25 und 14.26 der gesuchte Profilverschiebungsfaktor x vorkommt, kann dieser nur iterativ bestimmt werden. Analog ergibt sich für andere Zahndicken die maximal zulässige Profilverschiebung. Dazu wird in Gl. 14.24 die Zahndicke s_{at} auf den entsprechenden Wert gesetzt und ebenfalls iterativ die Spitzgrenze bestimmt. Folgende Zahnbreite ist üblich:

$$s_{at} \geq 0{,}2\ m_n$$

Aus Bild 14.7 lassen sich einfach die geometrischen Grenzen für Außenverzahnungen entnehmen. Bei sehr großen Zähnezahlen wird die minimale Profilverschiebung durch den Mindestkopfkreis und nicht durch den Unterschnitt begrenzt. Das Bild gilt auch für schrägverzahnte Stirnräder. In diesem Fall ist statt der Zähnezahl z die Ersatzzähnzahl z_n zu verwenden (Kap. 14.1.2).

Mit Hilfe der Gl. 14.22 läßt sich ebenfalls bei festgelegter Geometrie die Bogenlänge an beliebigen Radien bestimmen (Zahnradprüfung).

Bei der Herstellung mit Schneidrädern ergeben sich etwas günstigere Werte für die Spitz- und die Unterschnittgrenze.

Durch die ausgeführte Profilverschiebung ergibt sich ein veränderter Kopf- und Fußkreisdurchmesser.

$$d_a = d + 2\ h_a = d + 2\, m_n\, (1 + x) \tag{14.27}$$

$$d_f = d - 2\ h_f = d - 2\, m_n\, (1{,}25 - x) \tag{14.28}$$

14.1.1.3 Bestimmungsgrößen am Radpaar

Bei einem Radpaar ergibt sich das Übersetzungsverhältnis nach Gl. 13.2. Das Zähnezahlverhältnis ist das Verhältnis der Radzähnezahl zur Ritzelzähnezahl

$$u = z_2 \ / \ z_1 \tag{14.29}$$

Eine gleichförmige und störungsfreie Bewegungsübertragung erfordert, daß beide Räder das gleiche Bezugsprofil haben. Bei einem Radpaar wird der Index 1 für das kleine Rad (Ritzel) verwendet.

Wie schon im Kap. 13 erwähnt, wird die Übersetzung bei Evolventenverzahnungen durch die Grundkreise festgelegt. Eine geringe nachträgliche Achsabstandsänderung führt zu keiner Übersetzungsänderung.

Als Achsabstand wird der Abstand der Radmitten bezeichnet. Beim Radpaar ohne Profilverschiebung (Null - Radpaar) ergibt sich der Achsabstand aus den Teilkreisen (Bild 14.8a).

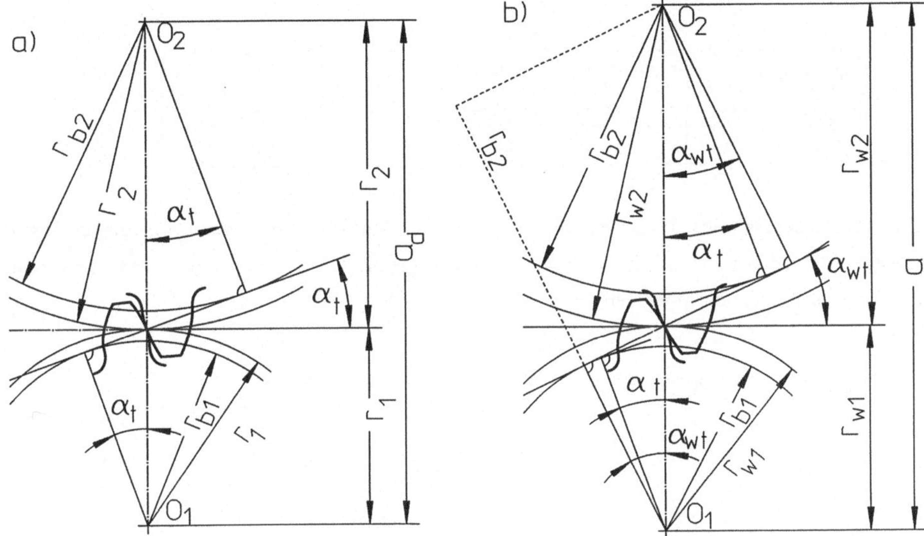

Bild 14.8: a) Nullgetriebe b) V - Getriebe

$$a_d = r_1 + r_2 = \frac{m_t\ (z_1 + z_2)}{2} = \frac{z_1\ m_t\ (1 + u)}{2} \tag{14.30}$$

Werden Räder mit Profilverschiebung gepaart, so ergibt sich ein V - Radpaar.

$x_1 + x_2 = 0$ V - Null - Radpaar.

$x_1 + x_2 \neq 0$ V - Radpaar

Am V - Null - Radpaar bleibt der Achsabstand unverändert. Beim V - Radpaar berühren sich bei spielfreier Verzahnung die Betriebswälzkreise. Der Achsabstand wird daher (Bild 14.8b):

$$a = 1/2\ (d_{w1} + d_{w2}) \tag{14.31}$$

Die Eingriffslinie ist um den Betriebseingriffswinkel α_{wt} gegenüber der Horizontalen geneigt (Bild 14.8).

$$\cos \alpha_{wt} = \frac{d_{b1}}{d_{w1}} = \frac{d_{b2}}{d_{w2}} = \frac{d_1 + d_2}{2\,a} \cos \alpha_t \tag{14.32}$$

Es ergeben sich folgende Verhältnisse:

Nullgetriebe	$x_1 = x_2 = 0$	$a = a_d$	$\alpha_{wt} = \alpha_t$
V - Nullgetriebe	$x_1 + x_2 = 0$	$a = a_d$	$\alpha_{wt} = \alpha_t$
V - Getriebe	$x_1 + x_2 \neq 0$	$a \neq a_d$	$\alpha_{wt} \neq \alpha_t$

Beim Vergrößern des Achsabstandes vergrößert sich auch der Eingriffswinkel. Damit beim gewünschten Achsabstand (Normmaß) eine spielfreie Verzahnung vorliegt, muß an beiden Rädern bzw. an einem Rad Profilverschiebung ausgeführt werden.

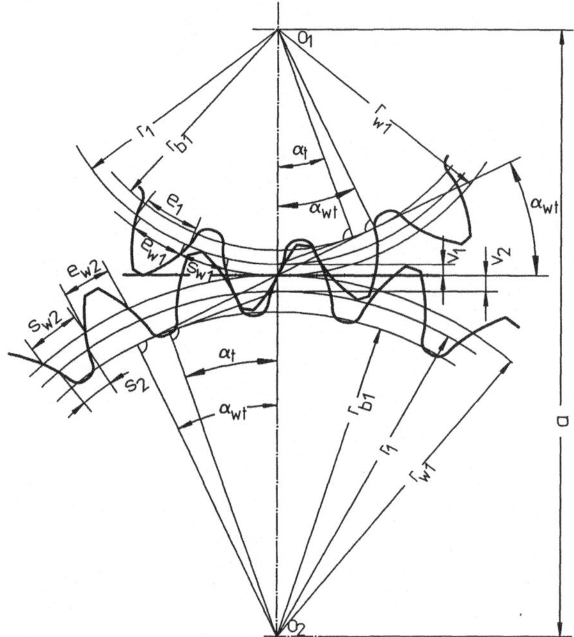

Bild 14.9: Spielfreie Verzahnung

Die Verzahnung ist dann spielfrei, wenn auf den Wälzkreisen die Lückenweite des einen Rades (s_{w1}) der Zahndicke des zweiten Rades (e_{w2}) entspricht (Bild 14.9). Da beide Räder die gleiche Teilung haben, muß auch gelten:

$$p_w = \frac{d_{w1}\,\pi}{z_1} = \frac{d_{w2}\,\pi}{z_2} = s_{w1} + e_{w1} = s_{w2} + e_{w2} = s_{w1} + s_{w2} \tag{14.33}$$

Mit Gl. 14.22 folgt für $r_y = r_w$:

$$p_{wt} = 2\, r_{w1} \left[1/z_1 (\pi/2 + 2\, x_1 \tan \alpha_n) + \mathrm{inv}\, \alpha_t - \mathrm{inv}\, \alpha_{wt} \right]$$
$$+ 2\, r_{w2} \left[1/z_2 (\pi/2 + 2\, x_2 \tan \alpha_n) + \mathrm{inv}\, \alpha_t - \mathrm{inv}\, \alpha_{wt} \right]$$

Nach Umformung ergibt sich dann die Summe der Profilverschiebungsfaktoren zu:

$$\sum x = x_1 + x_2 = \frac{(z_1 + z_2)(\mathrm{inv}\, \alpha_{wt} - \mathrm{inv}\, \alpha_t)}{2 \tan \alpha_n} \qquad (14.34)$$

Falls alle geometrischen Größen bekannt sind, folgt als Achsabstand a:

$$a = a_d \frac{\cos \alpha_t}{\cos \alpha_{wt}} = \frac{m_t\,(z_1 + z_2)}{2} \frac{\cos \alpha_t}{\cos \alpha_{wt}} \qquad (14.35)$$

Die Aufteilung der Profilverschiebungssumme richtet sich nach den zulässigen Beanspruchungen oder anderen Kriterien. Am zweckmäßigsten erfolgt die Aufteilung nach den Kriterien in DIN 3992. Aus Anhang N Bild 2 oben ist zu erkennen, daß für Zähnezahlsummen größer als 60 zur Erzielung einer hohen Tragfähigkeit eine Profilverschiebungssumme von 0,6 ... 1,2 zweckmäßig ist. Ausgeglichene Verzahnungen (Tragfähigkeit und gute Überdeckung) erfordern eine Profilverschiebungssumme zwischen 0 ... 0,6 . Die aus Gl. 14.34 berechnete Profilverschiebungssumme sollte in den angegebenen Bereichen liegen. Für Übersetzungen ins Langsame wird dann die Profilverschiebungssumme mit Hilfe der Paarungslinien L des mittleren Bildes aufgeteilt. Dazu wird über der mittleren Zähnezahl $z_m = \Sigma z/2$ die mittlere Profilverschiebungssumme $x_m = \Sigma x/2$ abgetragen. Durch den Punkt wird eine Gerade, die sich den benachbarten Paarungslinien anpaßt, gezogen. Über der Zähnezahl des Rades läßt sich dann auf der gezogenen Geraden die Profilverschiebung dieses Rades ablesen. Die Profilverschiebung des Ritzels wird dann aus der Summe bestimmt. Für Übersetzungen ins Schnelle ist analog mit dem unteren Bild zu verfahren.

Durch das Zusammenschieben der Räder, zur Vermeidung des Flankenspieles, verringert sich das ursprünglich vorhandene Kopfspiel. Das Ist - Kopfspiel ergibt sich aus den Abmessungen beider Räder (Bild 14.10):

$$c = a - \frac{d_{a1} + d_{f2}}{2} = a - \frac{d_{a2} + d_{f1}}{2} = c^* \, m_n \qquad (14.36)$$

Zur störungsfreien Bewegungsübertragung ist ein Mindestkopfspiel von $c^*_{min} = 0{,}12$ erforderlich.

Falls das Ist - Kopfspiel das Mindestkopfspiel unterschreitet, ist eine Kopfhöhenänderung an beiden Rädern vorzunehmen. Auch hier wird die erforderliche Kopfhöhenänderung durch den Modul und einen Kopfhöhenänderungsfaktor k* beschrieben. Durch das gemeinsame Werkzeug (Bezugsprofil) haben die profilverschobenen Räder den Achsabstand a_v:

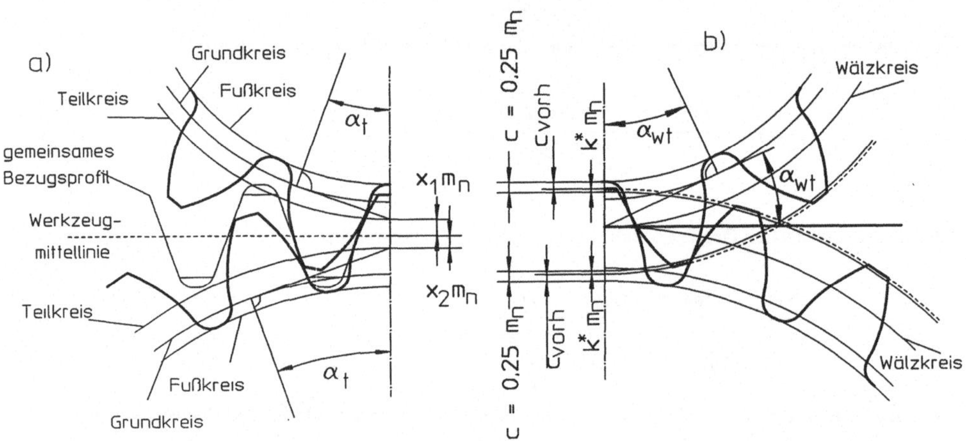

Bild 14.10: Kopfkürzung am Radpaar a) mit Flankenspiel b) nach der Kopfkürzung

$$a_v = a_d + m\,(x_1 + x_2) \tag{14.37}$$

Das Kopfspiel im verschobenen Zustand (kein Flankenspiel) ist also:

$$k^* m_n = a - a_v = a - a_d - m_n (x_1 + x_2)$$

Die auszuführende Kopfhöhenänderung ergibt sich vorzeichengerecht (negative Werte bedeuten bei Außenrädern Kopfkreisverringerung) zu:

$$k^* = \frac{a - a_d}{m_n} - (x_1 + x_2) \tag{14.38}$$

Der Kopfkreisdurchmesser wird damit:

$$d_a = d_1 + 2m_n (1 + x + k^*) \tag{14.39}$$

Bisher wurde nur die Eingriffslinie, die beide Grundkreise tangiert, behandelt. Durch Einbeziehung der Radbreite wird aus der Eingriffslinie eine Eingriffsebene. Für jede der beiden möglichen Drehrichtungen existiert eine Eingriffsebene. Beide Eingriffslinien kreuzen sich im Wälzpunkt C. Theoretisch ist auf der Eingriffslinie ein Eingriff zwischen beiden Tangentenpunkten möglich. Durch die Kopfkreise der Räder wird der Eingriff jedoch auf die Strecke $\overline{AE}$,die Eingriffsstrecke g_α, begrenzt. Der Eingriff beginnt beim Punkt A (Schnittpunkt der Eingriffslinie mit dem Kopfkreis des getriebenen Rades) und endet im Punkt E (Bild 14.11).

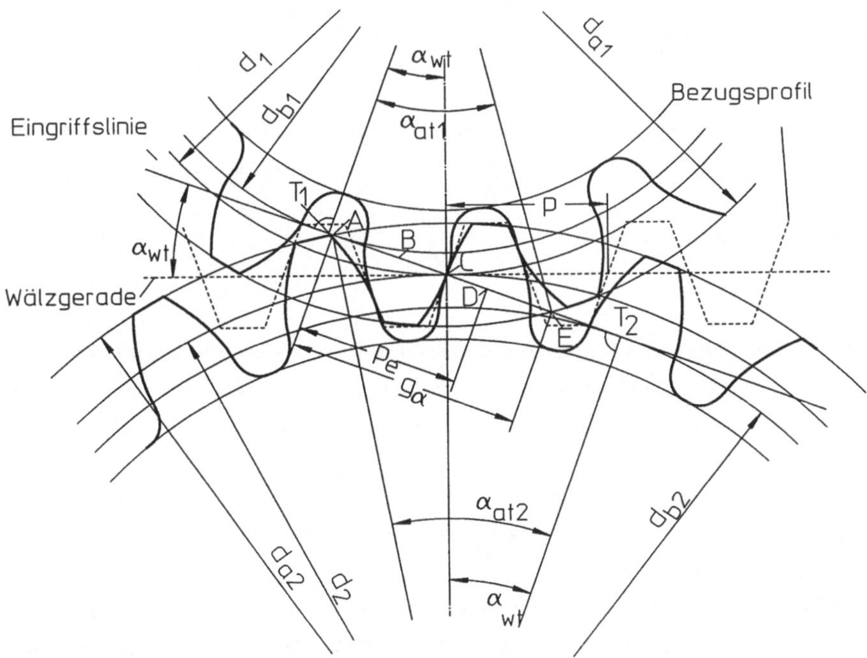

Bild 14.11: Radpaar mit Eingriffsstrecke

Um eine gleichmäßige Bewegungsübertragung zu erzielen, muß die Eingriffsstrecke g_α größer als die Eingriffsteilung sein. Dann ist sichergestellt, daß mindestens ein Zahn im Eingriff ist. Auf der Eingriffsstrecke lassen sich ebenfalls die Einzeleingriffspunkte B und D angeben. Diese Punkte sind jeweils um eine Eingriffsteilung von den Endpunkten der Eingriffsstrecke entfernt ($\overline{BE} = \overline{AD} = p_e$). Zwischen den Einzeleingriffspunkten ist nur ein Zahn im Eingriff.

Die Eingriffsstrecke läßt sich aufteilen in die Eintritts - Eingriffsstrecke g_f und die Austritts - Eingriffsstrecke g_a . Aus Bild 14.11 folgt:

$$g_\alpha = g_f + g_a$$

$$g_f = \overline{AC} = \overline{AT_2} - \overline{CT_2} = \sqrt{r_{a2}^2 - r_{b2}^2} - r_{b2} \tan \alpha_{wt} \tag{14.40}$$

$$g_a = \overline{CE} = \overline{ET_1} - \overline{CT_1} = \sqrt{r_{a1}^2 - r_{b1}^2} - r_{b1} \tan \alpha_{wt} \tag{14.41}$$

$$g_\alpha = \sqrt{r_{a1}^2 - r_{b1}^2} + \frac{z_2}{|z_2|} \sqrt{r_{a2}^2 - r_{b1}^2} - a \sin \alpha_{wt} \tag{14.42}$$

Bei treibendem Rad sind g_f und g_a zu vertauschen. Zur Kontrolle des gleichmäßigen Zahneingriffs wird die Profilüberdeckung ε_α benutzt. Sie gibt die Länge der Eingriffsstrecke zur Eingriffsteilung an.

$$\varepsilon_\alpha = \frac{g_\alpha}{p_{et}} = \frac{g_\alpha}{m_t \, \pi \, \cos \alpha_t} \tag{14.43}$$

Eine große Profilüberdeckung bewirkt, daß meistens zwei Zahnpaare gleichzeitig im Eingriff sind. Somit ergibt sich eine gleichmäßige Übertragung und ein geringes Zahngeräusch. Ist die Eingriffsstrecke kürzer als die Eingriffsteilung, so endet die Berührung des einen Zahnpaares bevor ein neues im Eingriff ist. Daher entsteht eine Lose zwischen den Rädern.

Die Profilüberdeckung sollte mindestens den Wert von eins haben. Bei geradverzahnten Außenrädern läßt sich mit dem genormten Bezugsprofil theoretisch eine Profilüberdeckung von 1,98 erreichen (Paarung von zwei Zahnstangen).

Durch die zuvor bestimmte Länge der Eingriffsstrecke läßt sich nun auch die Größe der Relativgeschwindigkeit bestimmen. Diese erreicht ihre Größtwerte in den Endpunkten der Flankenberührung (A, E). Mit Gl. 13.11 und g_a bzw. g_f wird:

$$v_{gf} = \pm \, \omega_1 \, g_f \, (1 + 1/u) \tag{14.44}$$

$$v_{ga} = \pm \, \omega_1 \, g_a \, (1 + 1/u) \tag{14.45}$$

Vor dem Wälzpunkt ist die Gleitgeschwindigkeit für das treibende Rad negativ und für das getriebene positiv. Nach dem Wälzpunkt kehrt sich das Vorzeichen um.

14.1.2 Schrägverzahnung

Durch Schrägstellung lassen sich die Eigenschaften der zuvor beschriebenen Geradverzahnung erweitern bzw. verbessern. Die Schrägstellung der Zähne wird durch den Schrägungswinkel β beschrieben. Als Schrägungswinkel β wird der spitze Winkel zwischen der Flankenlinie und der Radachse festgelegt. Der Steigungswinkel γ entspricht dem spitzen Winkel zwischen der Zahnflanke und der Stirnseite (Bild 14.12). Durch die Schrägstellung ergeben sich bei Stirnrädern schraubenförmig verlaufende Zahnflanken. Der Begriff Schrägverzahnung ist daher eigentlich nicht ganz korrekt, aber üblich. Die Flankenrichtung ist rechtssteigend (linkssteigend), wenn der Verlauf der Flankenlinie einer Schraube mit Rechtsgewinde (Linksgewinde) entspricht.

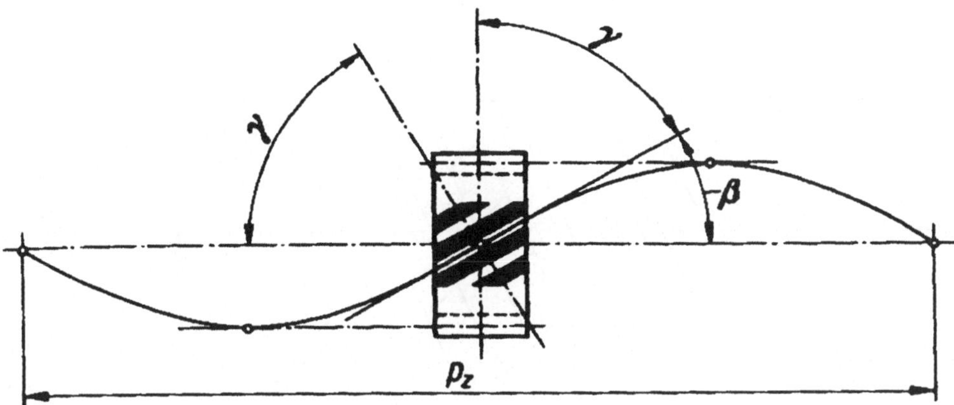

Bild 14.12: Bezeichnungen am Schrägstirnrad

$$|\beta| = 90^{\circ} - |\gamma| \qquad (14.46)$$

Anschaulich entsteht das schrägverzahnte Rad aus vielen dünnen geradverzahnten Scheiben, die gegeneinander versetzt sind. Da die Zahnflanken Schraubenlinien sind ändert sich der Schrägungswinkel der Zahnflanke über der Zahnhöhe. Als Bezugswinkel wird der Schrägungswinkel auf dem Teilkreis benutzt.

Bei schrägverzahnten Rädern erfolgt der Eingriff nicht gleichzeitig auf der vollen Zahnbreite. Dadurch ergibt sich eine bessere Lastaufteilung über die Zahnbreite und ein leiserer bzw. stoßärmerer Lauf als bei geradverzahnten Rädern. Da immer zwei Zähne gleichzeitig im Eingriff sind, lassen sich höhere Kräfte übertragen. Allerdings müssen die zusätzlichen Axialkräfte und die höheren Reibungsverluste in Kauf genommen werden.

Durch die schrägverzahnten Zahnflanken muß zwischen dem Stirnschnitt (wie bisher) und dem Normalschnitt unterschieden werden. Der Normalschnitt verläuft senkrecht zur Flanke, der Stirnschnitt senkrecht zur Radachse. Falls bei der Herstellung das Werkzeug im Normalschnitt abgewälzt wird, lassen sich Schrägverzahnungen mit den gleichen Werkzeugen wie bei Geradverzahnungen herstellen. Daher entspricht der Normalschnitt dem genormten Bezugsprofil ($\alpha_n = \alpha_p = 20^o$). Die Flankenform im Normalschnitt ist keine Evolvente.

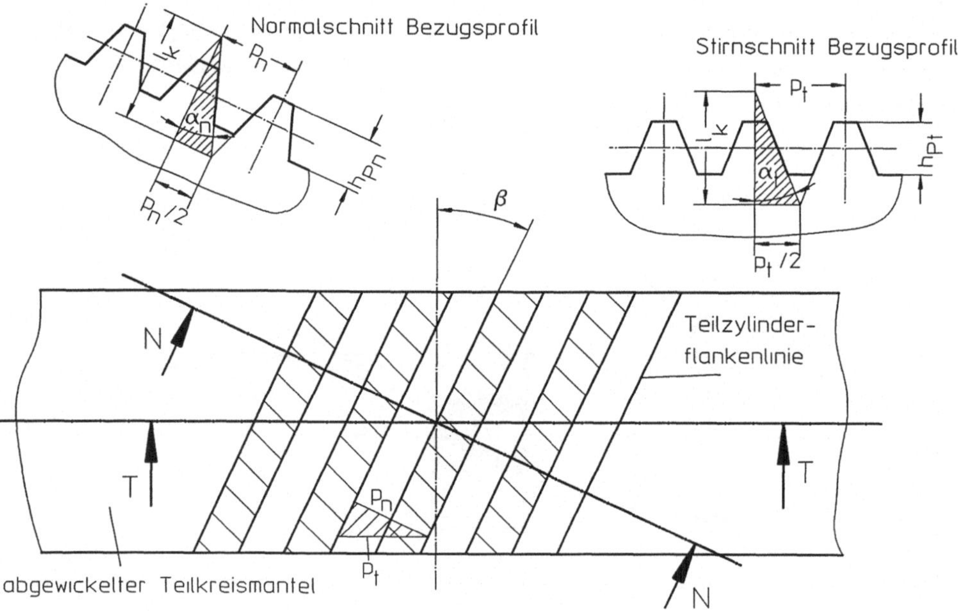

Bild 14.13: Profilschnitte am Schrägstirnrad

Alle radialen Verzahnungsgrößen (Zahnhöhen) bleiben unverändert. Die Größen im Stirnschnitte (in dem die Evolvente entsteht) müssen aus den Größen des Normalschnittes ermittelt werden. Aus Bild 14.13 folgt:

$$p_t = p_n \; / \; \cos\beta \tag{14.47}$$

Also werden alle Größen im Stirnschnitt um den Faktor $1 \; / \; \cos\beta$ größer. Daher lassen sich alle bisher angegebenen Beziehungen der Geradverzahnung benutzen, wenn die Werte auf den Stirnschnitt umgerechnet werden. Da auch der Modul im Normalschnitt (DIN 780) und im Stirnschnitt verschieden ist, sich aber viele Faktoren auf den Modul beziehen, wird der Modul im Normalschnitt als Bezugsgröße benutzt.

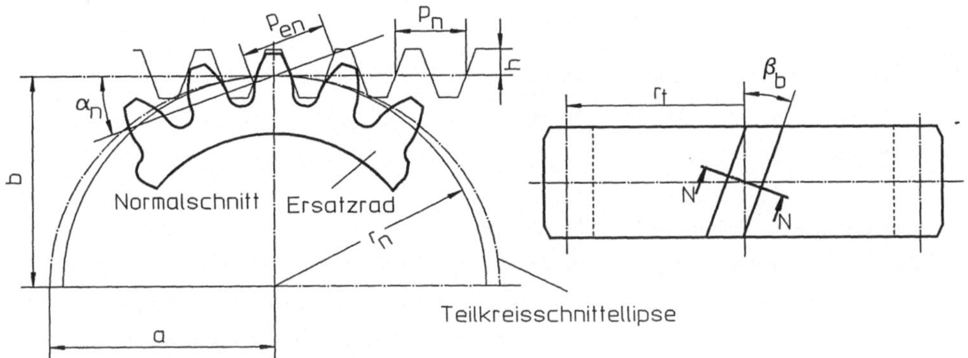

Bild 14.14: Entstehung des Ersatzstirnrades

Auch bei schrägverzahnten Rädern sind die geometrischen Grenzen der Verzahnung zu überprüfen. Bei geradverzahnten Rädern wurde die Unterschnittgrenze erreicht, wenn die Kopfkante des Werkzeuges im Stirnschnitt gerade den Grundkreis tangiert. Alle Kreise im Stirnschnitt ergeben aber im Normalschnitt Ellipsen. Da die Evolvente vom Grundkreis des Stirnschnittes abhängt, wird der Normalschnitt senkrecht zur Flanke auf dem Grundkreis (Winkel β_b) ausgeführt und in diesem Schnitt die Ellipse durch einen Ersatzkreis (Ersatzrad) angenähert (Bild 14.14). Als Ersatzradius wird der Krümmungsradius der Teilkreisschnittellipse im Wälzpunkt C benutzt.

$$r_n = \frac{A^2}{B} = \frac{r_t}{\cos^2 \beta_b} \tag{14.48}$$

Daraus läßt sich mittels Gl. 14.8 die Zähnezahl des Ersatzrades bestimmen zu:

$$z_n = \frac{d_n}{m_n} = \frac{d_t}{m_n \cos^2 \beta_b} = \frac{z}{\cos^2 \beta_b \cos \beta} \tag{14.49}$$

mit

$$\cos \beta_b = \frac{p_{bn}}{p_{bt}} = \cos \beta \frac{\cos \alpha_n}{\cos \alpha_t} = \frac{\sin \alpha_n}{\sin \alpha_t} \tag{14.50a}$$

$$\sin \beta_b = \sin \beta \cos \alpha_n \tag{14.50b}$$

Die Ersatzzähnezahl, die nun nicht mehr ganzzahlig ist, ist immer größer als die Zähnezahl im Stirnschnitt. Damit haben schrägverzahnte Räder eine kleinere Grenzzähnezahl als geradverzahnte Räder. Durch die gewählte Ersatzverzahnung ist es möglich, die Unterschnitt- bzw. Spitzgrenze von Geradverzahnungen auf Schrägverzahnungen zu übertragen. In die entsprechenden Gleichnungen muß nur die Ersatzzähnezahl eingesetzt werden.

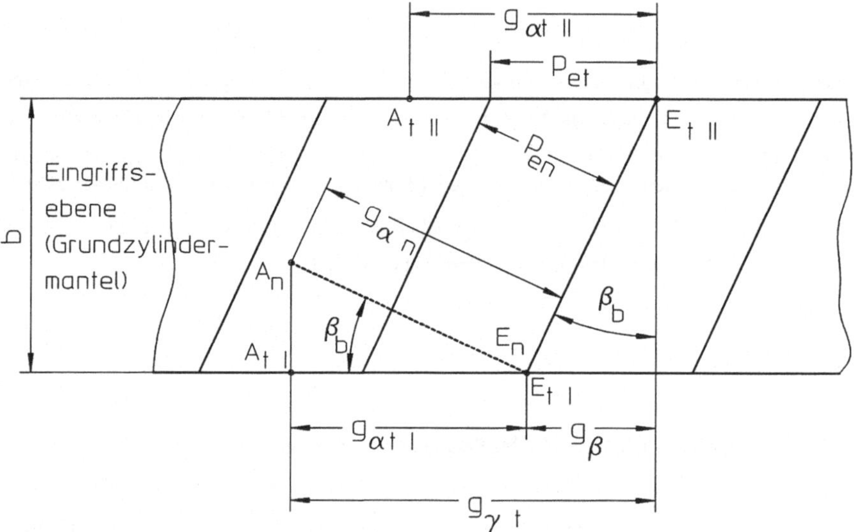

Bild 14.15: Überdeckungen an einer Schrägverzahnung

Durch das Schrägstellen der Zähne sind längs der Radbreite verschiedene Profilpunkte zur gleichen Zeit im Eingriff. Zur Beurteilung der Eingriffsverhältnisse wird der Stirnschnitt herangezogen (Bild 14.15). Die Überdeckung wird nach Gl. 14.42 bzw. 14.43 mit den Radabmessungen im Stirnschnitt bestimmt. Da die Eingriffsstrecken auf beiden Radseiten um der Betrag g_β verschoben sind, verlängert sich die Eingriffsstrecke gegenüber Geradverzahnungen. Die Gesamtüberdeckung besteht daher aus der Profilüberdeckung ε_α und der Sprungüberdeckung ε_β. Aus Bild 14.15 ergibt sich:

$$\varepsilon_\beta = \frac{g_\beta}{p_{et}} = \frac{b \tan \beta_b}{m_t \, \pi \, \cos \alpha_t} = \frac{b \sin \beta}{\pi \, m_n} \tag{14.51}$$

Zur Sicherstellung eines geräuscharmen Laufes muß die Sprungüberdeckung größer als eins werden. Die Gesamtüberdeckung beträgt:

$$\varepsilon_\gamma = \varepsilon_\alpha + \varepsilon_\beta \tag{14.52}$$

Aus der Gesamtüberdeckung läßt sich nicht die Länge der Berührlinien entlang der Zahnflanke bestimmen.

Theoretisch lassen sich Schrägungswinkel bis 90° ausführen. Bei üblichen Schrägstirnrädern liegt der Schrägungswinkel im Bereich: $0^o < |\beta| < 30^o$. Der Schrägungswinkel wird als Absolutwert angegeben, da er an Rädern mit Linkssteigung negativ angegeben wird. Ein Radpaar besteht immer aus einem Rad mit Rechts- und einem mit Linkssteigung. Schrägstirnräder mit Schrägungswinkeln größer als 30° werden in Schraubradgetrieben (Kap. 16) eingesetzt. Überschreitet der Schrägungswinkel den Wert von $\beta = 65^o$, so liegen eingängige Zylinderschnecken vor (Kap. 16).

Beim Herstellen von Schrägverzahnungen mit Schneidrädern ergibt sich durch die Schneidradzähnezahl und der Steigungshöhe der mögliche Schrägungswinkel. In DIN 3978 (Tabelle 14.2) sind die genauen Schrägungswinkel angegeben. Mit Wälzwerkzeugen lassen sich beliebige Schrägungswinkel fertigen.

14.2 Innenverzahnung

Auf zylindrischen ringförmigen Körpern läßt sich die Verzahnung auf der Außenseite und der Innenseite aufbringen. Die Flanken bilden als evolventische Flächen die Begrenzung der Räder. Liegt das Material des Radkörpers innen, so entstehen die besprochenen außenverzahnten Räder. Ein außenliegender Radkörper führt zu einem Hohlrad mit Innenverzahnung (Bild 14.16). Die Lücken der Außenverzahnung werden zu den Zähnen der Innenverzahnung und umgekehrt.

Innenverzahnte Räder können nur mit einem außenverzahnten Rad gepaart werden, dessen Zähnezahl betragsmäßig kleiner ist. Damit lassen sich die im Bild 14.17 dargestellten Getriebearten erzeugen.

Da das Ritzel vom Rad umschlossen wird, ergeben sich kompakte Bauformen. Durch die gegenüber Außenrädern günstigere Anschmiegung der Flanken (konkav gegen konvex) und die größere Zahnfußbreite haben Hohlräder eine verbesserte Tragfähigkeit und eine größere Laufruhe. Allerdings ist die Herstellung eines Hohlrades aufwendiger und die Verzahnungsauslegung ist wegen möglicher Eingriffsstörungen begrenzt. Eingriffsstörungen können bei der Herstellung, der Kontrolle, der Montage und im Betrieb auftreten.

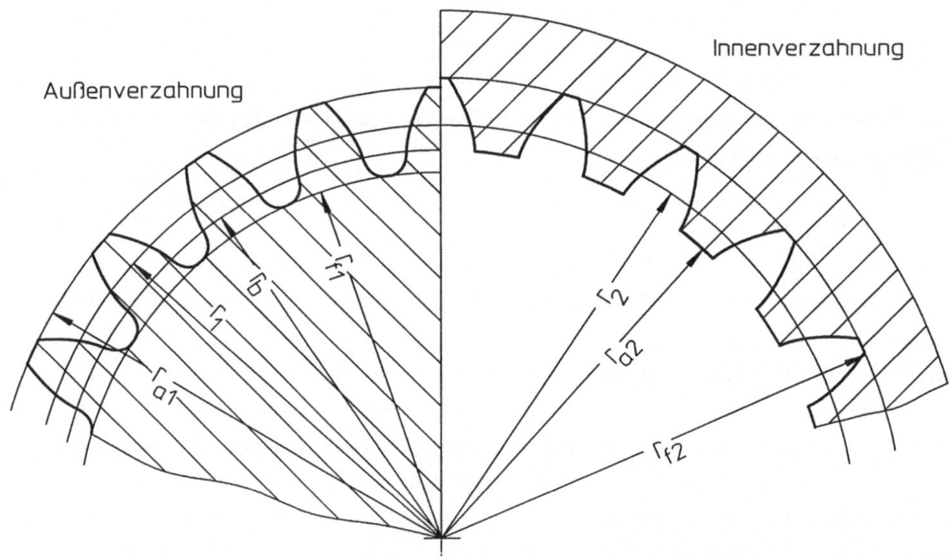

Bild 14.16: Innenverzahnung

Damit die zuvor angegebenen Gleichungen auch bei Innenverzahnungen benutzt werden können, wird die Zähnezahl bei Hohlrädern als negative Zahl eingeführt. Somit ergeben sich formal für alle von der Zähnezahl abhängigen Größen (Durchmesser, Teilungswinkel, Zahndicken, Achsabstand) ebenfalls negative Werte. Für Standgetriebe wird daher:

$$u = -z_2 / z_1 \tag{14.53}$$

Beide Räder haben die gleiche Drehrichtung. Da beide Räder im Bild 14.16 den gleichen Grundkreis haben, muß der Betrag des Kopfkreisdurchmessers größer als der Betrag des Grundkreisdurchmessers sein.

$$| d_{a2} | \geq | d_{b2} | \tag{14.54}$$

Der Fußkreisdurchmesser ergibt sich aus dem genormten Bezugsprofil.

Selbstverständlich lassen sich auch Innenverzahnungen als profilverschobene Verzahnung ausführen. Die Profilverschiebung ist positiv ($x_2 > 0$), bei einer Werkzeugbewegung in Richtung des Zahnkopfes.

Wie bei Außenverzahnungen lassen sich Null-, V-Null- und V-Getriebe ausführen.

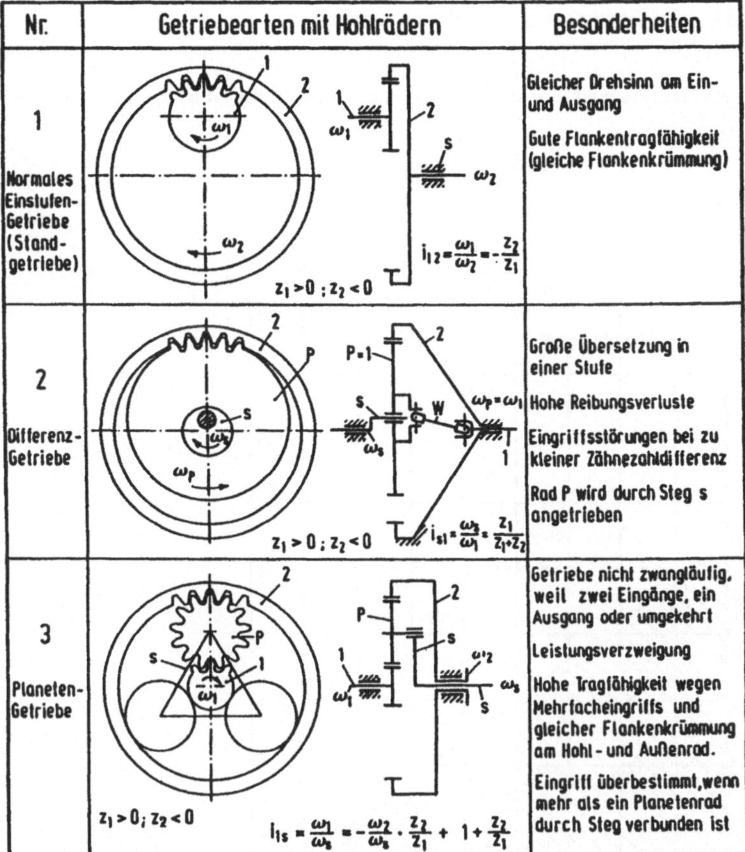

Nr.	Getriebearten mit Hohlrädern	Besonderheiten
1 Normales Einstufen-Getriebe (Standgetriebe)	$z_1 > 0 ; z_2 < 0$ $i_{12} = \frac{\omega_1}{\omega_2} = -\frac{z_2}{z_1}$	Gleicher Drehsinn am Ein- und Ausgang Gute Flankentragfähigkeit (gleiche Flankenkrümmung)
2 Differenz-Getriebe	$z_1 > 0 ; z_2 < 0$ $i_{s1} = \frac{\omega_s}{\omega_1} = \frac{z_1}{z_1 + z_2}$	Große Übersetzung in einer Stufe Hohe Reibungsverluste Eingriffsstörungen bei zu kleiner Zähnezahldifferenz Rad P wird durch Steg s angetrieben
3 Planeten-Getriebe	$z_1 > 0 ; z_2 < 0$ $i_{1s} = \frac{\omega_1}{\omega_s} = -\frac{\omega_2}{\omega_s} \cdot \frac{z_2}{z_1} + 1 + \frac{z_2}{z_1}$	Getriebe nicht zwangläufig, weil zwei Eingänge, ein Ausgang oder umgekehrt Leistungsverzweigung Hohe Tragfähigkeit wegen Mehrfacheingriffs und gleicher Flankenkrümmung am Hohl- und Außenrad. Eingriff überbestimmt, wenn mehr als ein Planetenrad durch Steg verbunden ist

Bild 14.17: Mögliche Getriebearten mit innenverzahnten Rädern /13.7/

Nullgetriebe	$\Sigma x = 0$	$a = a_d$
V - Plus Getriebe	$\Sigma x > 0$	$a > a_d ; \ \lvert a \rvert < \lvert a_d \rvert$
V - Minus Getriebe	$\Sigma x < 0$	$a < a_d ; \ \lvert a \rvert > \lvert a_d \rvert$

Es werden bevorzugt V - Nullgetriebe und V - Minus Getriebe ausgeführt. Bei V - Minus Getrieben ergibt sich durch den größeren Krümmungsradius am Hohlrad eine günstige Flankenbelastung.

14.2.1 Geometrische Grenzen der Verzahnung

Wie beim außenverzahnten Rad ergeben sich die Grenzen der Profilverschiebung aus der korrekten Flankenform. Zu beachten sind:

- Zahnfußhöhe $e_{fn} \geq 0{,}2\ m_n$
- Kopfkreis < Grundkreis $|\ d_a\ | > |\ d_b\ |$

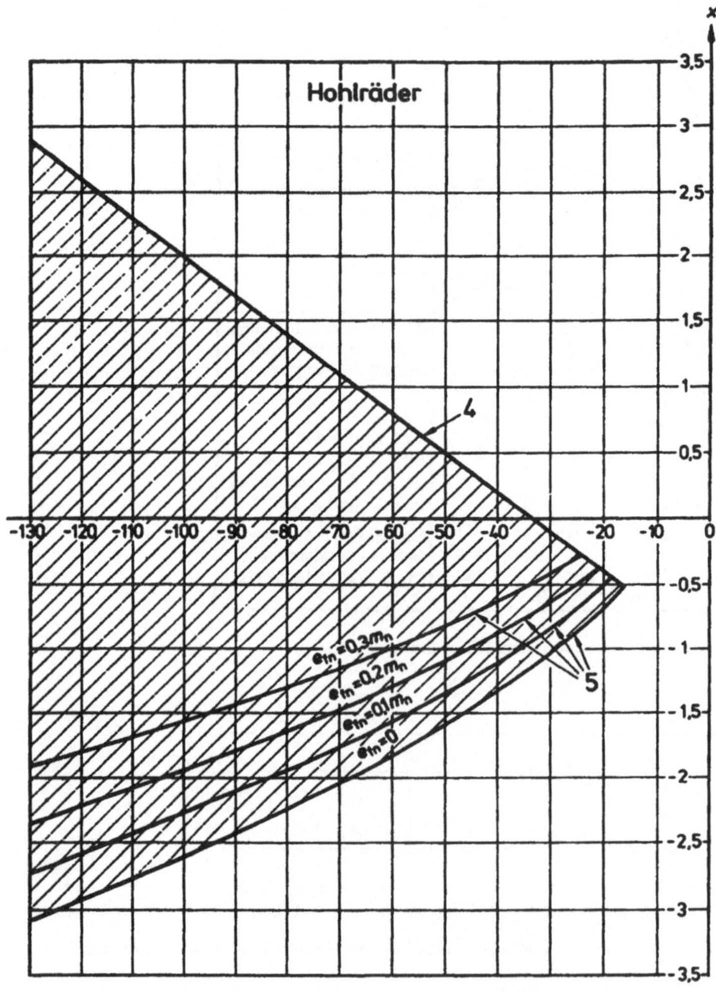

Bild 14.18: Geometrische Grenzen der Innenverzahnung nach /14.4/

4 Kopfkreisdurchmesser = Grundkreisdurchmesser 5 Zahnlückengrenze

Die erforderliche Zähnezahl läßt sich wie folgt bestimmen:

$$(z/2 + 1 + x + k^*) m_n < z/2 \; m_n \cos \alpha_p$$

$$z \leq \frac{2 (1 + x + k^*)}{\cos \alpha_p - 1} \tag{14.55}$$

Ohne Kopfkürzung müssen daher Nullverzahnungen mit $z_2 < -33$ ($|z_2| > 33$) ausgeführt werden. Die Fußlücke wird analog zur Spitzgrenze bei Außenverzahnungen bestimmt. Im Bild 14.18 sind

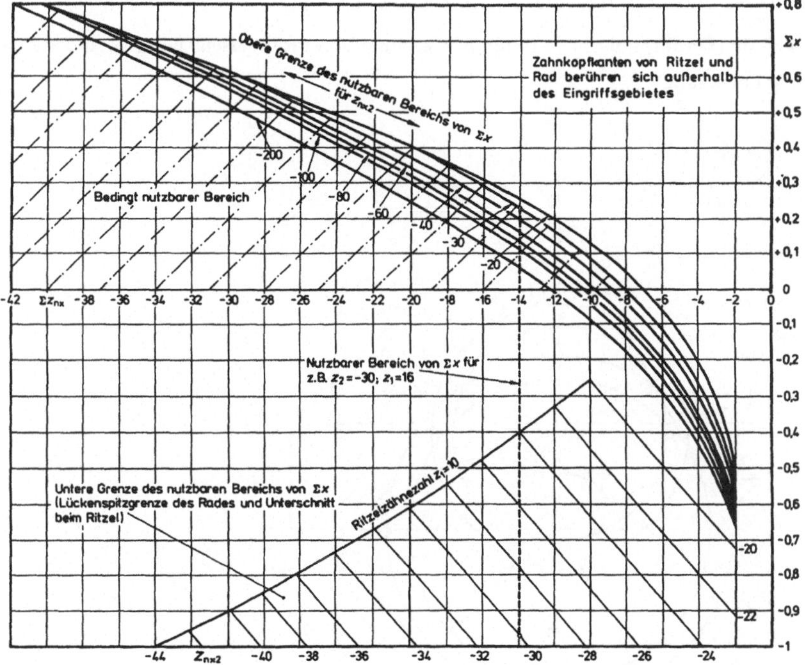

Bild 14.19: Bereich der ausführbaren Profilverschiebungssumme an Hohlradpaarungen nach /14.24/

die zu beachtenden Grenzen für vier Lückenweiten enthalten. Bei schrägverzahnten Hohlrädern ist die Ersatzzähnezahl im Normalschnitt zu verwenden. Dabei ist die Zählweise des Schrägungswinkels zu beachten.

Hohlrad rechtssteigend $\beta < 0^o$

Hohlrad linkssteigend $\beta > 0^o$

Ritzel und Hohlrad haben den gleichen Steigungssinn.

Wegen des genormten Bezugsprofiles verbleiben als variable Größen nur die Zähnezahlsumme und die Profilverschiebungssumme. Bei festgelegter Verzahnung wird der Bereich der ausführbaren Profilverschiebungen dem Bild 14.19 entnommen und auf das Rad bzw. Ritzel verteilt. Dabei wird eine hohe Tragfähigkeit bei ausgeglichenen Gleitverhältnissen angestrebt (DIN 3993). Die Aufteilung erfolgt in Abhängigkeit der Ritzelzähnezahl z_{n1} (Anhang N Bild 3). Dabei ist auf die Profilüberdeckung zu achten.

Da die Eingriffslinie die Grundkreise "außen" tangiert, liegen beide Tangentenpunkte auf einer Seite des Wälzpunktes. Die Eingriffsstrecke muß außerhalb der Tangentenpunkte beginnen. Bei kleiner Zähnezahlsumme ist es möglich, daß die Eingriffsstrecke über den Tangentenberührpunkt T_1 hinausgeht. Läßt sich der Berührpunkt nicht durch Anwendung von Profilverschiebung verändern, so ist eine Kopfkürzung notwendig.

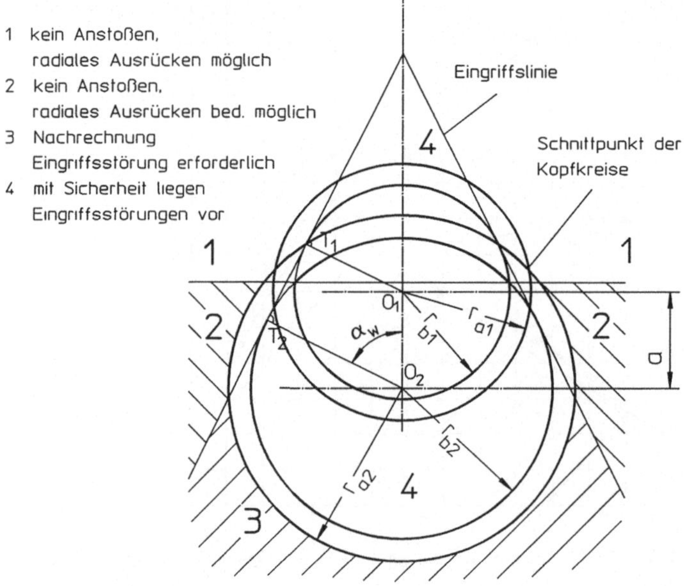

Bild 14.20: Geometrische Kontrolle auf mögliche Eingriffsstörungen nach /14.24/

14.2.2 Eingriffsstörungen

Bei Innenverzahnungen sind neben der Geometrieberechnung (Laufeigenschaften) stets die möglichen Eingriffsstörungen im Betrieb und bei der Herstellung zu kontrollieren. Die wichtigsten Eingriffsstörungen sind:

* Zahnkopfkantenberührung
* Anstoßen bei radialem Einbau (radialer Schneidradzustellung)

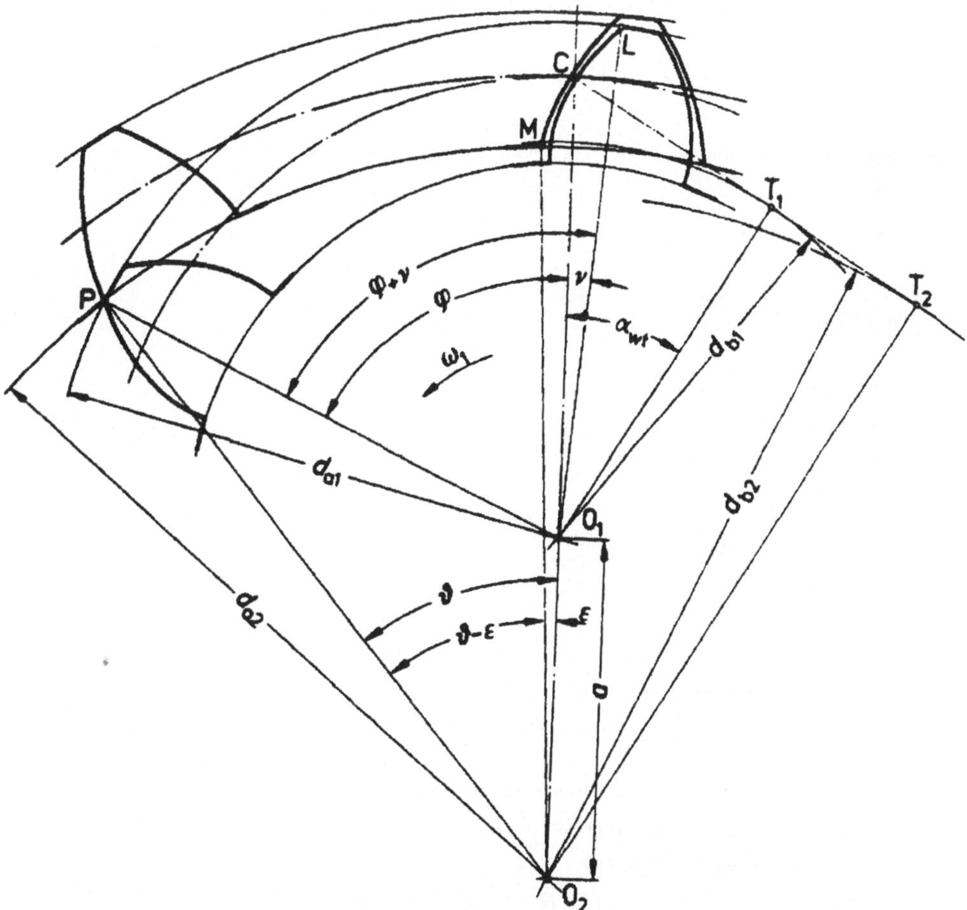

Bild 14.21: Nachprüfung bei Zahnkopfkantenberührung nach /14.24/

Zahnkopfkantenberührung: Bei großer Zähnezahlsumme, d.h. bei kleinem Zähnezahlunterschied, können sich die Zahnkopfkanten beider Räder außerhalb des Eingriffsgebietes berühren und dadurch die Wälzbewegung verhindern. Dieser Effekt führt bei der Herstellung des Hohlrades mit einem Schneidrad dazu, daß bereits gefertigte Evolventen wieder weggeschnitten werden.
Die Kontrolle kann einfach geometrisch ausgeführt werden. Liegen die Schnittpunkte der Kopfkreise oberhalb der Eingriffslinie, so tritt mit Sicherheit keine Eingriffsstörung auf (Bild 14.20). Falls der Schnittpunkt auf oder unterhalb der Eingriffslinie liegt, ist eine rechnerische Überprüfung notwendig.
Bei der Bewegung des Ritzel - Kopfeckpunktes L nach P dreht sich das Ritzel um den Winkel $\varphi + \nu$ und das Rad um $\varphi + \nu / |u|$ (Bild 14.21). Da sich die Punkte nicht berühren dürfen, muß der durch die Hohlraddrehung entstehende Winkel größer als der Drehwinkel des Ritzels sein.

$$\varphi + \nu / |u| > \vartheta - \varepsilon$$

Somit liegt keine Kopfkantenberührung vor, wenn der Störfaktor $K > 1$ ist.

$$K = \frac{\varphi + \nu}{|u|\,(\vartheta - \varepsilon)} > 1 \qquad (14.56)$$

Aus Bild 14.21 folgt:

$$\cos\alpha_{at1} = d_{b1} / d_{a1} \qquad (14.57a)$$

$$\cos\alpha_{at2} = d_{b2} / d_{a2} \qquad (14.57b)$$

$$\nu = \operatorname{inv}\alpha_{at1} - \operatorname{inv}\alpha_{wt} \qquad (14.58)$$

$$\varepsilon = \operatorname{inv}\alpha_{wt} - \operatorname{inv}\alpha_{at2} \qquad (14.59)$$

$$\cos\vartheta = \frac{d_{a2}^2 + 4a^2 - d_{a1}^2}{4\,d_{a2}\,|a|} \qquad (14.60)$$

$$\cos\varphi = \frac{d_{a2}^2 - 4a^2 - d_{a1}^2}{4\,d_{a1}\,|a|} \qquad (14.61)$$

Eine eventuell vorliegende Störung läßt sich beseitigen durch:

* Verringern der Hohlradkopfhöhe
* Verringern der Ritzelkopfhöhe
* Vergrößern des Eingriffswinkels (Σx wird kleiner)

Falls die Kopfhöhen verkürzt werden, ist die Profilüberdeckung zu kontrollieren.

Anstoßen bei radialem Einbau: Bei radialem Einbau muß geprüft werden, ob sich die Zahnkopfkanten von Ritzel und Hohlrad während der Montage weder durchdringen noch berühren. Falls axiale Montage möglich ist, kann diese Eingriffsstörung unbeachtet bleiben.
Wenn radialer Einbau möglich ist, stoßen auch die Zahnkopfkanten außerhalb des Eingriffsgebietes nicht aneinander. Es liegt keine Eingriffsstörung vor, wenn die Schnittpunkte der Kopfkreise oberhalb der Geraden durch die Schnittpunkte der Grundkreise liegen.
Zur Beseitigung der Störung lassen sich die gleichen Methoden wie bei der Zahnkopfberührung einsetzen.

14.3 Grundlagen der Tragfähigkeitsberechnung

14.3.1 Zahnkräfte

Das vom Ritzel eingeleitete Drehmoment wird über die Zahnflanken auf das Rad übertragen. Dabei wirkt an beiden Rädern eine Normalkraft in Richtung der Eingriffslinie, am Ritzel gegen die Drehrichtung und am Rad in Drehrichtung. Die Normalkraft wird am Teilkreis in drei orthogonale Komponenten zerlegt.

* Tangentialkraft F_t
* Radialkraft F_r
* Axialkraft F_a

Die Kräfte an der Verzahnung sind im Bild 14.22 dargestellt. Aus dem Nennmoment folgt:

$$F_t = \frac{2\,T}{d} = \frac{2\,P}{d\,\omega} \tag{14.62a}$$

Durch die Neigung der Eingriffslinie (α_n bzw. α_t) ergibt sich (Bild 14.22):

$$F_r = F_t \tan\alpha_t = F_t \frac{\tan\alpha_n}{\cos\beta} \tag{14.62b}$$

$$F_a = F_t \tan\beta \tag{14.62c}$$

Da die Axialkraft ebenfalls am Teilkreis angreift, ergibt sich neben der Axialbelastung von Welle und Lagern eine zusätzliche Radialbelastung der Lager und eine Biegebelastung der Welle. Die Richtung der Axialkraft ist von der Drehrichtung der Räder und der Schrägungsrichtung der Verzahnung abhängig.

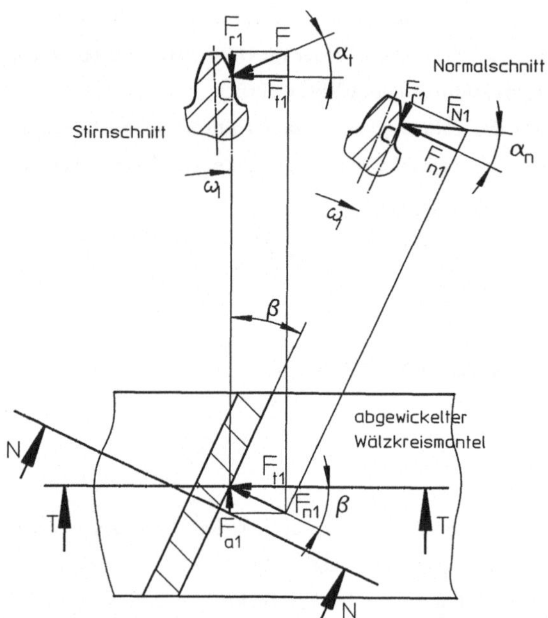

Bild 14.22: Zahnkräfte am Stirnrad mit Schrägverzahnung

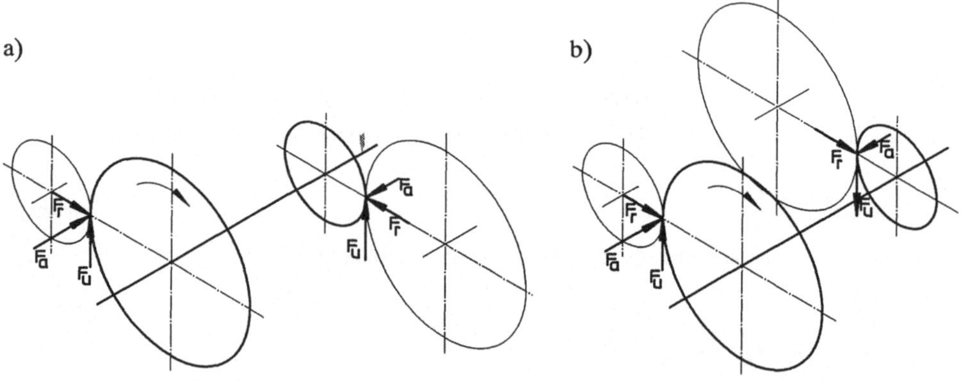

Bild 14.23: Zahnkräfte an einer Zwischenwelle a) versetzte Wellen b) rückkehrendes Getriebe

Bei Zwischenwellen mit zwei Rädern ergibt sich eine kleine resultierende Axialkraft, wenn beide Räder die gleiche Steigungsrichtung haben. Die Richtung der Kräfte ergibt sich aus der Wellenanordnung (z.B. rückkehrendes Getriebe) und der Drehrichtung (Bild 14.23). Dies ist bei der Lagerauslegung (Kap. 10 bzw. Kap. 11) und der Wellenberechnung (Kap. 9) zu beachten.

14.3.2 Aufteilung der Getriebeübersetzung

Der benötigte Bauraum des Getriebes wird wesentlich durch das Rad bestimmt. Aus wirtschaftlichen Gründen wird daher eine große Übersetzung auf mehrere Stufen aufgeteilt. Übliche Grenzübersetzungen sind:

* $i_{max} < 6$ einstufige Getriebe
* $i_{max} < 35$ zweistufige Getriebe
* $i_{max} < 150$ dreistufige Getriebe

Die Gesamtübersetzung wird nicht gleichmäßig aufgeteilt. Bei mehreren Stufen wird die größte Übersetzung (i_I) für die schneller laufende Stufe (kleines Drehmoment) vorgesehen.

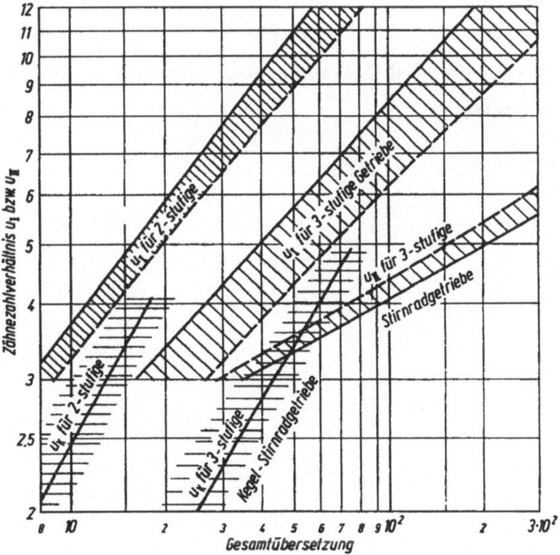

Bild 14.24: Empfehlung für die Aufteilung der Übersetzung bei mehrstufigen Getrieben nach /14.2/

An zweistufigen Industriegetrieben wird die Gesamtübersetzung wie folgt aufgeteilt:

koaxiales Getriebe $$i_I = 0{,}8\sqrt[3]{i^2} \tag{14.63a}$$

rückkehrendes Getriebe $$i_I = 1{,}25\sqrt{i} \tag{14.63b}$$

Ganzzahlige Übersetzungen sind möglichst zu vermeiden, da sonst die gleichen Zähnepaare periodisch zum Eingriff kommen (Schwingungsanregung, Verschleiß). Bei dreistufigen Getrieben erfolgt die Aufteilung der Gesamtübersetzung nach Bild 14.24.

14.3.3 Auslegungskriterien

Aus den Aufzeichnungen über Schäden an stationären Getrieben läßt sich erkennen, daß ~ 60% der Schäden aus der Verzahnung resultieren. Als Schadensbilder überwiegen Gewalt- und Dauerbrüche (Bild 14.25).

Eine vollständige Tragfähigkeitsberechnung umfaßt deshalb den Nachweis

* der Zahnfußtragfähigkeit
* der Zahnflankentragfähigkeit
* der Freßsicherheit

Zusätzlich sind Leistungsverluste, Schmierung, Laufruhe und Geräuschentwicklung zu beachten. Im Normalfall werden Industriegetriebe dauerfest ausgelegt.

Schadensstelle

13,2 %	sonstige
6,4 %	Welle
9,7 %	Gehause
12,5 %	Lager
58,2 %	Zahnräder

Schadensbild

sonstige	7 %
Verformung	4 %
Tragbild-veränderung	16 %
Dauerbruch	17 %
Gewaltbruch	56 %

Bild 14.25: Schadensursachen an Getrieben und Verzahnungen

a) Zahnfußbeanspruchung

Im Berechnungsmodell wird der Zahn durch einen eingespannten Balken idealisiert. Die Belastung erfolgt schwellend durch eine einzelne Normalkraft. Aus der Normalkraft resultieren eine Biege-, Druck- und Schubbeanspruchung im Zahnfußquerschnitt. Die Druck- und die Schubbeanspruchung werden gegenüber der Biegebeanspruchung vernachlässigt.

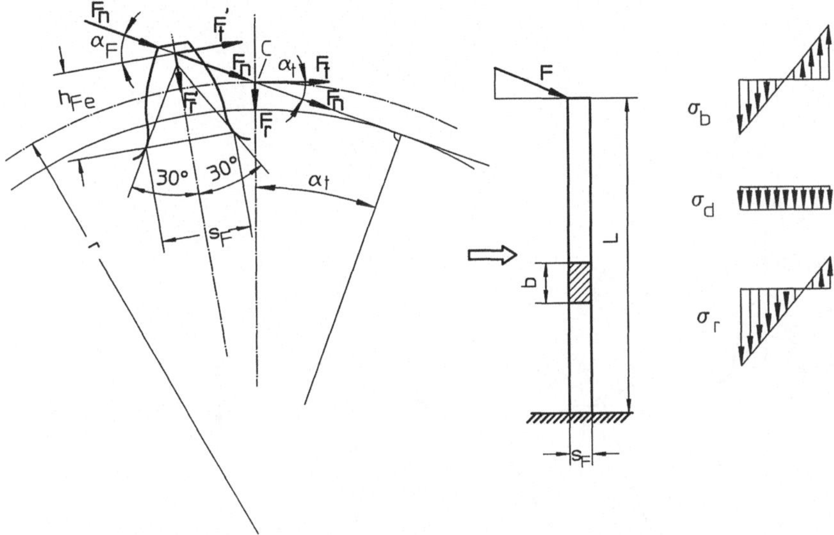

Bild 14.26: Zahnfußbeanspruchung

Der Zahnbruch geht von der zugbelasteten Fußausrundung aus. Aus spannungsoptischen Versuchen ist bekannt, daß die höchsten Belastungen sich im Berührungspunkt der 30° - Tangente an die Fußausrundung (Bild 14.26) ergeben . Im Einspannquerschnitt (Rechteck) ergibt sich beim Kraftangriff am Kopf als Biegenennspannung:

$$\sigma_b = \frac{6\ h_{Fe}\ F_n\ \cos\alpha_F}{s_F^2\ b} \tag{14.64}$$

Wird die Normalkraft durch die Umfangskraft ersetzt, und Gl. 14.64 mit dem Normalmodul m_n erweitert, so folgt:

$$\sigma_{Fa} = \frac{F_t}{b\ m_n}\ \frac{6\ h_{Fe}\ m_n\ \cos\alpha_F}{s_F^2\ \cos\alpha_n} = \frac{F_t}{b\,m_n}\ Y_{Fa}\ Y_{Sa} = \frac{F_t}{b\,m_n}\ Y_{FS} \tag{14.65}$$

Die dimensionslose Kenngröße Y_{FS}, die nur von geometrischen Größen des jeweiligen Rades abhängt, wird als Kopffaktor bezeichnet. Da sich durch Profilverschiebung die Zahnform verändert, wird bei positiver Profilverschiebung Y_{FS} kleiner (s_F wird größer). Bei Nullverzahnungen hat das Ritzel einen größeren Formfaktor als das Rad.

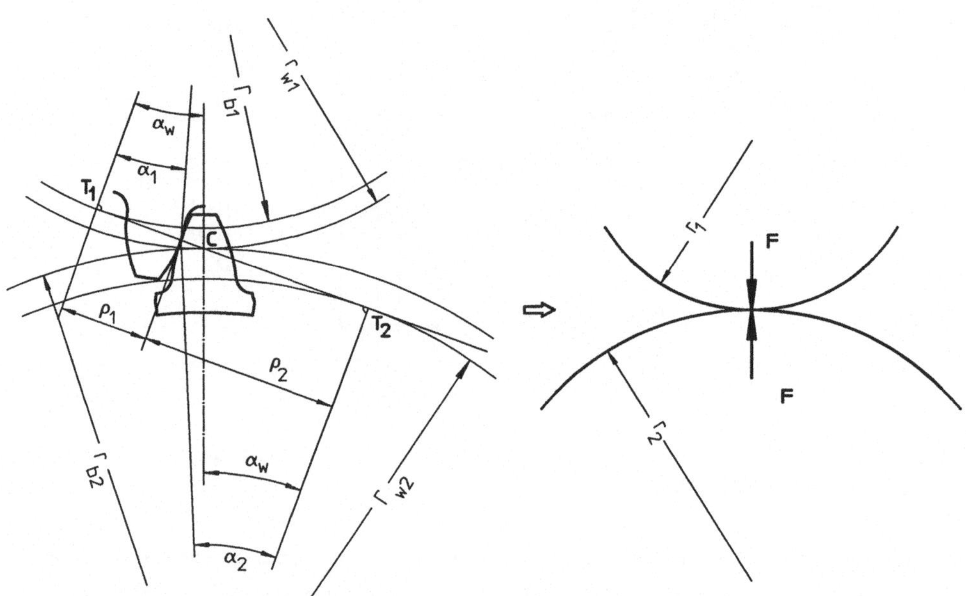

Bild 14.27: Zahnflankenbeanspruchung

b) Zahnflankenbeanspruchung

Durch die Kraftübertragung über die Flanken entsteht in beiden Zähnen eine Pressungsverteilung. Als Modell wird die Hertzsche Flächenpressung zwischen zwei Zylindern benutzt (Bild 14.27). In diesem Fall folgt nach Kap. 3.8.2 als maximaler Druck in der Berührzone:

$$PH = \sqrt{\frac{1}{2\,\pi\,(1 - \nu^2)}}\;\sqrt{\frac{F\;E}{R\;L}}$$

Aus den Verzahnungsabmessungen ($L = b$) und $F = F_n$ wird dann:

$$p_H = \sqrt{\frac{E_1 \; E_2}{\pi \; (1 - \nu^2) \; (E_1 + E_2)} \; \frac{F_n}{\rho \; b}} \tag{14.66}$$

Der resultierende Krümmungsradius wird im Wälzpunkt C bestimmt:

$$1 / \rho = 1 / \rho_1 + 1 / \rho_2 = 1 / r_{b1} \tan \alpha_{wt} + 1 / r_{b2} \tan \alpha_{wt}$$

$$\frac{1}{\rho} = \frac{1}{\cos \alpha_t \; \tan \alpha_{wt}} \left(\frac{1}{r_1} + \frac{1}{r_2}\right) = \frac{1}{r_1 \; \cos \alpha_t \; \tan \alpha_{wt}} \left(1 + \frac{r_1}{r_2}\right) = \frac{u + 1}{u} \; \frac{2}{d_1 \; \cos \alpha_t \; \tan \alpha_{wt}} \tag{14.67}$$

Daher folgt als maximale Hertzsche Pressung im Wälzpunkt C:

$$p_H = \sigma_{HC} = \sqrt{\frac{E_1 \; E_2}{\pi \; (1 - \nu^2) \; (E_1 + E_2)} \; \frac{2 \cos \beta_b}{\cos^2 \alpha_t \; \tan \alpha_{wt}} \; \frac{F_t}{d_1 \; b} \; \frac{u + 1}{u}} \tag{14.68}$$

$$\sigma_{HC} = Z_E \; Z_H \sqrt{\frac{F_t}{d_1 \; b} \; \frac{u + 1}{u}} \tag{14.69}$$

mit dem Zonenfaktor Z_H:

$$Z_H = \sqrt{\frac{2 \cos \beta_b}{\cos^2 \alpha_t \; \tan \alpha_{wt}}} = f(\Sigma x) \tag{14.70}$$

und dem Elastizitätsfaktor Z_E:

$$Z_E = \sqrt{\frac{E_1 \; E_2}{\pi \; (1 - \nu^2) \; (E_1 + E_2)}} \tag{14.71}$$

Aus Gl. 14.68 folgt, daß die Flankenpressung an beiden Rädern gleich groß und unabhängig vom Modul ist. Durch Profilverschiebung läßt sich der Krümmungsradius im Wälzpunkt C verändern. Somit führt positive Profilverschiebung zu einer Abnahme und negative Profilverschiebung zu einer Zunahme der Flankenbeanspruchung.

c) Zahnradwerkstoffe

Als Zahnradwerkstoffe werden alle üblichen metallischen Werkstoffe (Kap. 2.8) eingesetzt. Aus Gußwerkstoffen, Bau- und Vergütungsstählen werden ungehärtete Verzahnungen hergestellt. Diese kommen zum Einsatz, wenn durch andere Bauteile (Kupplung, Lager, Kettenrad) der Achsabstand vorgegeben ist. In der Regel werden heute bei Industriegetrieben gehärtete und geschliffene Verzahnungen benutzt. Hierfür sind Einsatzstähle, Vergütungsstähle mit Umlaufhärtung und Nitrierstähle gebräuchlich.

Die zulässigen Werkstoffkennwerte werden experimentell bestimmt. Durch Laufversuche an Prüfzahnrädern mit definierten Eigenschaften ergibt sich die Wälzfestigkeit $\sigma_{H\ lim}$ (Flankenfestigkeit) und die Zahnfußfestigkeit σ_{FE}. Die Werkstoffe sind dauerfest, wenn bezüglich der Flanke $5{*}10^7$ und bezüglich des Fußes $3{*}10^6$ Lastwechsel erreicht werden. Wegen der Schwankung in der chemischen Zusammensetzung des Ausgangszustandes und der Wärmebehandlung schwanken die zulässigen Werte stark. Besonders die Werte an der oberen Grenze erfordern eine sorgfältige Werkstoffauswahl und eine qualifizierte Wärmebehandlung.
Anhaltswerte für die üblichen Werkstoffe enthält die Tabelle 3 im Anhang N. Da die Werkstoffkennwerte schon an Prüfrädern ermittelt wurden, wird mit einer kleinen Sollsicherheit gearbeitet. Übliche Werte sind:

* Zahnflanke $S_H = 1{,}1\ ...\ 1{,}3$
* Zahnfuß $S_{Fu} = 1{,}3\ ...\ 1{,}5$

Analog zum Kap. 3.6 sind dann die zulässigen Werkstoffkennwerte:

$$\sigma_{HP} = \frac{\sigma_{H\ lim}}{S_H} \quad \text{bzw.} \quad \sigma_{FP} = \frac{\sigma_{FE}}{S_{Fu}} \tag{14.72}$$

Auch hier kann nach Gl. 3.28 die Ausnutzung der Flankentragfähigkeit bzw. der Fußtragfähigkeit bestimmt werden.

$$A_H = \frac{\sigma_{HC}}{\sigma_{HP}} \quad \text{bzw.} \quad A_F = \frac{\sigma_F}{\sigma_{FP}} \tag{14.73}$$

Allerdings kann nur eine Ausnutzung gegen eins gebracht werden. Bei nicht gehärteten Verzahnungen und bei gehärteten Rädern mit kleiner Zähnezahl ist die Flankentragfähigkeit maßgeblich. Nur bei gehärteten Rädern mit Ritzelzähnezahlen über 20 ... 25 wird meistens die Fußtragfähigkeit zuerst erreicht.

14.3.4 Vordimensionierung

Bei der Vordimensionierung werden die Hauptabmessungen des Getriebes aus den bekannten Leistungsdaten ermittelt.

Da bei der Flankentragfähigkeit die Zahngröße (Modul) keine Rolle spielt, läßt sich aus der Flankentragfähigkeit ein Anhaltswert für den benötigten Teilkreisdurchmesser ermitteln, wenn ein Breiten - Durchmesserverhältnis ($b_V = b / d_1$) angenommen wird. Aus der Gl. 14.69 folgt:

$$\left[\frac{\sigma_{HP}}{Z_E \, Z_H}\right]^2 = \frac{2\,K_A\,T_1}{b\,d_1^2}\,\frac{u+1}{u}$$

$$d_1 > \sqrt[3]{\frac{2\,K_A\,T_1\,(u+1)}{b_V\,u}\left[\frac{Z_E\,Z_H}{\sigma_{HP}}\right]^2} \qquad (14.74a)$$

K_A Anwendungsfaktor (siehe S. 166)

Übliche b_V - Werte sind in Tabelle 4 (Anhang N) aufgeführt. Bei vorgegebenem Achsabstand läßt sich der Teilkreisdurchmesser des Ritzels bestimmen zu:

$$d_1 \approx \frac{2\,a}{1+u} \qquad (14.74b)$$

Ein Anhaltswert für den Modul läßt sich aus der Fußtragfähigkeit berechnen:

$$m > \frac{2\,K_A\,T_1\,Y_{FS}}{d_1\,b\,\sigma_{FP}} \qquad (14.75)$$

Der berechnete Modul sollte größer sein als der Mindestmodul nach Tabelle 4 (Anhang N).

Nach der Bestimmung des Teilkreises und des Modules sind die Zähnezahlen zu wählen und die geometrischen Grenzen der Verzahnung zu kontrollieren (Diagramme). Einen Ablaufplan für die vollständige Vordimensionierung enthält das Bild 14.28.

Schritt	TÄTIGKEIT	Bemerkung	RS
1	KONZEPTION (Typ, Wellenanordnung)		
2	a) Aufteilung der Übersetzung b) Bestimmung der Drehmomente (Welle 1 .. Welle n)	Bild 14.24	
3	Vordimensionierung der Getriebewellen (Kap. 9)	$\tau_{t\,zul} = 25\,N/mm^2$	
4	Ritzelausführung festlegen Ritzelwelle: $d_{1\,erf} > 1{,}2\,d_{we\,i}$ aufgesetztes Ritzel: $d_{1\,erf} > 2\,d_{we\,i}$	$i = 1\,..\,n$	
5	AUSWAHL: * Werkstoffe * Schrägungswinkel β * Breitenverhältnis b_V	Anhang N Tabelle 3 Anhang N Tabelle 2 Anhang N Tabelle 4	
6	Teilkreisdurchmesser am Ritzel festlegen a) Bauraum nicht beschränkt b) Bauraum beschränkt (z. B. durch Kupplung)	 Gl. 14.74a Gl. 14.74b	
7	ausführbaren Teilkreisdurchmesser prüfen	$d_1 > d_{1\,erf}$	5
8	AUSWAHL: Radbreite	Anhang N Tabelle 4	
9	Ermittlung des Modules (Anhang N Tabelle 4 beachten)	Anhang N Tabelle 4	
10	Sprungüberdeckung kontrollieren	Ausnutzung beachten	8
11	Ritzelzähnezahl wählen	Anhang N Tabelle 4	
12	Geometriegrenzen prüfen	Bild 14.7; Bild 14.18	
13	Radzähnezahl wählen		
14	Übersetzungsfehler kontrollieren	$\Delta u_{zul} = 2\,\%$ (IG) $\Delta u_{zul} = 1\,\%$ (WZM)	13
15	Achsabstand ermitteln	Normzahlreihe R40 (R80)	
16	Profilverschiebungssumme ermitteln		
17	Profilverschiebungssumme aufteilen a) hohe Tragfähigkeit b) ausgeglichene Verzahnung	 0,6 < PV < 1,2 0 < PV < 0,6	13
18	VOLLSTÄNDIGE RADGEOMETRIE ermitteln		

IG = Industriegetriebe WZM = Werkzeugmaschinengetriebe

RS = Rücksprung nach Nr., falls die gewünschte Bedingung nicht erreicht wird

Anmerkung: Bei Übersetzung ins Langsame mit der letzten Stufe beginnen.

Bild 14. 28: Ablaufplan bei der Vordimensionierung von Verzahnungen

14.4 Tragfähigkeitsnachweis nach DIN 3990

Bei der Behandlung der Tragfähigkeitsgrundlagen (Kap. 14.3) wurden bei der Herleitung die folgenden Voraussetzungen getroffen:

* starre Zähne
* ideale Zahngeometrie (Evolvente)
* fehlerfreie Verzahnung

Im realen Getriebe ergeben sich aber Formfehler, elastische Verformungen der Räder und der Wellen und eine ungleichmäßige Lastverteilung über die Zahnhöhe bzw. Zahnbreite. Bisher wurde ebenfalls der Einfluß von Doppeleingriffen vernachlässigt. Die Überdeckung der Verzahnung wird durch die elastische Verformung der Zähne verbessert und durch die Teilungsfehler bzw. Lastverteilung wieder verringert.
Beim Tragfähigkeitsnachweis nach DIN 3990 werden die realen Verhältnisse durch eine Vielzahl von Einflußfaktoren erfaßt. In der Norm sind zur Ermittlung dieser Einflußfaktoren mehrere Methoden zugelassen, die sich im Aufwand und der Genauigkeit unterscheiden.

Methode A	Die Faktoren beruhen auf einer umfassenden methodischen Analyse bzw. auf Messungen
Methode B	Es werden Annahmen getroffen, die für die meisten Anwendungsfälle ausreichend genau sind
Methode C	Für einzelne Faktoren werden zusätzliche Vereinfachungen benutzt
Methode D	Einschränkung der Faktoren auf spezielle Anwendungen

Da das Einsatzgebiet von Getrieben recht umfassend ist, wurde die Berechnungsnorm DIN 3990 in Grundnormen (T1 .. T5) und Anwendungsnormen aufgeteilt. Zur Zeit sind folgende Anwendungsnormen verfügbar:

* Industriegetriebe (T11, T12)
* Turbogetriebe (T21)
* Schiffsgetriebe (T31)
* KFZ - Getriebe (T41)

Die Vielzahl der Faktoren wird unterteilt in Kraftfaktoren, Einflußfaktoren auf die Zahnfuß- Zahnflanken- und die Freßtragfähigkeit. Es wird im folgenden der Berechnungsablauf nach der Methode C vorgestellt.

14.4.1 Kraftfaktoren

Diese allgemeinen Faktoren sollen die äußeren Anregungen (angeschlossene Maschinen) und die vom Getriebe selbst verursachten inneren Anregungen erfassen.

Anwendungsfaktor K_A	berücksichtigt die äußeren dynamischen Zusatzkräfte
Dynamikfaktor K_V	berücksichtigt die inneren dynamischen Zusatzkräfte
Breitenfaktor $K_{H\beta}$, $K_{F\beta}$	berücksichtigen die ungleichmäßige Lastverteilung über die Zahnbreite
Stirnfaktor $K_{H\alpha}$, $K_{F\alpha}$	berücksichtigen die Kraftaufteilung auf mehrere Zähne

Durch den Index beim Breiten- und Stirnfaktor wird auf die Tragfähigkeit verwiesen (H Flankentragfähigkeit, F Fußtragfähigkeit). Alle Faktoren hängen von der Umfangskraft F_t ab und müssen wegen der Abhängigkeit untereinander in einer bestimmten Reihenfolge berechnet werden.

K_V mit K_A

$K_{H\beta}$, $K_{F\beta}$ mit K_V , K_A

$K_{H\alpha}$, $K_{F\alpha}$ mit K_A , K_V , $K_{H\beta}$

Anwendungsfaktor K_A: Die äußeren dynamischen Zusatzkräfte sind wie bei den Kupplungen von der Charakteristik der angeschlossenen Maschinen abhängig.

Arbeitsweise der Antriebsmaschine	Arbeitsweise der getriebenen Maschine gleichmäßig	mäßige Stöße	mittlere Stöße	starke Stöße
gleichmäßig	1	1,25	1,5	1,75
leichte Stöße	1,1	1,35	1,6	1,85
mäßige Stöße	1,25	1,5	1,75	2
starke Stöße	1,5	1,75	2	2,25

Dynamikfaktor K_V: Die inneren dynamischen Kräfte werden durch das Schwingungsverhalten der Räder bestimmt. Mit der Federrate der Zähne ergibt sich ein Feder - Masse - System (Kap. 9), dessen Verhalten wesentlich von der Lage der Erregerfrequenz zur Eigenfrequenz bestimmt wird. Industriegetriebe werden üblicherweise im unterkritischen Bereich betrieben. Hierfür gilt:

$$K_V = 1 + \left[\frac{K_1}{K_A\ F_t / b} + K_2 \right] 0{,}01\ z_1\ v\ \sqrt{u^2 / (1 + u^2)} \tag{14.76}$$

K_1, K_2 = f(Qualität, Verzahnungsart) (Anhang N Tabelle 5)

v Umfangsgeschwindigkeit am Ritzelteilkreis in m/s

Breitenfaktoren: $K_{H\beta}$ und $K_{F\beta}$

spezifische Zahnbelastung $F_{mb} = F_t\ K_A\ K_V\ /\ b$ (14.77)

$$F_{\beta y} = (1{,}33\ F_{mb}\ f_{sh0} + f_{H\beta})\ \kappa_\beta \tag{14.78}$$

$F_{\beta y}$ wirksame Flankenlinienabweichung

κ_β Einlauffaktor (Anhang N Tabelle 5)

$f_{H\beta}$ Flankenlinienabweichung (Anhang N Tabelle 6)

$f_{sho} = (31\,\gamma + 5)\ 10^{-3}$ Geradverzahnung (14.79)

$f_{sho} = (36\,\gamma + 13)\ 10^{-3}$ Schrägverzahnung (14.80)

$$\gamma = |\ 1 + K\ L\ s\ /\ d_1^2\ |\ (b\ /\ d_1)^2 \tag{14.81}$$

K (Anhang N Bild 4)

L Lagerabstand

Eingriffsfederrate c_γ N/ (mm µm)		
St / St	St / GG	GG / GGG
20	15	12

$$b_c/b = \sqrt{2\ F_{mb}\ /\ F_{\beta y}\ c_\gamma} \le 1 \tag{14.82}$$

$b_c\ /\ b \le 1$ $$K_{H\beta} = \sqrt{\frac{2\ F_{\beta y}\ c_\gamma}{F_{mb}}} \tag{14.83}$$

$b_c\ /\ b > 1$ $$K_{H\beta} = 1 + \frac{F_{\beta y}\ c_\gamma}{2\ F_{mb}} \tag{14.84}$$

$$K_{F\beta} = K_{H\beta}^{\ N} \tag{14.85}$$

$$N = \frac{(b\ /\ h)^2}{1 + b\ /\ h + (b\ /\ h)^2}$$

b Zahnbreite h Zahnhöhe

$b\ /\ h > 12$ $K_{F\beta} = K_{H\beta}$

Stirnfaktoren: $K_{H\alpha}$ $K_{F\alpha}$

spezifische Zahnbelastung $F_{H\beta} = F_t\, K_A\, K_V\, K_{H\beta} / b$

$$\varepsilon_\gamma \leq 2 \qquad K_{F\alpha} = K_{H\alpha} = \frac{\varepsilon_\gamma}{2}\left[0{,}9 + 0{,}4\,\frac{c_\gamma\,(f_{pe} - y_\alpha)}{F_{H\beta}}\right] \tag{14.86}$$

$$\varepsilon_\gamma > 2 \qquad K_{F\alpha} = K_{H\alpha} = 0{,}9 + 0{,}4\sqrt{\frac{2\,(\varepsilon_\gamma - 1)}{\varepsilon_\gamma}\,\frac{c_\gamma\,(f_{pe} - y_\alpha)}{F_{H\beta}}} \tag{14.87}$$

f_{pe} und y_α (Anhang N Tabelle 5)

	min	max
$K_{H\alpha}$	1	$\varepsilon_\gamma / \varepsilon_\alpha Z_\varepsilon^2$
$K_{F\alpha}$	1	$\varepsilon_\gamma / \varepsilon_\alpha Y_\varepsilon$

Z_ε Überdeckungsfaktor bezüglich der Flanke

Y_ε Überdeckungsfaktor bezüglich des Fußes

14.4.2 Berechnung der Flankentragfähigkeit

Es wird die nominelle Flankenpressung im Wälzpunkt bestimmt und mit der zulässigen Flankenpressung (an Versuchsrädern bestimmt) verglichen. Die Gl. 14.69 wird entsprechend erweitert zu:

$$\sigma_{H0} = Z_H\, Z_E\, Z_\varepsilon\, Z_\beta \sqrt{\frac{F_t}{d_1\, b}\,\frac{u+1}{u}} \tag{14.88}$$

$$\sigma_H = Z_B\, \sigma_{H0} \sqrt{K_A\, K_V\, K_{H\beta}\, K_{H\alpha}} < \sigma_{HP} \tag{14.89}$$

Z_B Ritzel Einzeleingriffsfaktor

Z_H Zonenfaktor

Z_E Elastizitätsfaktor

Z_β Schrägenfaktor

Z_ε Überdeckungsfaktor

$$\sigma_{HP} = \frac{\sigma_{H\,lim}\, Z_L\, Z_x}{S_H} = \frac{\sigma_{HG}}{S_H} \tag{14.90}$$

Z_L Schmierstoffaktor (Anhang N Tabelle 5)

Z_x Größenfaktor (Flanke) (Anhang N Tabelle 5)

$$Z_H = \sqrt{\frac{2\cos\beta_b \cos\alpha_{wt}}{\cos^2\alpha_t \sin\alpha_{wt}}} \tag{14.91}$$

(Anhang N Bild 5)

$$Z_E = \sqrt{\frac{1}{\pi\left[\frac{1-\nu_1^2}{E_1} + \frac{1-\nu_2^2}{E_2}\right]}} \tag{14.92}$$

(Anhang N Tabelle 7)

$$M = \sqrt{\frac{\rho_{C1}\,\rho_{C2}}{\rho_{B1}\,\rho_{B2}}} \tag{14.93}$$

$M \le 1$ $Z_B = 1$

$M > 1$ $Z_B = M$

Schrägverzahnung mit $\varepsilon_\beta > 1$ $Z_B = 1$

$$\varepsilon_\beta < 1 \qquad Z_\varepsilon = \sqrt{\frac{4-\varepsilon_\alpha(1-\varepsilon_\beta)}{3} + \frac{\varepsilon_\beta}{\varepsilon_\alpha}} \tag{14.94}$$

(Anhang N Bild 6)

$$\varepsilon_\beta \ge 1 \qquad Z_\varepsilon = \sqrt{\frac{1}{\varepsilon_\alpha}}$$

$$Z_\beta = \sqrt{\cos\beta} \tag{14.95}$$

Soll die Verzahnung nicht dauerfest ausgelegt werden ($N < 5*10^7$), so ist zur Erfassung der höheren Tragfähigkeit ein vom Werkstoff abhängiger Lebensdauerfaktor zu beachten /14.14/.

14.4.3 Berechnung der Fußtragfähigkeit

Es wird die auftretende maximale Spannung im Zahnfußübergang, getrennt für Ritzel und Rad, bestimmt und mit zulässigen Werten verglichen.

$$\sigma_{F0} = \frac{F_t}{b\ m}\, Y_{FS}\, Y_\varepsilon\, Y_\beta \tag{14.96}$$

$$\sigma_F = \sigma_{F0} K_A K_V K_{F\beta} K_{F\alpha} < \sigma_{FP} \qquad (14.97)$$

$$\sigma_{FP} = \frac{\sigma_{FE}}{S_{Fl}} Y_{R\,rel\,T} Y_x = \frac{\sigma_{FG}}{S_{Fl}} \qquad (14.98)$$

Y_{FS}	Kopffaktor	(Anhang N Bild 7)
Y_ε	Überdeckungsfaktor bezüglich des Fußes	
Y_β	Schrägungsfaktor	
$Y_{R\,rel\,T}$	relative Oberflächenziffer	(Anhang N Tabelle 5)
Y_x	Größenfaktor	

Zur Ermittlung des Formfaktors muß die Zahnfußsehne und der Hebelarm bezüglich der 30° - Tangente an den Fußausrundungsradius bestimmt werden. Dies kann auch bei vollständigen Verzahnungsdaten nur iterativ erfolgen /14.15/. Der Kopffaktor ist für das genormte Bezugsprofil mit $\alpha_n = 20^o$ im Anhang N Bild 7 enthalten.

$$Y_\varepsilon = 0{,}25 + \frac{0{,}75}{\varepsilon_\alpha} \cos^2 \beta_b \qquad (14.98)$$

$$Y_\beta = 1 - \varepsilon_\beta \frac{\beta}{120^o} \qquad \text{für } \beta > 30^o \text{ wird } \beta = 30^o \text{ gesetzt} \qquad (14.99)$$

Soll die Verzahnung nicht dauerfest ausgelegt werden ($N < 3*10^6$), so ist zur Erfassung der höheren Tragfähigkeit ein vom Werkstoff abhängiger Lebensdauerfaktor zu beachten /14.14/.

14.4.4 Berechnung der Freßtragfähigkeit

Durch Fressen versagen Zahnräder, wenn bei hohen Umfangsgeschwindigkeiten und hohen Belastungen durch Versagen der Schmierung die Zähne verschweißen. Es entstehen Riefen in Evolventenrichtung, da durch die Relativbewegung zwischen den Flanken die verschweißten Flanken sofort wieder auseinandergerissen werden. Bei Industriegetrieben wird keine Berechnung der Freßtragfähigkeit durchgeführt. Einzelheiten des Verfahrens sind in /14.16/ zu finden.

14.5 Gestaltungshinweise

Durch die Arbeits- bzw. Antriebsmaschine wird meistens die Lage der Wellen im Getriebe bestimmt. Übliche Bauformen sind:

* seitlich versetzter An- und Abtrieb
* Antrieb auf der Stirnseite oder oben (Kegel - Stirnradgetriebe)
* fluchtende Antriebs- und Abtriebswelle (Getriebemotoren, Wendegetriebe)
* koaxialer An- und Abtrieb (Planetengetriebe)

Die einfachste Gehäusegestaltung ergibt sich bei waagerechter Wellenlage und einer Teilfuge in der Wellenebene (Oberteil, Unterteil).

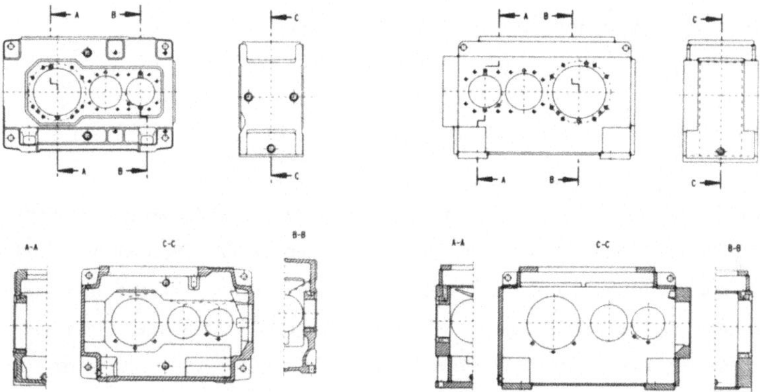

Bild 14.29: Gehäusegestaltung (Flender, Bocholt)

Gehäuse: Das Gehäuse hat die Wellen in allen Betriebszuständen zu stützen und muß die auftretenden Belastungen zum Fundament weiterleiten. Dabei sind die Innenteile vor Fremdstoffen zu schützen, der Schmierstoffaustritt zu verhindern und die Geräuschabstrahlung des Getriebes (Rippen) gering zu halten. Oft muß eine Überwachung (Inspektion) der Lager und Räder ohne Demontage möglich sein.
In Abhängigkeit von der Stückzahl werden die Gehäuse als Guß- oder Schweißkonstruktion ausgeführt (Bild 14.29). Bei der Gehäusegestaltung ist zu achten auf:

* Lagefixierung der Gehäusehälften
* Verbindungschrauben so nahe wie möglich an die Lagerstellen plazieren
* Transport und Montage erfordern Nocken, Lastösen oder Ringschrauben
* Ausrichtflächen seitlich am Getriebeunterteil vorsehen
* Anschlüsse für die Ölversorgung und Überwachung (Drücke, Temperaturen, Schwingungsaufnehmer)

Anhaltswerte für die Gestaltung enthält die Tabelle 8 im Anhang N.

Lager: Bei kleinen Getrieben erfolgt die Lagerung überwiegend in Wälzlagern. Übliche Lagertypen sind Rillenkugellager, Zylinderrollenlager, Kegelrollenlager in O - Anordnung und Pendelrollenlager. Geringe Axialkräfte werden durch Zylinderrollenlager mit zwei Borden bzw. mit Stützring aufgenommen. Bei hohen Axialkräften ist ein getrenntes Axiallager günstiger (Funktionstrennung). Die Lager werden üblicherweise durch das Spritzöl mit Schmierstoff versorgt. Daher sind am Gehäuse Ölfangtaschen, Ölversorgungs- und Rücklaufbohrungen vorzusehen.
Nur schnellaufende Turbogetriebe oder Getriebe mit großen Abmessungen werden mit Gleitlagern ausgeführt.

Wellen: Bei Ritzelwellen entfällt die Welle - Nabe - Verbindung zur Befestigung des Ritzels. Räder werden entweder formschlüssig (Paßfeder, Keilwelle) oder kraftschlüssig (zylindrischer Preßverband) mit der Welle verbunden. An dynamisch belasteten Wellen sind wegen der geringeren Kerbwirkung kraftschlüssige Verbindungen zu bevorzugen. Die axiale Festlegung der Räder kann durch Verspannen mittels Wellenmutter oder durch Festlegen mittels Sicherungsringen erfolgen. Dabei ist darauf zu achten, daß die notwendigen Einstiche für die Sicherungsringe nicht in hochbelasteten Bereichen liegen.

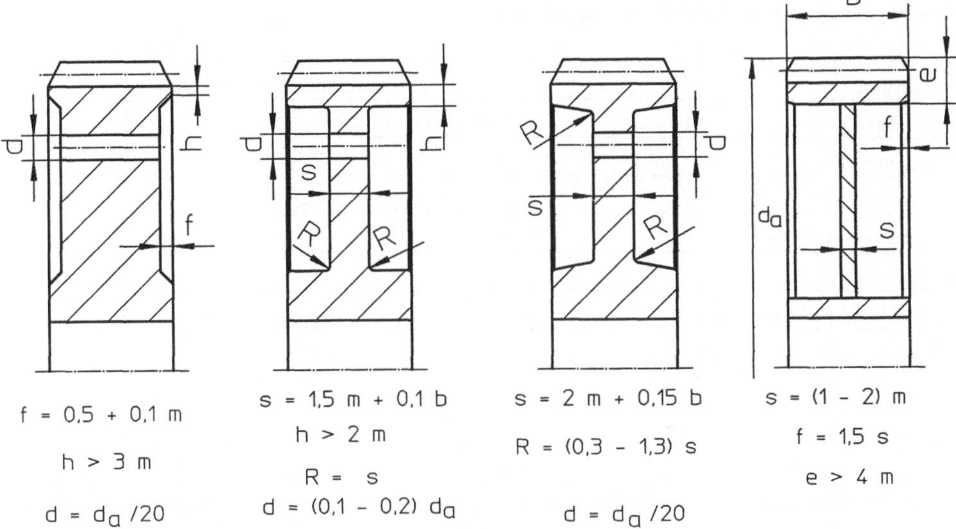

Bild 14.30: Hinweise zur Radgestaltung

Zahnräder: Die Radgestaltung richtet sich nach der Stückzahl, den Radabmessungen und den vorhandenen Fertigungseinrichtungen für die Wärmebehandlung. Als Ausführung werden Vollscheibenräder und bei großen Abmessungen auch Schweiß- bzw. Gußkonstruktionen gewählt. Nur in Sonderfällen wird das Rad in Zahnkranz und Grundkonstruktion aufgeteilt. Die Zahnkranzbefestigung auf der Grundkonstruktion erfolgt durch Schrauben oder zylindrische Preßverbindung.

Bei allen Ausführungen werden vorstehende Naben vermieden, da dann eine gemeinsame Fertigung von mehreren Rädern in einer Aufspannung möglich ist. Zum Augleich von Verlagerungen wird das Rad um 5 .. 10 mm schmaler als das Ritzel ausgeführt.

Schnellaufende Räder haben keine Löcher (Spannungskonzentration). Zum Transport und zur Montage sind Befestigungslöcher am Radkörper üblich. Gestaltungshinweise für Scheibenräder und geschweißte Räder enthält das Bild 14.30. Gegossene Räder sind analog zu gestalten.

Die notwendigen Angaben in Fertigungszeichnungen sind in DIN 3966 festgelegt. Es ist üblich, alle wesentlichen Verzahnungsdaten als Tabelle auf der Zeichnung anzugeben. Alle notwendigen Lagetoleranzen beziehen sich auf die Radachse.

Beispiel einer gekürzten Verzahnungsangabe nach DIN 3966:

Stirnrad		außenverzahnt / innenverzahnt
Modul	m_n	4,5
Zähnezahl	z	81
Bezugsprofil		DIN 867
Schrägungswinkel	β	11o
Flankenrichtung		links
Profilverschiebungsfaktor	x	0
Verzahnungsqualität, Toleranzfeld		8d 25
Achsabstand	a	200 ± 0,050
Zähnezahl des Gegenrades	z	53

Die Tabelle kann auf der Zeichnung oder auf einem getrennten Blatt angebracht werden.

In der vollständigen Tabelle werden alle weiteren Angaben aufgeführt, die zur Fertigung und Prüfung der Verzahnung notwendig sind (DIN 3966).

15 KEGELRADGETRIEBE

Kegelradgetriebe sind Getriebe mit sich schneidenden Wellen. Bei geringem Wellenversatz lassen sich Kegelräder auch bei kreuzenden Wellen einsetzen (Hypoidgetriebe). Da sich die Wellen schneiden, ergeben sich bei Kegelradgetrieben zusätzliche Fehlermöglichkeiten am Radpaar. Durch Wellenversatz an beiden Rädern, Winkelversatz oder Höhenversatz aus der Wellenebene neigen Kegelräder zu einseitigem Tragen oder Klemmen. Daher ist eine genaue Fertigung aller Teile notwendig. Konstruktive Maßnahmen sind ballige Verzahnungen, steife Konstruktionen (Lager, Welle, Gehäuse) und eventuell ein paarweiser Einbau (abgestimmte Fertigung) des Radsatzes.

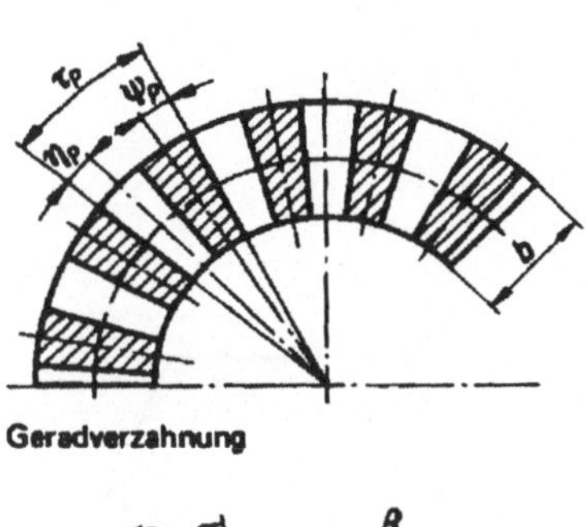

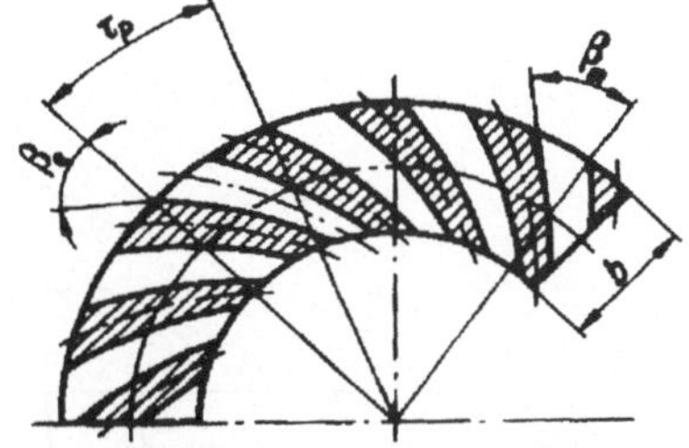

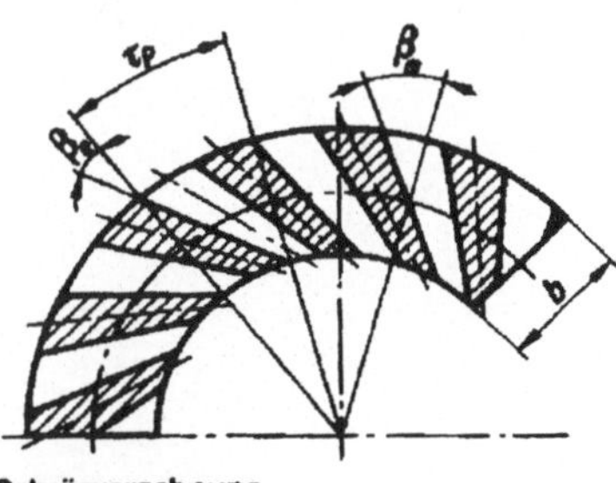

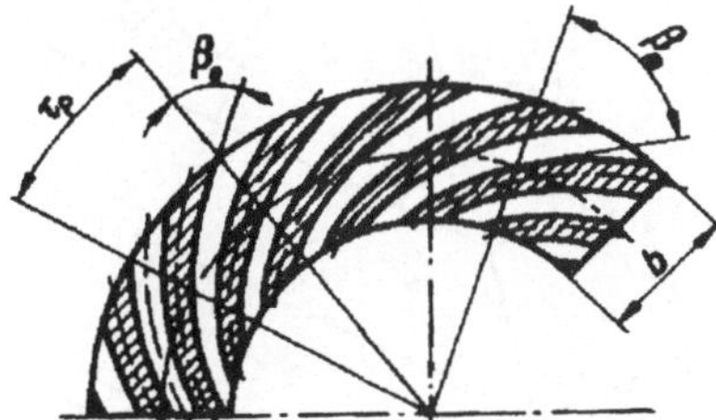

Bild 15.1: Verzahnungsformen am Planrad

Nach dem Verlauf der Flankenlinien wird bei Kegelrädern in geradverzahnte, schrägverzahnte und bogenverzahnte Bauformen unterteilt. Die Steigungsrichtung der Verzahnung wird von der Kegelspitze ausgehend definiert (Bild 15.1).

Wegen des ungünstigen Geräuschverhaltens werden geradverzahnte Kegelräder nur bis zu Umfangsgeschwindigkeiten von 6 m/s (in der Radmitte) eingesetzt. Bogenverzahnte Räder werden bei großen Umfangsgeschwindigkeiten und bei Hypoidrädern benutzt. Hypoidräder werden nicht weiter behandelt.

15.1 Verzahnungsgrundlagen

Die Grundkörper der Räder sind zwei Kegel mit gemeinsamer Spitze. Entlang der gemeinsamen Mantellinie erfolgt die Berührung ohne Gleiten, d.h. bei gleicher Spitzenentfernung vom Schnittpunkt der Drehachse ergeben sich gleiche Umfangsgeschwindigkeiten. Daher werden die Grundkörper auch als Wälzkegel bezeichnet. Üblicherweise wird die Teilung der Räder auf die Wälzkegel bezogen, d.h. die Wälzkegel entsprechen den Teilkegeln. Aus Bild 15.2 ist zu erkennen, daß die Summe der Teilkegelwinkel gleich dem Achsenwinkel Σ ist.

$$\Sigma = \delta_1 + \delta_2 \tag{15.1}$$

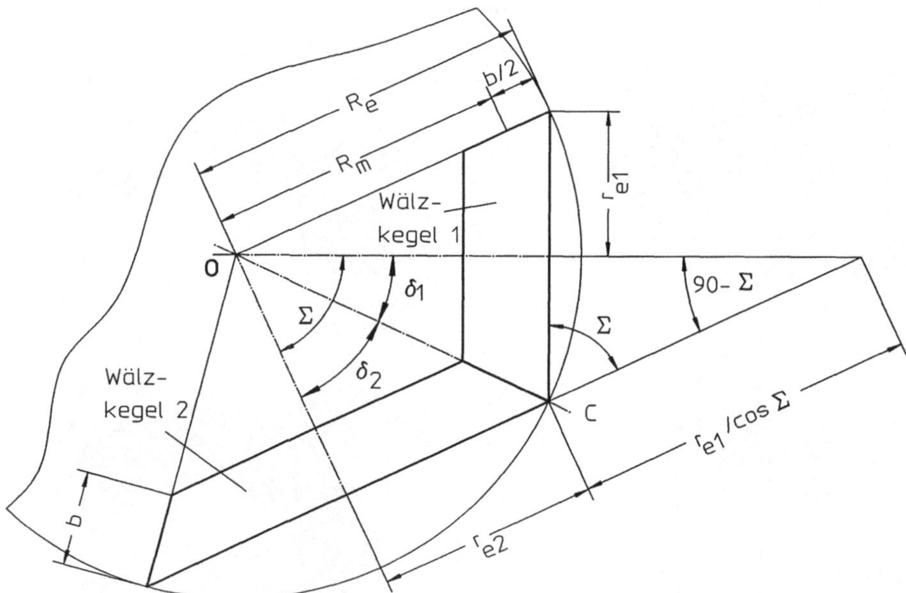

Bild 15.2: Kegelradpaar

Teilkreis ist jeder Schnitt senkrecht zur Radachse durch den Teilkegelmantel. Am äußeren Teilkreis (Index e) ergibt sich:

$$d_{ei} = z_i \; p = z_i \; m_{te} \qquad i = 1;2 \tag{15.2}$$

Da sich der Teilkreisradius zur Kegelspitze hin verringert, ergibt sich entlang der Zahnbreite ein veränderlicher Modul (Zähnezahl bleibt konstant). Die Mantellinie bis zum äußeren Teilkreis wird:

$$R_e = \frac{d_e}{2 \sin \delta} = \frac{z\ m_{te}}{2\ \sin \delta} \tag{15.3}$$

Wegen der gleichen Umfangsgeschwindigkeit am Teilkreis folgt:

$$u = \frac{n_1}{n_2} = \frac{r_{e2}}{r_{e1}} = \frac{z_2}{z_1} = \frac{\sin \delta_2}{\sin \delta_1} \tag{15.4}$$

Durch Umformung ergeben sich bei gegebenem Achsenwinkel Σ und dem Zähnezahlverhältnis u die Teilkegelwinkel der Räder:

$$\tan \delta_1 = \frac{\sin \Sigma}{u + \cos \Sigma} \tag{15.5a}$$

$$\tan \delta_2 = \frac{\sin \Sigma}{1/u + \cos \Sigma} \tag{15.5b}$$

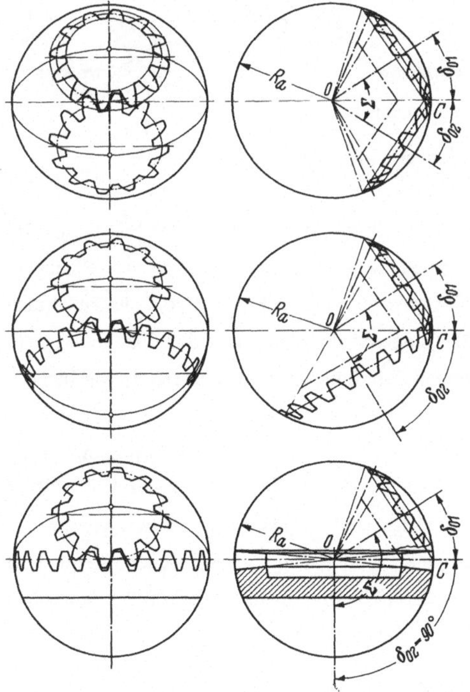

Bild 15.3: Verzahnungen auf der Kugeloberfläche /16.4/

Da jeder Punkt auf dem Teilkreis vom Schnittpunkt der Radachse die gleiche Entfernung hat, muß der Teilkreis, und damit auch die Eingriffslinie, auf einer Kugeloberfläche mit dem Radius R_e liegen.

Im Bild 15.3 sind Kegelradverzahnungen mit zunehmendem Achsenwinkel Σ und gleichbleibendem Teilkegelwinkel δ_1 dargestellt. Beim Teilkegelwinkel $\delta_2 = 90^o$ wird aus dem Teilkreis ein Großkreis auf der Kugel und das Kegelrad wird zum Planrad. Das Planrad hat für die Kegelradverzahnung die gleiche Bedeutung, wie die Zahnstange bei den Stirnrädern. Da jeder Normalschnitt durch die Planverzahnung gerade Flanken hat, wird die Verzahnung am Radius R_e als Bezugsprofil benutzt. Üblicherweise wird das gleiche Bezugsprofil wie für Stirnräder verwendet (DIN 867). Beim Null - Rad befindet sich die Profilbezugslinie in der Planradteilebene.

Beim Achsenwinkel $\Sigma = 90^o$ wird:

$$\tan \delta_1 = 1/u \qquad \tan \delta_2 = u \qquad (15.5c)$$

Durch die Verwendung des geradflankigen Bezugsprofiles ergeben sich Kegelräder mit Oktoidenverzahnung, da die vollständige Eingriffslinie auf der Kugeloberfläche eine achtförmige Bahn beschreibt (Bild 15.4). Das Verzahnungsgesetz (Kap. 13) wird nur dann erfüllt, wenn die Wälzkegel mit den Teilkegeln zusammenfallen.

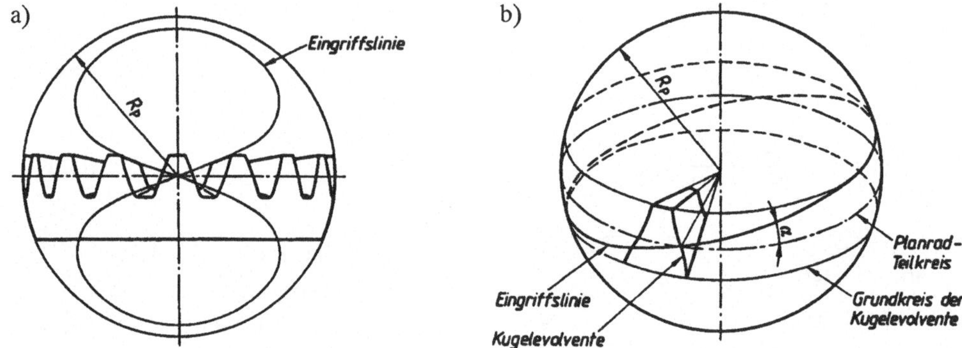

Bild 15.4: Verzahnungen am Planrad /16.4/ a) Oktoidenverzahnung b) Kugelevolvente

Beim Erzeugen von Evolventen auf kegelförmigen Grundkörpern entstehen wegen des konstanten Radius Kugelevolventen. Diese haben als Eingriffslinie einen gegenüber dem Teilkegel des Planrades geneigten Kreis. Die Zähne des Planrades sind im Fußteil konvex und im Kopfteil konkav. Sie können also nur durch Formverfahren hergestellt werden. Die Tangente im Wälzpunkt der Oktoidenverzahnung entspricht der Kugelevolvente. Wegen der begrenzten Zahnhöhe ist der Unterschied zwischen der Oktoide und dem Großkreis nur gering.

Das Bezugsprofil wird bei geradverzahnten Rädern am äußeren Teilkegel und bei schrägverzahnten Rädern im Normalschnitt in der Verzahnungsmitte (R_m) festgelegt. Auch bei Kegelrädern läßt sich Profilverschiebung ausführen. Da sich jedoch die Teilkegel, und damit die Übersetzung, ändern, werden bevorzugt V - Null und Nullgetriebe ausgeführt. Allerdings wird aus fertigungstechnischen Gründen oft eine Zahndicken- bzw. Zahnhöhenänderung vorgenommen /15.5/, d.h. das Bezugsprofil ist dann nicht mehr symmetrisch.

15.2 Bestimmungsgrößen am Kegelrad

Kegelräder werden mit konstanter Zahnhöhe oder sich verjüngender Zahnhöhe ausgeführt (Bild 15.5). Wenn alle Kegelspitzen zusammenfallen, folgt beim Null - Rad mit einem Bezugsprofil nach DIN 867:

$$h_{fe1} = m_{te}\,(1{,}25 + x) \qquad h_{fe2} = m_{te}\,(1{,}25 - x) \tag{15.6}$$

$$h_{ae1} = m_{te}\,(1 + x) = h_{am1} + \frac{b \tan \vartheta_{a1}}{2} \qquad h_{ae2} = m_{te}\,(1 - x) = h_{am2} + \frac{b \tan \vartheta_{a2}}{2} \tag{15.7}$$

$$\tan \vartheta_{ai} = \frac{h_{aei}}{R_e} \qquad i = 1;2 \tag{15.8}$$

$$\tan \vartheta_{fi} = \frac{h_{fei}}{R_e} \qquad i = 1;2 \tag{15.9}$$

$$\delta_{ai} = \delta_i + \vartheta_{ai} \qquad i = 1;2 \tag{15.10}$$

$$\delta_{fi} = \delta_i - \vartheta_{fi} \qquad i = 1;2 \tag{15.11}$$

$$d_{aei} = d_{ei} + 2\,h_{aei}\cos\delta_i \qquad i = 1;2 \tag{15.12}$$

$$d_{fei} = d_{ei} - 2\,h_{fei}\cos\delta_i \qquad i = 1;2 \tag{15.13}$$

Es ergibt sich entlang der Zahnbreite ein veränderliches Kopfspiel.

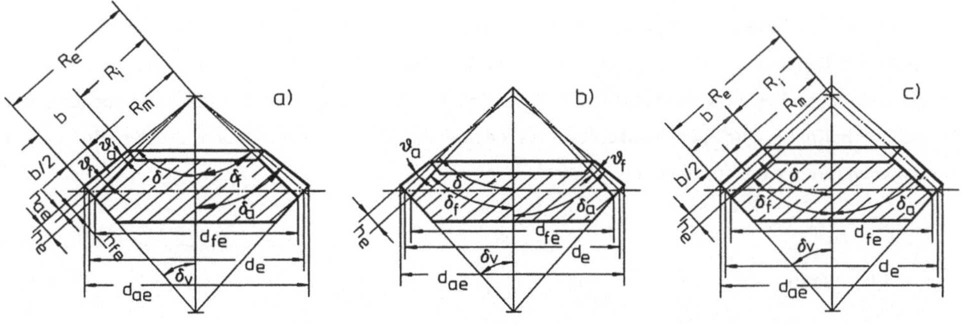

Bild 15.5: Bestimmungsgrößen am Rad   a) veränderliches Kopfspiel   b) konstantes Kopfspiel   c) konstante Zahnhöhe

Soll ein konstantes Kopfspiel vorliegen, so muß die Kopfkegelspitze innerhalb des Teilkegels liegen. Die Fußkegelspitze und die Teilkegelspitze fallen noch zusammen. Es ist dann:

$$\delta_{a1} = \delta_1 + \vartheta_{f2} \qquad \delta_{f1} = \delta_1 - \vartheta_{f1} \tag{15.14a}$$

$$\delta_{a2} = \delta_2 + \vartheta_{f1} \qquad \delta_{f2} = \delta_2 - \vartheta_{f2} \tag{15.14b}$$

In beiden Fällen wird der Stirnmodul am äußeren Teilkreis als Bezugsmodul benutzt (DIN 867).
Räder mit konstanter Zahnhöhe ergeben sich, wenn der Kopfkegelwinkel, der Fußkegelwinkel und der Teilkegelwinkel gleich sind. In diesem Fall wird als Bezugsmodul der Normalmodul am mittleren Durchmesser verwendet.
An schrägverzahnten Rädern wird ebenfalls der Normalmodul in Radmitte als Bezugsmodul benutzt:

$$m_{tm} = m_{nm} \ / \ \cos\beta_m \tag{15.15}$$

$$m_{te} = m_{ne} \ / \ \cos\beta_e \tag{15.16}$$

$$R_m = r_e - 0{,}5\ b \tag{15.17}$$

$$d_{mi} = d_{ei} - b\ \sin\delta_i = m_{nm}\ z_i \ / \ \cos\beta_m \qquad i = 1;2 \tag{15.18}$$

15.3 Geometrische Grenzen, Eingriffsverhältnisse

Als Rückenkegel wird der Kegel bezeichnet, dessen Mantellinien am äußeren Teilkegel R_e senkrecht zum Teilkegel stehen. Da sich eine Kugeloberfläche nicht in eine Ebene abwickeln läßt, wird die Verzahnung auf den Rückenkegel projiziert. Durch Abwicklung des Rückenkegels, bei der alle auf der Mantelfläche liegenden Verzahnungsgrößen (Eingriffswinkel, Teilung, Zahnhöhe) erhalten bleiben, entsteht ein virtuelles Ersatzstirnrad (Bild 15.6). Das Ersatzstirnrad wird für die Untersuchung der Eingriffsverhältnisse und der Flankenform verwendet. Alle virtuellen Größen werden durch den zusätzlichen Index v gekennzeichnet.

$$m_{tv} = m_{tm} \tag{15.19}$$

$$\alpha_{nv} = \alpha_n \tag{15.20}$$

$$\beta_{mv} = \beta_m \tag{15.21}$$

$$\tan \alpha_{tv} = \tan \alpha_{tm} \tag{15.22}$$

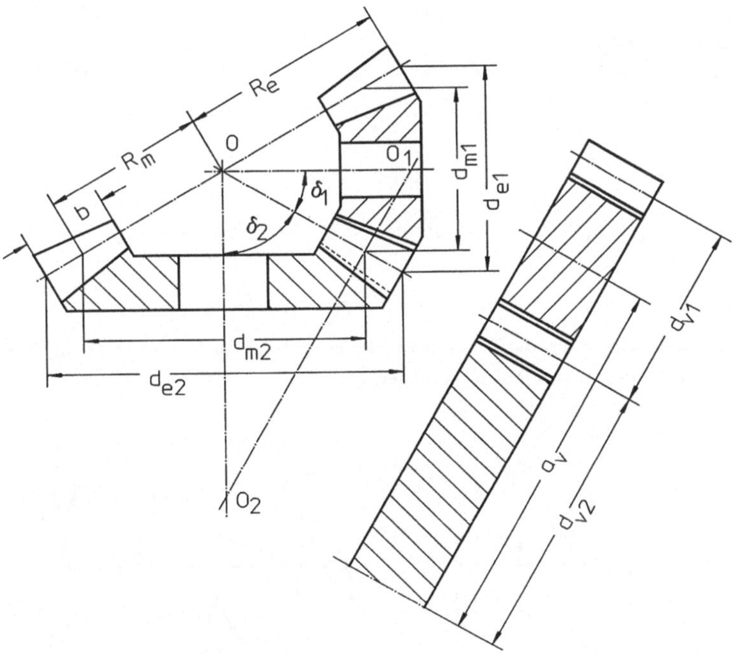

Bild 15.6: Virtuelles Ersatzrad

Die virtuellen Ersatzstirnräder werden auf die Radmitte bezogen (Ergänzungskegel durch R_m), da sie dann auch für die Tragfähigkeitsberechnung benutzt werden können.

$$d_{vi} = \frac{d_{mi}}{\cos \delta_i} \qquad i = 1;2 \tag{15.23}$$

Mit h_{ami} aus Gl. 15.6 wird:

$$d_{avi} = d_{vi} + 2\ h_{ami} \qquad i = 1;2 \tag{15.24}$$

$$d_{bvi} = d_{vi} \cos \alpha_{vt} \qquad i = 1;2 \tag{15.25}$$

$$a_v = 0{,}5\ (d_{v1} + d_{v2}) \tag{15.26}$$

$$z_{vi} = \frac{z_i}{\cos\delta_i} = \frac{d_{vi}\,\pi}{p_t} \tag{15.27}$$

$$u_v = \frac{z_{v2}}{z_{v1}} = \frac{u\,\cos\delta_1}{\cos\delta_2} = \frac{\tan\delta_2}{\tan\delta_1} \tag{15.28}$$

Für $\Sigma = 90^o$ wird:

$u_v = u^2$ $\qquad z_{v1} = z_1\ \sqrt{(u^2 + 1) / u^2}$ $\qquad z_{v2} = u^2\ z_{v1}$

Mit den virtuellen Abmessungen wird dann die Profilüberdeckung nach Gl. 14.42 und 14.43 und die Sprungüberdeckung nach Gl. 14.51 mit $b_{eH} = 0{,}85\ b$ berechnet.

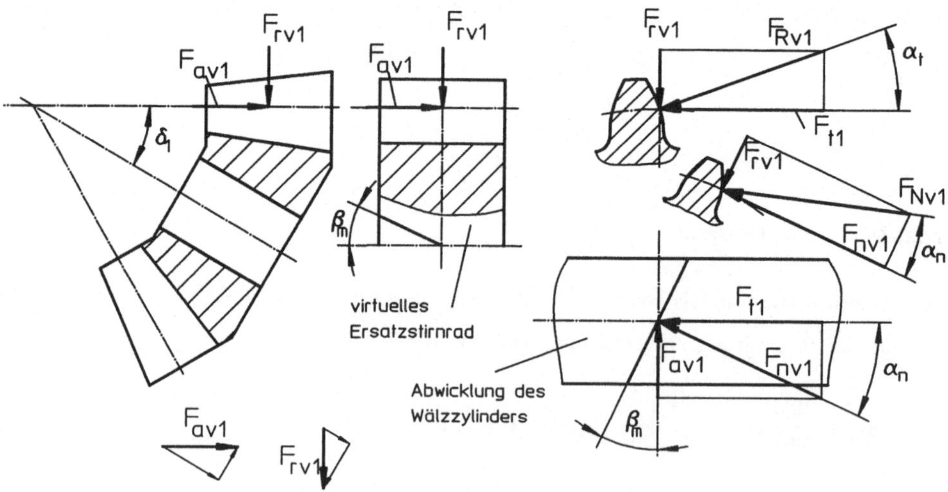

Bild 15.7: Verzahnungskräfte am Ritzel (rechtssteigend, rechtsdrehend)

15.4 Verzahnungskräfte

Zur Ermittlung der Kräfte wird ebenfalls das virtuelle Ersatzstirnrad benutzt. Die Zahnkraft wird wie bei Stirnrädern in Komponenten zerlegt.

Umfangskraft $$F_{t1} = \frac{P}{\omega_1 \, r_{m1}} \tag{15.29}$$

Virtuelle Radialkraft $$F_{rv} = F_{t1} \tan \alpha_t \tag{15.30}$$

Virtuelle Axialkraft $$F_{av} = F_{t1} \tan \beta_m \tag{15.31}$$

Im Bild 15.7 sind die Kräfte für ein rechtssteigendes und rechtsdrehendes Ritzel angegeben. Die virtuellen Kräfte werden nun in ihre radialen und axialen Komponenten zerlegt. Aus der Radgeometrie folgt am treibenden Rad:

Radialkraft $$F_{r1} = \frac{F_{t1}}{\cos \beta_m} \left(\tan \alpha_n \cos \delta_1 - \sin \beta_m \sin \delta_1 \right) \tag{15.32}$$

positive Kraft zeigt zur Radmitte

Axialkraft $$F_{a1} = \frac{F_{t1}}{\cos \beta_m} \left(\tan \alpha_n \sin \delta_1 + \sin \beta_m \cos \delta_1 \right) \tag{15.33}$$

positive Kraft zeigt zum äußeren Teilkegel

Falls die Steigungsrichtung und der Drehsinn nicht übereinstimmen (rechtssteigend, linksdrehend), ändert sich in der Klammer der Gl. 15.32 bzw. 15.33 jeweils das Vorzeichen des zweiten Terms. Es ist aus Gl. 15.33 zu erkennen, daß dann die Axialkraft kleiner wird. Daher sollte möglichst die Steigungsrichtung und die Drehrichtung gleich sein. Die Axialkraft drückt die Flanken auseinander und es entsteht ein Flankenspiel. Bei ungleicher Richtung wird eventuell das Ritzel in das Rad hineingezogen und die Verzahnung neigt zum Klemmen. Falls das Getriebe mit wechselndem Drehsinn betrieben wird, liegt bei einer Drehrichtung der ungünstige Fall vor.

15.5 Vordimensionierung

Die Vordimensionierung wird analog zu den Stirnrädern für den mittleren Raddurchmesser durchgeführt. Da die Verzahnung stärker zum Kantentragen und Klemmen neigt, wird folgende Zahnbreite empfohlen:

$$b < 0{,}3\,R_m = 0{,}15\; d_m \sqrt{u^2 + 1} \tag{15.34}$$

Rad und Ritzel werden mit gleicher Breite ausgeführt.
Somit läßt sich die Flankentragfähigkeit nach Gl. 14.68 für $\Sigma = 90^o$ umstellen zu:

$$d_m > \sqrt[3]{\left[\frac{Z_E\; Z_H}{\sigma_{HC}}\right]^2 \frac{2\; T\; K_A}{0{,}15\; u}} \tag{15.35}$$

Der Anhaltswert für den Modul wird wie bei Stirnrädern bestimmt (Gl. 14.75). Dabei sind folgende Empfehlungen zu beachten:

* $b \,/\, m_{et} < 10$
* $m_n \approx 0{,}1\,b$

Da durch die Übersetzung die Teilkegelwinkel festliegen, ist nur noch die Zähnezahl zu wählen. Anhaltswerte hierfür enthält die Tabelle 1 im Anhang O. Bei aufgesetztem Ritzel sollte mindestens eine Nabenstärke von $2\; m_n$ vorhanden sein.

15.6 Tragfähigkeitsnachweis nach DIN 3991

Der Tragfähigkeitsnachweis für Kegelräder wird analog zum Nachweis für Stirnräder ausgeführt. Es wird mit den geometrischen Größen des Ersatzstirnrades gerechnet.

15.6.1 Einflußfaktoren

Dynamikfaktor K_V:

$$K_V = 1 + \left[\frac{K_1 K_2}{K_A \; F_t / b_{eH}} + K_3 \right] 0{,}01 \; z_1 \; v_m \sqrt{u^2 / (1 + u^2)} \tag{15.36}$$

K_1 ,K_2, K_3 = f(Qalität) (Anhang O Tabelle 2)

v_m Umfangsgeschwindigkeit in Radmitte in m/s

Breitenfaktoren:

$$K_{H\beta} = K_{F\beta} = 1{,}5 \, K_{H\beta \, be} \tag{15.37}$$

	Lagerung der Räder		
	beide Räder beidseitig gelagert	ein Rad fliegend ein Rad beidseitig	beide fliegend
$K_{H\beta \, be}$ (Industriegetriebe)	1,1	1,25	1,5

Stirnfaktoren:

Es werden die Beziehungen für Stirnräder (Gl. 14.86, 14.87) mit der Gesamtüberdeckung am virtuellen Rad benutzt. Die dort angegebenen Grenzwerte gelten ebenfalls für Kegelräder.

15.6.2 Berechnung der Flankentragfähigkeit

Bestimmt wird die Flankenpressung im Wälzpunkt. Dabei werden die Bestimmungsgrößen am virtuellen Rad verwendet.

$$\sigma_{H0} = Z_E \; Z_H \; Z_\varepsilon \; Z_\beta \sqrt{\frac{F_{tm}}{d_{m1} \; b_{eH}} \sqrt{\frac{u^2 + 1}{u^2}}} \tag{15.38}$$

$b_{eH} = 0{,}85 \; b$

$$\sigma_H = Z_B\ \sigma_{H0} \sqrt{K_A\ K_V\ K_{H\beta}\ K_{H\alpha}} < \sigma_{HP} \tag{15.39}$$

$$Z_H = 2 \sqrt{\frac{\cos \beta_{bv}}{\sin (2\ \alpha_{tv})}} \tag{15.40}$$

Z_B	Ritzel Eingriffsfaktor	(Gl. 14.93)	
Z_H	Zonenfaktor		
Z_E	Elastizitätsfaktor	(Gl. 14.92)	
Z_β	Schrägenfaktor	(Gl. 14.95	mit $\beta = \beta_m$)
Z_ε	Überdeckungsfaktor	(Gl. 14.94)	
Z_L	Schmierstoffaktor	(Anhang N Tabelle 5)	
Z_x	Größenfaktor	(Anhang N Tabelle 5)	

$$\sigma_{HP} = \frac{\sigma_{H\,lim}\ Z_L\ Z_x}{S_H} = \frac{\sigma_{HG}}{S_H} \tag{15.41}$$

15.6.3 Berechnung der Fußtragfähigkeit

$$\sigma_{F0} = \frac{F_{tm}}{b_{eF}\ m_{nm}}\ Y_{FS}\ Y_\varepsilon\ Y_\beta \tag{15.42}$$

$$\sigma_F = \sigma_{F0}\ K_A\ K_V\ K_{F\beta}\ K_{F\alpha} < \sigma_{FP} \tag{15.43}$$

$$\sigma_{FP} = \frac{\sigma_{FE}}{S_{Fu}}\ Y_{R\,rel\,T}\ Y_x = \frac{\sigma_{FG}}{S_{Fu}} \tag{15.44}$$

Y_{FS}	Kopffaktor	(Anhang O Bild 1)	
Y_ε	Überdeckungsfaktor	$Y_\varepsilon = 0{,}25 + 0{,}75 / \varepsilon_{\alpha nv}$	(15.45)
Y_β	Schrägungsfaktor	(Gl. 14.99)	
$Y_{R\,rel\,T}$	relative Oberflächenziffer	(Anhang N Tabelle 5)	
Y_x	Größenfaktor	(Anhang N Tabelle 5)	

16 Schraubwälzgetriebe

Getriebe mit sich kreuzenden Wellen erfordern Schraubwälzgetriebe. Bei diesem Getriebetyp schrauben die Verzahnungen der Räder gegeneinander. Durch das Schrauben entsteht eine zusätzliche Relativbewegung entlang der Zahnflanken. Die Grundkörper dieser Getriebe sind Drehungshyperboloide mit geraden Flankenlinien (Drehung einer windschiefen Geraden um die Drehachse). Wegen der schwierigen Herstellung werden die Grundkörper im mittleren Bereich durch Zylinder oder im äußeren Bereich durch Kegel (Bild 16.1) ersetzt.

Somit entstehen Stirnschraubräder bzw. Kegelschraubräder (Hypoidräder). Im folgenden werden nur die Stirnschraubräder und die Schneckenräder behandelt.

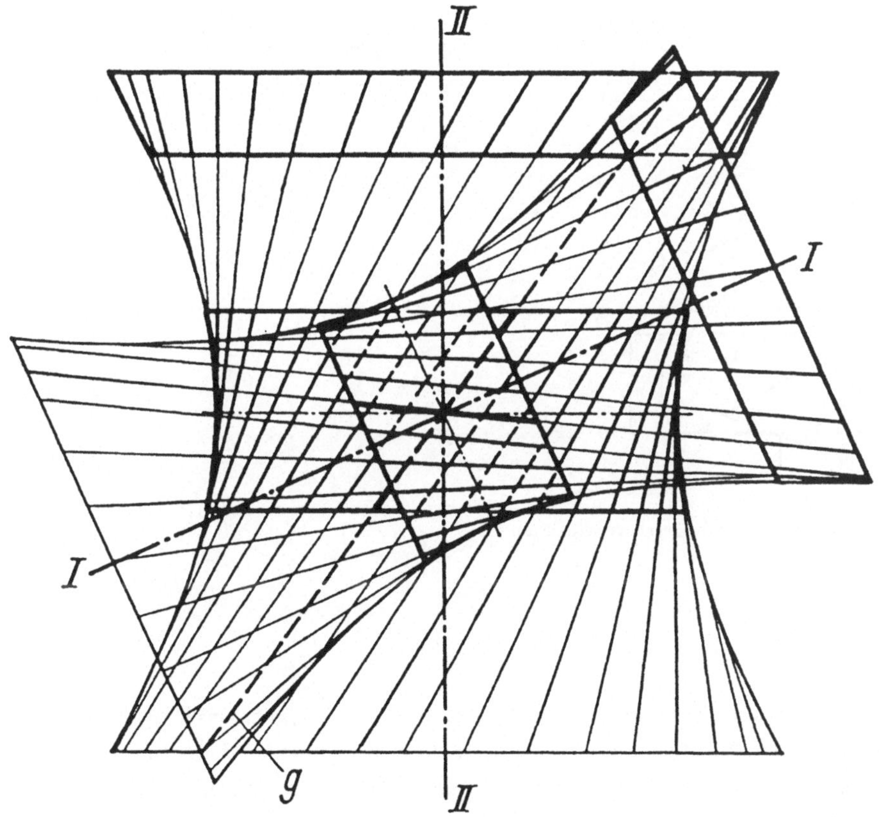

Bild 16.1: Rotationshyperboloid mit Ersatzgeometrien /16.4/

16.1 Schraubradgetriebe

16.1.1 Bestimmungsgrößen

Als Schraubräder werden normale, schrägverzahnte Stirnräder verwendet. Die Radachsen kreuzen sich unter dem Achsenwinkel Σ. Meist wird $\Sigma = 90^{o}$ ausgeführt. Beide Räder haben die gleiche Schrägungsrichtung, falls der Achsenwinkel größer als der Schrägungswinkel des getriebenen Rades ist.

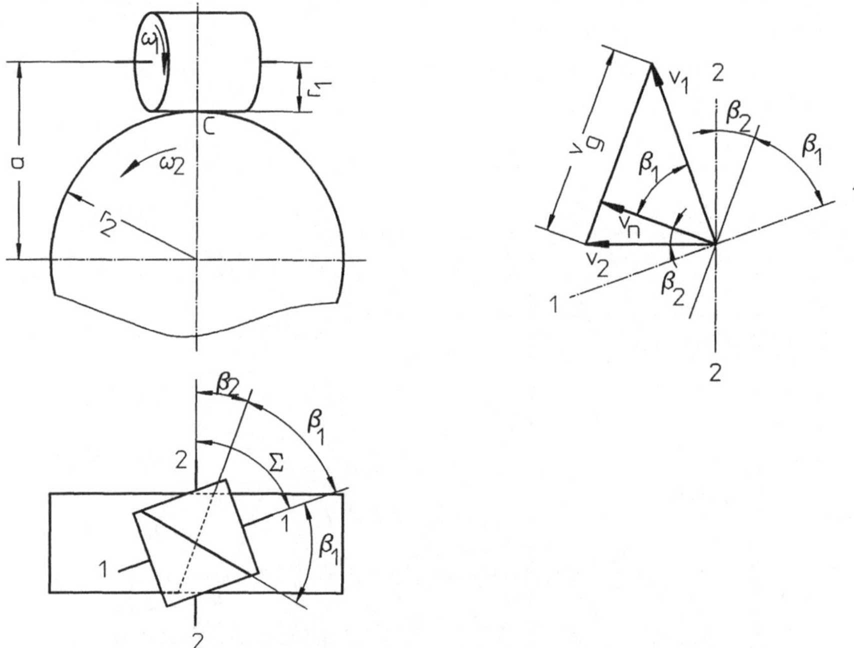

Bild 16.2: Schraubradpaar mit Geschwindigkeiten

$$\Sigma = \beta_1 + \beta_2 \tag{16.1}$$

Die Räder berühren sich punktförmig (Schraubpunkt S) in der Tangentialebene (Bild 16.2). Der Schraubpunkt S ist der Schnittpunkt der Schraubachse (Momentanachse) mit der Kreuzungslinie der Radmitten. Im Normalschnitt durch den Schraubpunkt müssen beide Räder die gleiche Teilung und den gleichen Eingriffswinkel haben. Wegen der unterschiedlichen Schrägungswinkel läßt sich die Übersetzung des Radpaares nicht durch die Teilkreise beschreiben.

$$d_i = \frac{m_n\, z_i}{\cos \beta_i} \qquad i = 1;2 \tag{16.2}$$

$$u = \frac{z_2}{z_1} = \frac{d_2\, m_{t1}}{d_1\, m_{t2}} = \frac{d_2 \cos \beta_2}{d_1 \cos \beta_1} \tag{16.3}$$

$$a = \frac{m_n}{2} \left[\frac{z_1}{\cos \beta_1} + \frac{z_2}{\cos \beta_2} \right] \tag{16.4}$$

Für $\Sigma = 90^o$ folgt mit $\cos \beta_2 = \sin \beta_1$

$$u = \frac{d_2 \tan \beta_1}{d_1} \tag{16.5}$$

$$a = \frac{m_n}{2} \left[\frac{z_1}{\cos \beta_1} + \frac{z_2}{\sin \beta_1} \right] \tag{16.6}$$

Werden Schraubräder mit Profilverschiebung benutzt, so sind in die bisherigen Beziehungen die Betriebswälzzylinder und die Schrägungswinkel auf den Wälzkreisen einzusetzen.

16.1.2 Eingriffsverhältnisse

Im Bild 16.2 sind ebenfalls die Geschwindigkeiten in der Tangentialebene angegeben. Am Schraubpunkt S ergeben sich die Umfangsgeschwindigkeit $v_1 = r_1\, \omega_1$ und $v_2 = r_2\, \omega_2$. Da sich die Zahnflanken berühren, müssen die Normalkomponenten der Umfangsgeschwindigkeiten gleich sein.

$$v_n = v_1 \cos \beta_1 = v_2 \cos \beta_2$$

$$\frac{v_1}{v_2} = \frac{\cos \beta_2}{\cos \beta_1} \tag{16.7}$$

In Richtung der Zahnflanke (Schraubachse) ergibt sich die relative Gleitgeschwindigkeit v_g.

$$v_g = v_1 \sin \beta_1 = v_2 \sin \beta_2$$

Mit Hilfe des Sinussatzes ergibt sich:

$$v_g = v_1 \frac{\sin \Sigma}{\cos \beta_2} = v_2 \frac{\sin \Sigma}{\cos \beta_1} \tag{16.8}$$

Für $\Sigma = 90^o$ wird:

$$v_g = \frac{v_1}{\cos \beta_2} = \frac{v_2}{\cos \beta_1} \tag{16.9}$$

Beim Eingriff entlang der Eingriffslinie treten immer zwei Gleitanteile auf. Im Gegensatz zu Stirnrädern tritt auch im Schraubpunkt S Längsgleiten auf.

Wegen der punktförmigen Berührung erfolgt der Zahneingriff nur im Normalschnitt der Verzahnung. Die Profilüberdeckung wird wie bei schrägverzahnten Stirnrädern mit den Ersatzzähnezahlen z_n bestimmt. Die theoretisch notwendige Radbreite ergibt sich aus der Projektion der Eingriffsstrecke in die Tangentialebene. Üblicherweise werden die Räder aber mit $b = 10\ m_n$ ausgeführt.

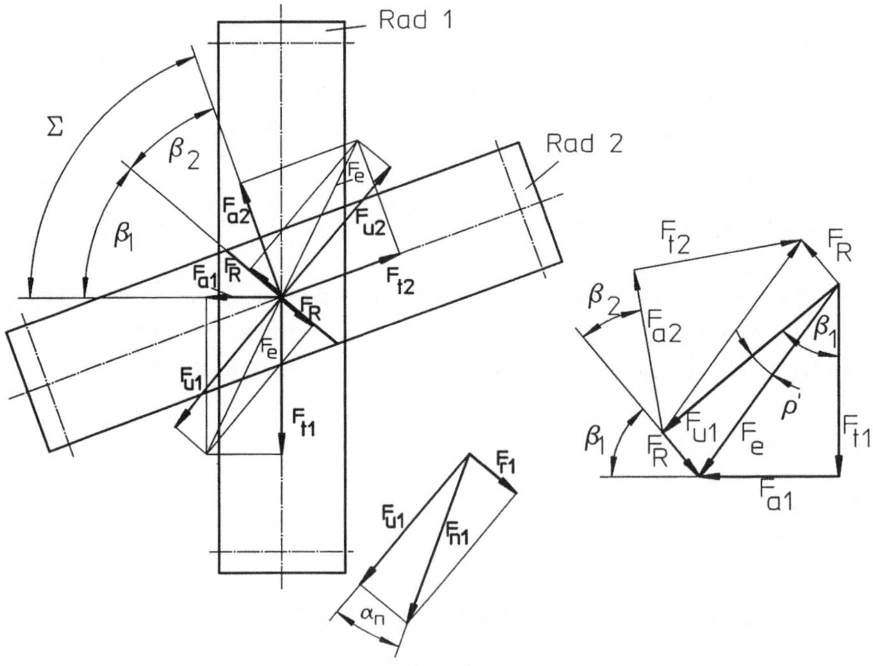

Bild 16.3: Kräfte am Radpaar

16.1.3 Verzahnungskräfte und Wirkungsgrad

Wegen des Gleitanteiles entlang der Flankenlinien muß die Reibungskraft auf der Zahnflanke mit berücksichtigt werden. Wie bei schrägverzahnten Rädern wird die auf der Flanke angreifende Kraft in die Radialkraft F_r und die Umfangskraft F_u zerlegt (Bild 16.3). Zusammen mit der Reibungskraft $F_R = \mu \ F_N$ ergibt sich die resultierende Kraft (F_e). Diese wird dann in die Tangential- (F_t) und Axialkraft (F_a) zerlegt. Wie bei den Stirnrädern werden alle Kräfte durch die Tangentialkraft am Ritzel beschrieben.

$$F_{t1} = \frac{2\ T_1}{d_1} \tag{16.10}$$

$$F_{a1} = F_{t1} \tan\ (\beta_1 - \rho') \tag{16.11}$$

$$F_{r1} = F_{t1} \frac{\tan \alpha_n \ \cos \rho'}{\cos\ (\beta_1 - \rho')} \tag{16.12}$$

$$F_{t2} = F_{t1} \frac{\cos\ (\beta_2 + \rho')}{\cos\ (\beta_1 - \rho')} \tag{16.13}$$

$$F_{a2} = F_{t2} \tan\ (\beta_2 + \rho') = F_{t1} \frac{\sin\ (\beta_2 + \rho')}{\cos\ (\beta_1 - \rho')} \tag{16.14}$$

$$F_{r2} = F_{r1}$$

$$\tan \rho' = \tan \rho \ / \ \cos \alpha_n = \mu \ / \ \cos \alpha_n = \mu'$$

Durch die Reibung an den Zahnflanken wird die aufgebrachte Leistung auf der Antriebsseite nicht vollständig zur Abtriebsseite übertragen. Der Wirkungsgrad der Verzahnung ergibt sich somit zu:

$$\eta_s = \frac{P_2}{P_1} = \frac{F_{t2}\ v_2}{F_{t1}\ v_1} \tag{16.15}$$

Einsetzen von Gl. 16.13 und 16.7 liefert:

$$\eta_s = \frac{\cos \beta_1 \cos\ (\beta_2 + \rho')}{\cos \beta_2 \cos\ (\beta_1 - \rho')} = \frac{1 - \mu' \ \tan \beta_2}{1 + \mu' \ \tan \beta_1} \tag{16.16}$$

Für $\Sigma = 90^o$ wird:

$$\eta_s = \frac{\tan(\beta_1 - \rho')}{\tan\beta_1}) = \frac{\tan\beta_2}{\tan(\beta_2 + \rho')} \tag{16.17}$$

Der größte Wirkungsgrad ergibt sich für $\rho' = \beta_1 - \beta_2$. Damit wird der günstigste Schrägungswinkel:

$$\beta_1 = \frac{\Sigma + \rho'}{2} \qquad \text{bzw.} \qquad \beta_2 = \frac{\Sigma - \rho'}{2} \tag{16.18}$$

16.1.4 Tragfähigkeitsberechnung

Wegen der Punktberührung der Zahnflanken wird die Tragfähigkeit durch die Flankentragfähigkeit bestimmt. Für zwei Walzen, die unter einem Winkel φ aufeinander gepreßt werden, folgt:

$$\tan\varphi_1 = \tan\beta_1 \sin\alpha_n \tag{16.19a}$$

$$\tan\varphi_2 = \tan\beta_2 \sin\alpha_n \tag{16.19b}$$

$$\varphi = \varphi_1 + \varphi_2 \tag{16.19c}$$

$$\sigma_H = \frac{Z_{\varepsilon S}}{\eta\,\xi} \sqrt[3]{\frac{3\,F_n\,E^2\,K_A}{8\,\pi^3\,\rho^2\,(1-\nu^2)^2}} < \frac{\sigma_{HV}\,Z_G}{S_{HS}} \tag{16.20}$$

Für Nullgetriebe bzw. V - Null - Getriebe wird mit $F_n = F_t \,/\, \cos\alpha_n \cos\beta_1$ und

$$1/\rho = \frac{u+1}{u}\,\frac{2}{d_1}\,\frac{\sin\alpha_n}{\sin^2\alpha_t}$$

$$\rho_1 = \frac{r_1 \sin^2\alpha_t}{\sin\alpha_n} \qquad\qquad \rho_2 = \frac{r_2 \sin^2\alpha_t}{\sin\alpha_n}$$

$$\sigma_H = \frac{Z_{ES}\,Z_{HS}\,Z_{\varepsilon S}}{\eta\,\xi} \sqrt[3]{\frac{F_t\,K_A}{d_1^2}\left(\frac{u+1}{u}\right)^2} \tag{16.21}$$

K_A Anwendungsfaktor siehe Kap. 14.4.1

$$Z_{ES} = \sqrt[3]{\frac{3}{2\,\pi^3 \left[\frac{1}{2}\left[\frac{1-\nu_1^2}{E_1} + \frac{1-\nu_2^2}{E_2}\right]\right]^2}} \tag{16.22}$$

$$Z_{HS} = \sqrt[3]{\frac{\sin\alpha_n \, \tan\alpha_n}{\cos\beta_1 \, \sin^4\alpha_t}} \tag{16.23}$$

$$Z_{\varepsilon S} = \sqrt{1 / \varepsilon_\alpha} \tag{16.24}$$

ε_α	Prfilüberdeckung	nach Gl. 14.43 mit z_n
S_{HS}	Sicherheitsfaktor	1 ... 1,1
σ_{HV}	zulässige Spannung	(Anhang P Tabelle 1)

$$Z_G = \sqrt[3]{4 / (2 + v_g)} \tag{16.25}$$

v_g	Gleitgeschwindigkeit	(Gl. 16.9)

Die Achsen der Druckellipse (η , ξ) lassen sich mit Hilfe des Hertzschen Hilfswinkels ϑ /16.1/ bestimmen.

$$\cos\vartheta = \rho \sqrt{\frac{1}{\rho_1^2} + \frac{1}{\rho_2^2} + \frac{2\cos 2\varphi}{\rho_1\,\rho_2}} \tag{16.26}$$

ϑ	0°	10°	15°	20°	25°	30°	35°	40°
ξ	∞	6,64	4,81	3,83	3,17	2,72	2,40	2,14
η	0	0,31	0,37	0,41	0,45	0,49	0,53	0,57

16.2 Schneckengetriebe

Bei einem Schneckengetriebe kreuzen sich die Wellen (Kreuzungswinkel $\Sigma = 90^o$) mit großem Achsabstand a. Die Räder werden mit Schnecke und Schneckenrad bezeichnet. Im Gegensatz zu den Stirnradschraubgetrieben berühren sich die Räder entlang einer Linie. Üblicherweise hat die Schnecke einen kleineren Durchmesser als das Schneckenrad. Schnecke und Schneckenrad werden zylindrisch oder globoidförmig ausgeführt. Daraus resultieren als Bauformen das Zylinderschnecken-, Globoidschnecken- und Stirnradschneckengetriebe (Bild 16.4). Da beim Zylinderschneckengetriebe nur das Schneckenrad genau in die Mittelebene einstellbar sein muß, und die Herstellung einfach ist, werden bevorzugt Zylinderschneckengetriebe eingesetzt. Durch die bessere Anschmiegung der Flanken lassen sich mit Globoidschneckengetrieben höhere Leistungen übertragen. Allerdings ist eine genaue Einstellung der Schnecke und des Rades erforderlich und die Herstellung der Räder aufwendiger.

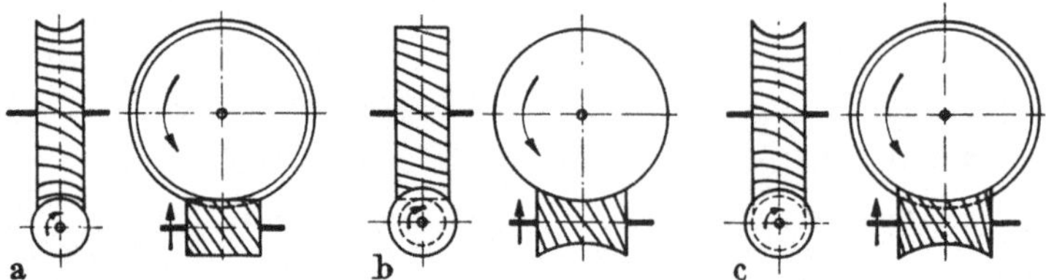

Bild 16.4: Getriebebauformen /16.4/ a) Zylinderschneckengetriebe b) Stirnradschneckengetriebe c) Globoidschneckengetriebe

Auf der Schnecke sind wenige Zähne bzw. ein Zahn unter gleichbleibender Steigung um die Schneckenachse gewunden. Wie bei den Schrauben wird zwischen rechtssteigenden und linkssteigenden Schnecken unterschieden. Es kommen überwiegend rechtssteigende Schnecken zum Einsatz. Übersetzungsverhältnisse bis $u \approx 100$ lassen sich bei Übersetzung ins Langsame mit einer Stufe erreichen. Dabei ist auch Selbsthemmung möglich, d.h. das Getriebe kann nicht über das Schneckenrad angetrieben werden (Hebezeugbau). Die Gleitbewegung der Flanken ermöglicht einen geräuscharmen Betrieb des Getriebes. Nachteilig ist die größere Verlustleistung der Getriebe, der stärkere Verschleiß der Flanken und der gegenüber Stirnradgetrieben niedrigere Wirkungsgrad.

16.2.1 Flankenformen

Aus der Anstellung und Form des Werkzeuges ergeben sich an Zylinderschnecken verschiedene Flankenformen. Es werden bei der Herstellung Werkzeuge mit geraden Flanken bevorzugt.

ZA - Schnecke:

Im Axialschnitt der Schnecke ergibt sich ein geradflankiges Trapezprofil. Dieses entsteht durch Anstellen einer trapezförmigen Werkzeugschneide im Axialschnitt (Bild 16.5).

ZN - Schnecke:

Hier liegt das trapezförmige Zahnprofil im Normalschnitt. Dazu wird eine Werkzeugschneide um den Schwenkwinkel γ_m angestellt oder näherungsweise ein Fingerfräser bzw. Scheibenfräser mit geraden Flanken eingesetzt.

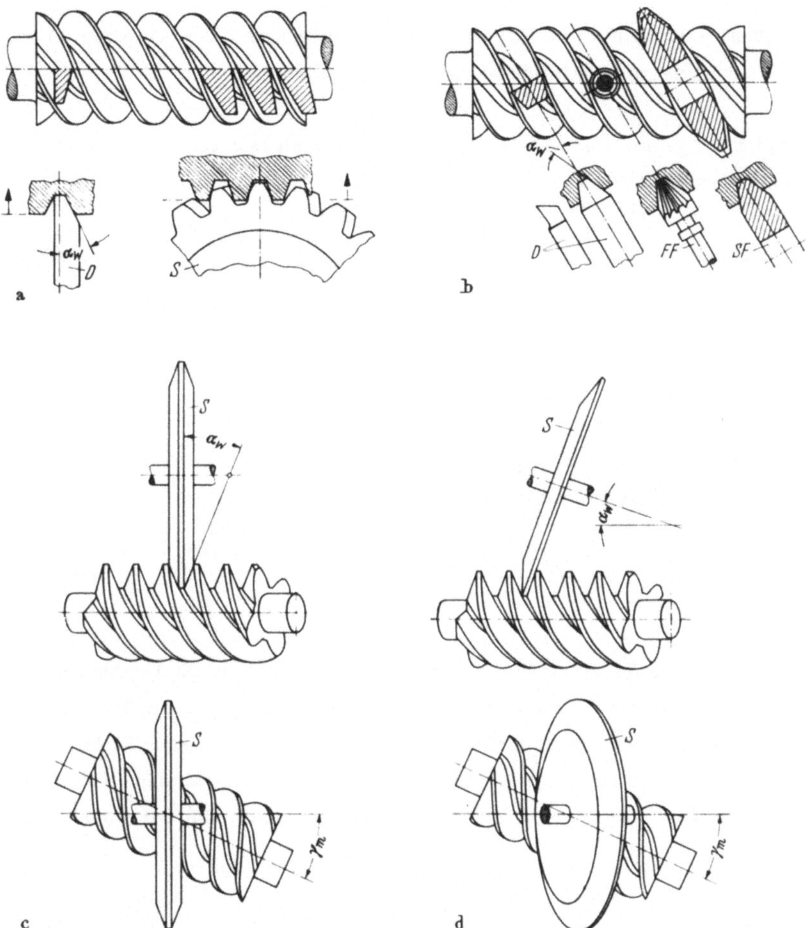

Bild 16.5: Herstellung der verschiedenen Flankenformen /16.6/

ZI - Schnecke:

Die Zahnflanken sind Teile von Evolventenschraubflächen, d.h. im Stirnschnitt ergeben sich Evolventen. Diese Form entspricht einem schrägverzahnten Stirnrad mit großem Schrägungswinkel. Zur Erzeugung werden geradflankige Werkzeuge benutzt, die in zwei Ebenen (Winkel γ_m bzw. α_0) gegenüber der Schneckenachse geneigt werden (Bild 16.5).

ZK - Schnecke:

Die Zahnflanken berühren einen Doppelkegel, dessen Achse sich mit der Schneckenachse um dem Winkel γ_m kreuzt. Zur Herstellung werden doppelkegelförmige Werkzeuge benutzt, die um γ_m geschwenkt werden. Mit wachsendem Werkzeugdurchmesser nähert sich die Flankenform K der Flankenform I an. Bei kleinem Werkzeugdurchmesser geht die Flankenform K in die Flankenform N über.

ZH - Schnecke:

Die Zahnflanken sind konkav geformt. Sie werden durch Fingerfräser mit balligem Profil erzeugt, der wie bei der ZK - Schnecke angestellt wird.

Bei allen Schnecken entspricht die Zähnezahl der Schnecke der Anzahl der geschnittenen Zähne im Stirnschnitt.

16.2.2 Bestimmungsgrößen am Radsatz

Bei einer Drehbewegung der Schnecke wird die Verzahnung auf der Schnecke axial verschoben und das Schneckenrad entsprechend der Übersetzung mitgenommen.

$$u = \frac{n_1}{n_2} = \frac{z_2}{z_1} \tag{16.27}$$

Der Mittenschnitt des Schneckenrades entspricht dem Axialschnitt der Schnecke. Die Verzahnung der Schnecke gleicht im Axialschnitt einer Zahnstange. Da die Axialteilung an jedem Durchmesser der Schnecke gleich ist, gibt es keinen Teilkreiszylinder bzw. Teilkreisdurchmesser. Als Bezugsfläche für die Verzahnung wird der Mittenzylinder der Schnecke verwendet. Als Axialteilung wird der Abstand von zwei aufeinander folgenden Zahnflanken bezeichnet. Alle axialen Größen werden durch den Index x gekennzeichnet.

$$p_x = m_x \, \pi = p_{z1} \; / \; z_1 \tag{16.28}$$

p_{z1} Steigungshöhe der Schnecke

Der Axialmodul der Schnecke entspricht dem Stirnmodul des Schneckenrades, falls der übliche Achsenwinkel von $\Sigma = 90^o$ vorliegt.

Wie bei den Schrauben wird aus der Teilung und dem Mitteldurchmesser d_m der Steigungswinkel bestimmt.

$$\tan \gamma_m = \frac{p_{z1}}{d_{m1} \, \pi} = \frac{m_x \, z_1}{d_{m1}} = \frac{z_1}{q} \tag{16.29}$$

Als Steigungswinkel γ_m wird der spitze Winkel zwischen der Zahnflanke und einem Stirnschnitt bezeichnet. Zur Beschreibung der Schneckengestalt wird die Formzahl q benutzt, die sich nach Gl. 16.29

ergibt zu:

$$q = d_{m1} / m_x \tag{16.30}$$

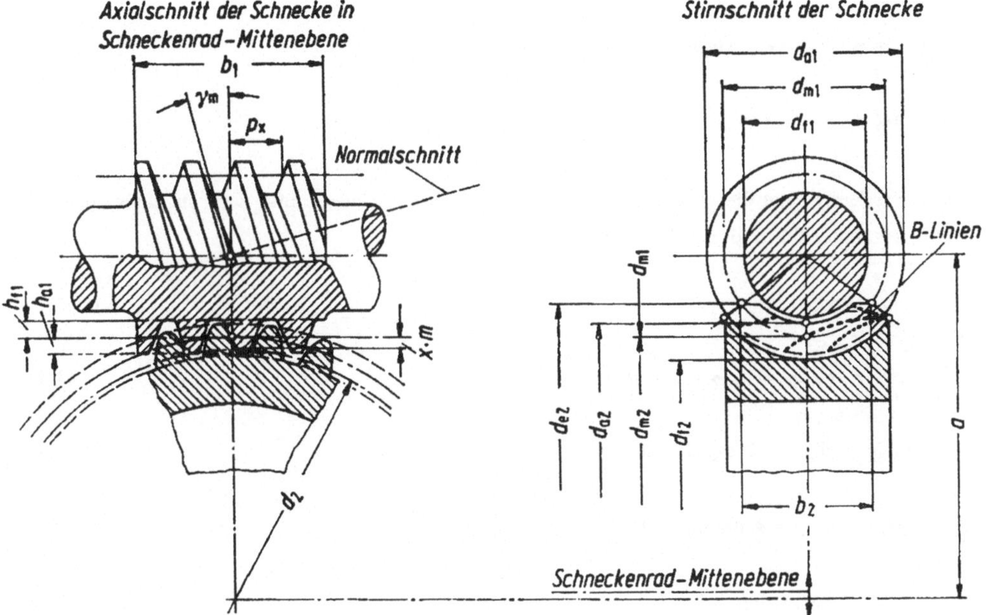

Bild 16.6: Schnitt durch den Radsatz

Kleine Formzahlen ergeben große Steigungswinkel, aber dünne biegeweiche Schnecken.
Aus Herstellungsgründen (geringe Werkzeugzahl) sind in DIN 3976 für Mittendurchmesser und Zähnezahlen Vorzugswerte aufgeführt (Anhang P Tabelle 2). Aus Bild 16.6 folgen für das übliche Bezugsprofil nach DIN 867 als Beziehungen an der Schnecke:

$$h_{a1} = m_x \qquad h_{f1} = 1{,}2\, m_x \tag{16.31}$$

$$m_n = m_x \cos \gamma_m \tag{16.32}$$

$$d_{a1} = d_{m1} + 2\, h_{a1} \tag{16.33}$$

$$d_{f1} = d_{m1} - 2\, h_{f1} \tag{16.34}$$

Für ZI - Schnecken ergibt sich analog zu schrägverzahnten Stirnrädern (Kap. 14.1.2):

$$d_{b1} = \frac{d_{m1} \tan \gamma_m}{\tan \gamma_b} = \frac{m_x \, z_1}{\tan \gamma_b} \qquad (16.35)$$

$$\cos \gamma_b = \cos \gamma_m \, \cos \alpha_0 \qquad (\alpha_0 = 20^\circ) \qquad (16.36)$$

$$p_b = m \, \pi \, \cos \gamma_b \qquad (16.37)$$

Das Schneckenrad hat die gleiche Steigungsrichtung wie die Schnecke und wird ebenfalls analog zu schrägverzahnten Stirnrädern behandelt.

$$m_t = m_x \qquad (16.38)$$

$$d_2 = m_t \, z_2 = d_{m2} - 2 \, x \, m_n \qquad (16.39)$$

$$d_{a2} = d_{m2} + 2 \, m_n \, (1 + x) \qquad (16.40)$$

$$d_{f2} = d_{m2} - 2 \, m_n \, (1{,}2 - x) \qquad (16.41)$$

$$d_{e2} \approx d_{a2} + m_n \qquad (16.42)$$

$$a = \frac{d_{m1} + d_{m2}}{2} + x \, m_n = \frac{m_n}{2} \, (q + z_2 + 2 \, x) \qquad (16.43)$$

Die Profilverschiebung $x \; m_n$ ist der radiale Abstand zwischen dem Mitteldurchmesser der Schnecke und dem Teilkreis des Schneckenrades. Profilverschiebung zur Erzeugung eines genormten Achsabstandes wird nur am Schneckenrad benutzt. Zu bevorzugende Achsabstände sind ebenfalls in DIN 3976 enthalten.

Die Zahnbreite der Schnecke sollte nach DIN 3975 so groß sein, daß alle Berührpunkte zum Tragen kommen.

$$b_1 > \sqrt{d_{a2}^2 - d_2^2} \approx 2 \, m_n \sqrt{z_2 + 1} \qquad (16.44)$$

Für das Rad wird gewählt:

$$b_2 \approx 2\,m_n\,(0{,}5 + \sqrt{q+1}) \qquad (16.45)$$

16.2.3 Verzahnungskräfte und Wirkungsgrad

Die Verzahnungskräfte sind wegen der nicht zu vernachlässigenden Reibung von der Dreh- und der Steigungsrichtung der Schnecke sowie vom Kraftfluß (Antrieb über Rad bzw.. Schnecke) abhängig. Im Bild 16.7 sind die Kräfte für eine rechtssteigende, rechtsdrehende Schnecke dargestellt. Das Getriebe wird über die Schnecke angetrieben.

Wie bei den Schraubradgetrieben wird die Normalkraft F_N in eine radiale Komponente (F_r) und eine tangentiale Komponente im Normalschnitt (F_{tn}) zerlegt. Zusammen mit der Reibungskraft F_R ergibt sich in der Tangentialebene die resultierende Kraft F_e. Diese wird dann in die Tangential- (F_t) und eine Axialkraft (F_a) zerlegt.

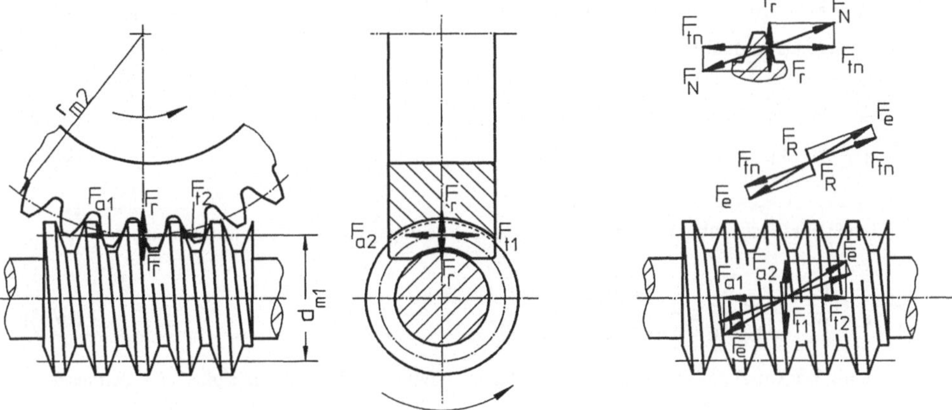

Bild 16.7: Verzahnungskräfte am Schneckenradsatz

$$F_{t1} = \frac{2\ T_1}{d_{m1}} = \frac{2\ T_2}{u\ \eta\ d_{m1}} \tag{16.46}$$

$$F_{a1} = \frac{F_{t1}}{\tan\ (\gamma_m + \rho')} \tag{16.47}$$

$$F_{r1} = Fr2 = F_{t1} \frac{\tan \alpha_n\ \cos \rho'}{\sin (\gamma_m + \rho')} = F_{t2} \frac{\tan \alpha_n\ \cos \rho'}{\cos (\gamma_m + \rho')} \tag{16.48}$$

$$F_{t2} = F_{a1} \tag{16.49}$$

$$F_{a2} = F_{t1} \tag{16.50}$$

$$\frac{F_t}{F_a} = \frac{F_{t1}}{F_{t2}} = \tan (\gamma_m + \rho')\ ) \tag{16.51}$$

Im Berührpunkt C ergeben sich die Umfangsgeschwindigkeiten v_1 bzw. $v_2 = v_1 \tan \gamma_m$. Die übertragenen Leistungen sind damit:

$$P_2 = F_{t2}\ v_2 \tag{16.52a}$$

$$P_1 = F_{t1}\ v_1 \tag{16.52b}$$

Wie bei den Stirnradschraubgetrieben ergibt sich der Wirkungsgrad der Verzahnung zu:

$$\eta_s = \frac{P_2}{P_1} = \frac{F_{t2}\ v_2}{F_{t1}\ v_1} = \frac{\tan\ \gamma_m}{\tan\ (\gamma_m + \rho')} \tag{16.53}$$

Der maximale Wirkungsgrad wird bei großen Steigungswinkeln, d.h. mit mehrgängigen Schnecken, erreicht.

Bei treibendem Schneckenrad ändert die Reibungskraft ihre Richtung. Daher ändert sich ebenfalls die Tangential- bzw. Axialkraft und der Wirkungsgrad.

$$F_{t2} = \frac{2\ T_2}{d_{m2}} \tag{16.54}$$

$$F_{a2} = F_{t2}\ \tan\ (\gamma_m - \rho') \tag{16.55}$$

Analog zu den Schrauben tritt Selbsthemmung auf, wenn $\gamma_m < \rho'$ ist. In diesem Fall liegt der Wirkungsgrad der Verzahnung unter 50 % .

$$\eta_S = \frac{\tan(\gamma_m - \rho')}{\tan \gamma_m} \tag{16.56}$$

Die Lagerkräfte ergeben sich aus der Anordnung der Schnecke und der Drehrichtung. Im Bild 16.8 sind für rechtssteigende Schnecken die Verzahnungskräfte an der Schnecke angegeben.

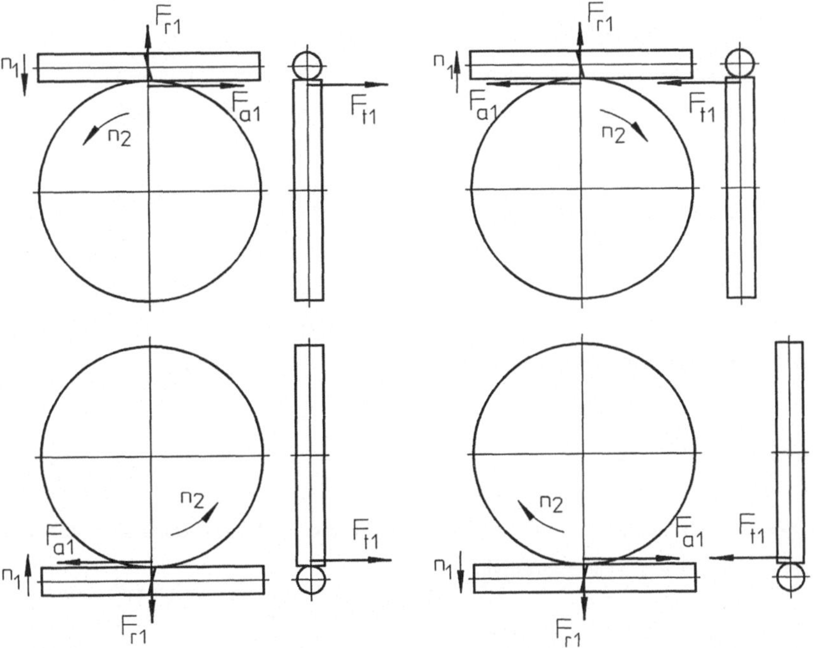

Bild 16.8: Kräfte an der Schnecke bei verschiedener Schneckenanordnung und Drehrichtung

16.2.4 Vordimensionierung

Bei gegebenem Achsabstand und gegebener Übersetzung wird eine Vorauswahl nach DIN 3976 durchgeführt. Soll ein bestimmter Wirkungsgrad erreicht werden, so läßt sich die benötigte Formzahl der Schnecke durch Umstellung von Gl. 16.53 bestimmen.

$$q = \frac{z_1}{\eta \tan(\gamma_m + \rho')} \tag{16.57}$$

Bei gegebener Abtriebsleistung wird der Achsabstand aus der Flankentragfähigkeit ermittelt.

$$a \approx 15 \sqrt[3]{\left(\frac{Z_E}{\sigma_{Hlim}}\right)^2 T_2 K_A S_H^2 \left(\frac{n_2}{8} + 1\right)^{1/4}} \tag{16.58}$$

S_H	Sollsicherheitsfaktor	1,1 ... 1,5
Z_E	Elastizitätsfaktor (Gl. 16.63)	(Anhang P Tabelle 3)
σ_{Hlim}	Flankenfestigkeit	(Anhang P Tabelle 3)

16.2.5 Tragfähigkeitsberechnung

Wie bei allen Getriebearten ist die Zahnfuß- und die Zahnflankentragfähigkeit nachzuweisen. Wegen der großen Relativbewegung und der hohen Axialkraft an der Schnecke ist zusätzlich die Erwärmung und die Durchbiegung der Schneckenwelle zu kontrollieren.

16.2.5.1 Zahnfußtragfähigkeit

Abweichend von der Berechnung an Stirn- und Kegelrädern wird statt der Biegespannung am Zahnfuß eine normierte Spannung am Schneckenrad ermittelt.

$$\sigma = \frac{F_{t2} K_A}{m_t b_2} < \frac{\sigma_{FE}}{S_F} \tag{16.59}$$

σ_{FE}	zulässige Spannung	(Anhang P Tabelle 3)
S_F	Sollsicherheit	1,3 ... 1,5
K_A	Anwendungsfaktor	(Kap. 14.4.1)

16.2.5.2 Flankentragfähigkeit

Die Zahnflanken des Getriebes können durch Verschleiß oder Grübchenbildung (Pittings) geschädigt werden. Wegen der fast immer vorliegenden Mischreibung ist besonders die Zahnflanke des Schneckenrades (geringere Härte) gefährdet. Es wird mit der mittleren Hertzschen Flächenpressung im Wälzpunkt gerechnet. Wie beim Stirnrad gilt:

$$\sigma_H = Z_E\, Z_\rho \sqrt{\frac{K_A\, T_2}{a^3}} < \sigma_{HP} \qquad (16.60)$$

$$\sigma_{HP} = \frac{\sigma_{H\,lim}\, Z_h}{S_H} \qquad (16.61)$$

Z_E Elastizitätsfaktor
Z_ρ Krümmungsfaktor
Z_h Lebensdauerfaktor

$$Z_h = \left(\frac{25000}{L_h}\right)^{1/6} \qquad (16.62)$$

L_h Lebensdauer in h

Bei Kurzzeitbetrieb ist als Lebensdauer die Betriebszeit einzusetzen.

$$Z_E = \sqrt{\frac{1}{\pi\left(\frac{1-\nu_1^2}{E_1} + \frac{1-\nu_2^2}{E_2}\right)}} \qquad (16.63)$$

$$Z_\rho = 2{,}05 \left(\frac{d_{m1}}{a}\right)^{-0{,}34} \qquad (16.64)$$

Die Erwärmung des Getriebes ist nur bei großen Z_h - Werten zu kontrollieren. Mittlere Wärmeübergangszahlen sind in /16.2/ angegeben.

16.2.5.3 Schneckenwellendurchbiegung

Die Schneckenwelle wird durch die auftretende Tangential- und Radialkraft elastisch verformt. Besonders die Verformung durch die Radialkraft führt zu Störungen des Zahneingriffes. Da zur Erzielung eines guten Wirkungsgrades ein kleiner Schneckendurchmesser (d_{m1}) günstig ist, muß die Lagerung der Schnecke konstruktiv mit einem kleinen Abstand ausgeführt werden. Bei der üblichen symmetrischen

Lagerung ergibt sich als Durchbiegung:

$$\delta_m = \sqrt{\delta_r^2 + \delta_t^2} = \frac{L^3}{48\ E\,I}\sqrt{F_{rm}^2 + F_{tm}^2} < \delta_{lim} \qquad (16.65)$$

Das Flächenträgheitsmoment wird mit dem mittleren Schneckendurchmesser berechnet. Für gehärtete und geschliffene Schnecken ergibt sich als Grenzwert für die Durchbiegung:

$$\delta_{lim} = (0{,}01 \ \ldots \ 0{,}02) * m_x$$

Bei guter Einlauffähigkeit sind die oberen Werte zulässig.

16.2.6 Gestaltungshinweise

Schnecke: Üblich sind gehärtete Schnecken mit Rechtssteigung (Vollschnecke). Nur bei Tauchschmierung sollte die Schnecke möglichst unten angeordnet werden. Bei Einspritzschmierung sind alle Lagen (oben, unten, seitlich) möglich.

Schneckenrad: Am häufigsten wird das Schneckenrad als Zahnkranz und Nabe (GG bzw. Schweißkonstruktion) ausgeführt. Der Zahnkranz wird dann mittels Paßschrauben mit dem Radkörper verbunden. Wegen der geringen zulässigen Flächenpressung unter den Schraubenköpfen sind gehärtete Scheiben notwendig.
Aufgeschrumpfte Zahnkränze werden erst nach dem Fügen fertigverzahnt, da sich durch das Aufschrumpfen die Zahnform verändern kann.

Gehäuse: Die Form wird durch die Lage der Schnecke bestimmt. Besonders im Bereich der Schnecke ist das Gehäuse wegen der notwendigen Wärmeabfuhr gut zu verrippen. Eventuell ist am freien Schneckenende ein zusätzlicher Lüfter notwendig (Bild 16.9). Kleine Getriebe haben keine Gehäuseteilung. Größere werden am einfachsten in der Radachsenebene geteilt. Auf die notwendige Einstellung des Schneckenrades bzw. Schnecke und Schneckenrades ist zu achten (Paßscheiben unter Deckel).

Lagerung: An der Schneckenwelle werden meistens Schrägkugellager oder Kegelrollenlager eingesetzt. Nur große Schnecken haben ein getrenntes Axiallager. Das Schneckenrad wird symmetrisch in Rillenkugellagern oder Kegelrollenlagern gelagert. Gegen den möglichen Schneckenradabrieb sind die Lager nach innen durch Spaltdichtungen zu schützen.

a)

b)

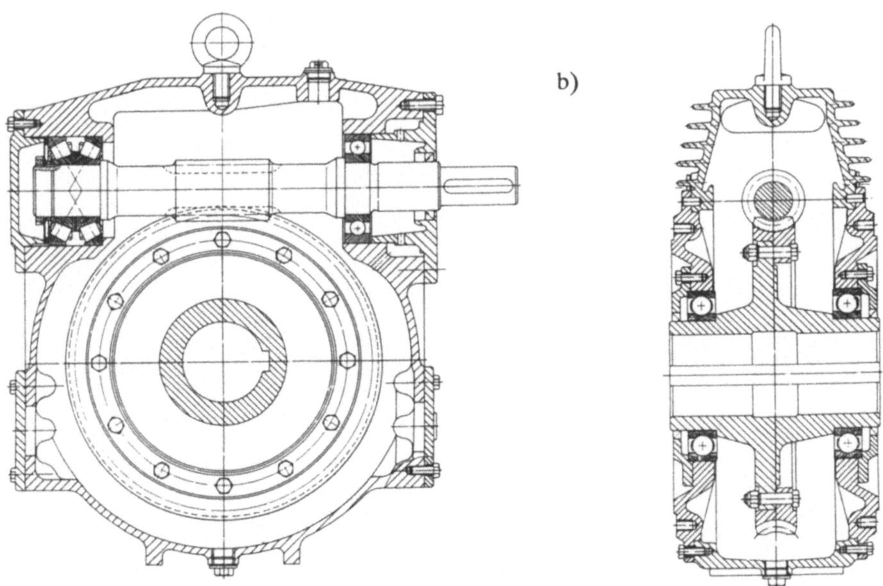

Bild 16.9: Beispiele ausgeführter Getriebe

a) Flender, Bocholt

b) Thyssen Industrie Henschel, Kassel

17 ZUGMITTELGETRIEBE

Durch Zugmittelgetriebe lassen sich Bewegungen zwischen zwei oder mehreren Rädern übertragen. Das eingesetzte Zwischenelement (Zugmittel) kann nur Zugkräfte aufnehmen. Da sich die Räder nicht berühren müssen, läßt sich ein großer Achsabstand in einer Stufe überbrücken. Die Übertragung der Umfangskraft von den Rädern auf das Zugmittel kann kraftschlüssig oder formschlüssig erfolgen.

Kraftschlüssig arbeitende Getriebe benötigen eine Vorspannkraft zur Übertragung der Umfangskraft und laufen immer mit geringem Schlupf. Allerdings ergibt sich durch das elastische Zugmittel eine große Laufruhe und ein kurzzeitiger Überlastschutz (Rutschen).

Formschlüssig arbeitende Getriebe sind unempfindlich bei rauhen Betriebszuständen. Sie erfordern meist parallele, genau ausgerichtete Wellen und haben Übersetzungsschwankungen (Ketten).

Kraftschlüssige Getriebe	Flachriemen
	Keilriemen
Formschlüssige Getriebe	Ketten
	Zahnriemen

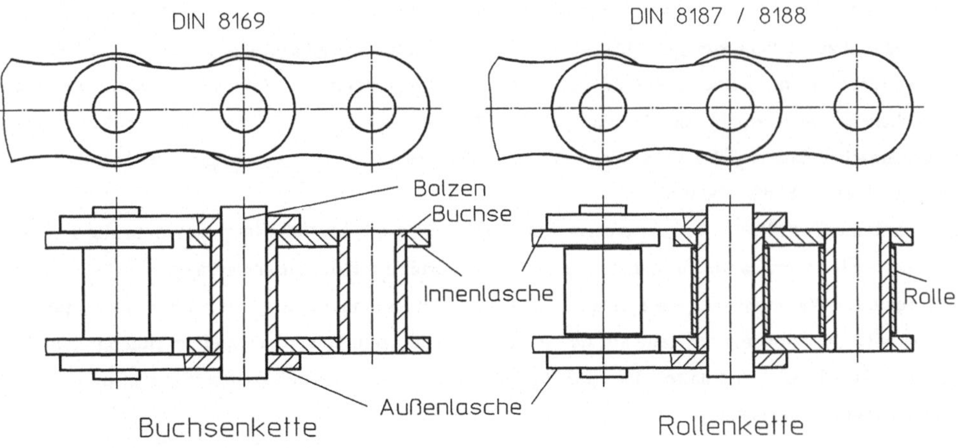

Bild 17.1: Bauformen von Antriebsketten

17.1 Kettengetriebe

Der wesentliche Vorteil eines Kettengetriebes ist die schlupffreie Übertragung ohne Vorspannung (Lagerkräfte) bei großem Achsabstand. Gut geschmierte Ketten können auch bei ungünstigen Betriebsbedingungen (Feuchtigkeit, Schmutz, hohe Umgebungstemperatur) eingesetzt werden. Die Anwendungsgrenzen ergeben sich aus der zu übertragenden Leistung, den Übersetzungsschwankungen und dem Verschleiß an der Kette bzw. den Kettenrädern. Zur Aufnahme des Kettengewichtes und aus Verschleißgründen werden bevorzugt waagerechte Wellen eingesetzt, die gut ausgerichtet sein müssen.

17.1.1 Bauformen

Die im Hebezeugbau eingesetzten Lastketten werden hier nicht behandelt. Bei den Getriebeketten ist eine Einteilung nach dem Aufbau der Kette üblich.

Bolzenkette (Gallkette) DIN 8150: Diese einfachste Kette wird nur bei geringen Kettengeschwindigkeiten ($v < 0{,}5$ m/s) eingesetzt. Sie besteht aus Außen-, Innenlaschen und Bolzen. Die Außenlaschen sind auf dem Bolzen so vernietet, daß die Laschen eine Schwenkbewegung ausführen können. Durch die hohe Flächenpressung am Gelenk ergibt sich ein großer Verschleiß.
Buchsenkette DIN 8164: Hier sind die Innenlaschen auf Buchsen befestigt. Die Außenlaschen sind fest mit dem Bolzen vernietet (Bild 17.1). Durch die verbesserte Abstützung am Bolzen sind größere Schwenkbewegungen und höhere Kettengeschwindigkeiten möglich. Buchsenketten werden bis zu Kettengeschwindigkeiten von 10 m/s eingesetzt.
Rollenkette DIN 8187: Die Laschen sind wie bei den Buchsenketten befestigt. Auf der Buchse befindet sich zusätzliche eine gehärtete Rolle (Bild 17.1). Dadurch ergibt sich beim Einlauf der Kette auf das Kettenrad kein Gleitverschleiß an der Kette. Allerdings steigt das Gewicht der Kette durch die zusätzlichen Rollen an. Neben der europäischen Bauart nach DIN 8187 werden auch Rollenketten amerikanischer Bauart (DIN 8188) eingesetzt. Zur Übertragung großer Leistungen werden bei beiden Bauarten Mehrfachketten benutzt.
Zahnketten DIN 8190: Bei diesem Kettentyp erfolgt die Kraftübertragung durch die Laschen. Jede Lasche hat zwei Zähne mit geraden Flanken. Die Verbindung der Laschen erfolgt über Gelenke aus Buchsen oder Wiegegelenke (Wälzgelenk). Durch zwei seitliche oder eine mittlere Führungslasche ohne Zähne wird die Führung der Kette auf den Rädern erreicht. Zahnketten haben einen ruhigen Lauf und günstige Verschleißeigenschaften. Sie sind für große Umfangsgeschwindigkeiten geeignet und werden als Steuerketten eingesetzt.

Falls keine Wellenverschiebung möglich ist, muß die Kette durch Endlaschen nach dem Auflegen verbunden werden. Damit nicht die ungünstigen gekröpften Endlaschen benötigt werden, sollten Ketten mit geraden Laschen (Rollenketten, Buchsenketten) eine gerade Gliederzahl haben. Gekröpfte Endlaschen verringern die Tragfähigkeit um ~ 20 %.

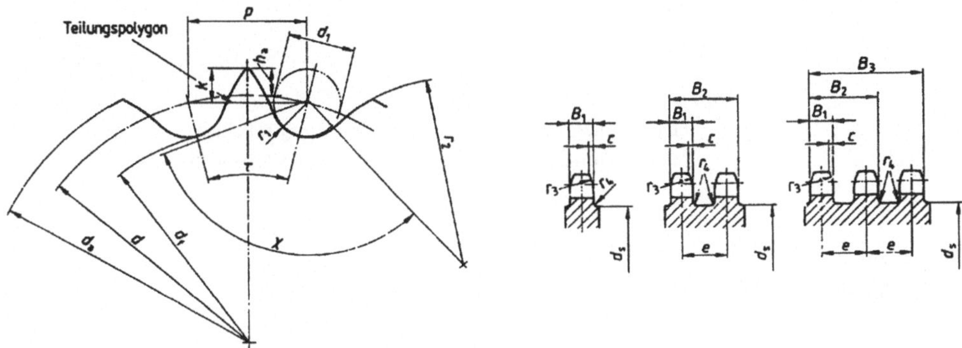

Bild 17.2: Abmessungen am Kettenrad (Rollenketten)

17.1.2 Kettenradgeometrie

Die Geometrie des Rades ist auf den verwendeten Kettentyp abzustimmen. Für Rollenketten und Buchsenketten wird die gleiche Verzahnungsgeometrie am Rad verwendet. Die Verzahnung der Räder muß so ausgebildet werden, daß die Kette ungehindert aus- bzw. einlaufen kann. Da sich die Kette im Betrieb längt, muß der Zahnfußradius entsprechend angepaßt werden. Im Bild 17.2 ist die genormte Zahnform für Rollenketten dargestellt (DIN 8196).

Der Teilungswinkel am Rad ist:

$$\tau = \frac{360^{\circ}}{z} \tag{17.1}$$

Da die Kettenteilung ebenfalls als Sehne Teilung des Rades ist, folgt:

$$d = \frac{p}{\sin(\tau/2)} \tag{17.2}$$

$$d_f = d - d_1 \qquad (17.3)$$

Die weiteren Abmessungen sind in DIN 8196 festgelegt.

$$d_{a\,max} = d + 1{,}25\ p - d_1 \qquad (17.4)$$
$$d_{a\,min} = d + p\,(1 - 1{,}6\,/\,z) - d_1$$

$$d_s = p\ \cot(\tau\,/2) - 1{,}05\ g - 2\,r_4 - 1 \qquad (17.5)$$

g	Laschenhöhe der Kette	(Anhang Q Tabelle 2)
r_4	Fußrundungsradius	(Anhang Q Tabelle 2)

$$r_{1\,max} = 0{,}505\ d_1 + 0{,}069\ \sqrt[3]{d_1} \qquad (17.6)$$
$$r_{1\,min} = 0{,}505\,d_1$$

$$r_{2\,max} = 0{,}008\ d_1\,(z^2 + 180) \qquad (17.7)$$
$$r_{2\,min} = 0{,}12\,d_1\,(z + 2)$$

Die Zahnbreite wird in Abhängigkeit von der Kettenteilung festgelegt.

	$p \leq 12{,}7$ mm	$p > 12{,}7$ mm
Einfachkette	$0{,}93\ b_1$	$0{,}95\ b_1$
Mehrfachkette	$0{,}91\ b_1$	$0{,}93\ b_1$

Die Form der Räder wird von der Stückzahl und der zu übertragenden Leistung bestimmt. Bei großen Stückzahlen werden Schmiede- oder Gußkonstruktionen (GS) eingesetzt, bei kleinen Stückzahlen werden die Räder geschweißt.

17.1.3 Kinematik, Kräfte

Da die Kette die Kettenräder in Form eines Vieleckes umschlingt, muß sich bei Drehung des Rades der wirksame Durchmesser periodisch ändern (Bild 17.3) .

$$d_{max} = d \qquad (17.8)$$
$$d_{min} = d\ \cos(\tau\ /\ 2)$$

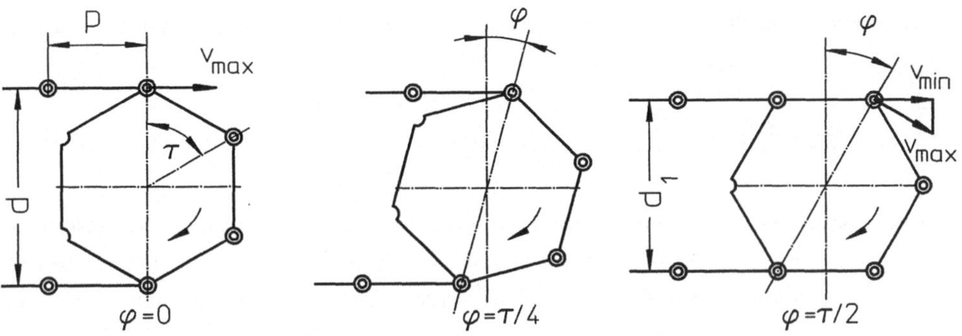

Bild 17.3: Polygoneffekt am Kettentrieb

Daraus resultiert eine ebenfalls periodische Schwankung der Kettengeschwindigkeit.

$$v_{max} = v \tag{17.9}$$

$$v_{min} = v \cos(\tau / 2)$$

Da der Geschwindigkeitsunterschied vom Teilungswinkel abhängt, haben Räder mit kleinen Zähnezahlen (großes τ) eine größere Schwankung der Kettengeschwindigkeit.

$$\delta_v = \frac{(v_{max} - v_{min})\ 100}{v_{max}} = [1 - \cos(\tau / 2)]\ 100 \quad \text{in } \% \tag{17.10}$$

Für $z = 16$ beträgt die Ungleichförmigkeit $\approx 2\ \%$ und für $z = 20 \approx 1\ \%$. Durch die Schwankung der Kettengeschwindigkeit können auch Schwingungen im Antrieb angeregt werden.
Um einen möglichst gleichmäßigen Lauf zu erreichen, muß die Zähnezahl des Ritzels entsprechend groß gewählt werden. In Abhängigkeit von der Zähnezahl werden folgende Werte verwendet.

$v \leq 4$ m/s	$z_1 = 11 \ldots 13$
$v \leq 7$ m/s	$z_1 = 14 \ldots 16$
$v \leq 24$ m/s	$z_1 = 17 \ldots 25$

Aus Verschleißgründen sollten immer ungerade Zähnezahlen benutzt werden. Bei Rollenketten sind zu bevorzugen:

z_1	17	19	21	23	25
z_2	38	57	76	95	114

Die rechnerische Zugkraft in der Kette wird mit dem Nenndurchmesser des Rades aus der Leistung bestimmt.

$$F_t = \frac{P}{\omega\ r} = \frac{2\ P}{\omega\ d} \tag{17.11}$$

Zur Leistungsübertragung ist nur die Zugkraft im Lasttrum erforderlich. Bei höheren Drehzahlen oder großem Achsabstand sind Zusatzkräfte aus der Fliehkraft und dem Eigengewicht der Kette zu berücksichtigen. Die auftretende Lagerbelastung durch das Eigengewicht läßt sich einfach durch Stützrollen oder Gleitschienen (Aufwand) verringern.

17.1.4 Auslegung von Kettentrieben

Die Berechnung und Auswahl von Kettentrieben ist für Rollenketten nach DIN 8187 und Kettenräder nach DIN 8196 in DIN 8195 angegeben. Es wird dort eine statische Berechnung mit Wichtungsfaktoren durchgeführt. Zur Berechnung müssen die Leistung, die Eingangsdrehzahl und die Betriebsbedingungen bekannt sein. Es wird empfohlen, mindestens einen Umschlingungswinkel von 120° am Ritzel einzuhalten und als Achsabstand a das 30 - 50 fache der Kettenteilung auszuführen (Bild 17.4).

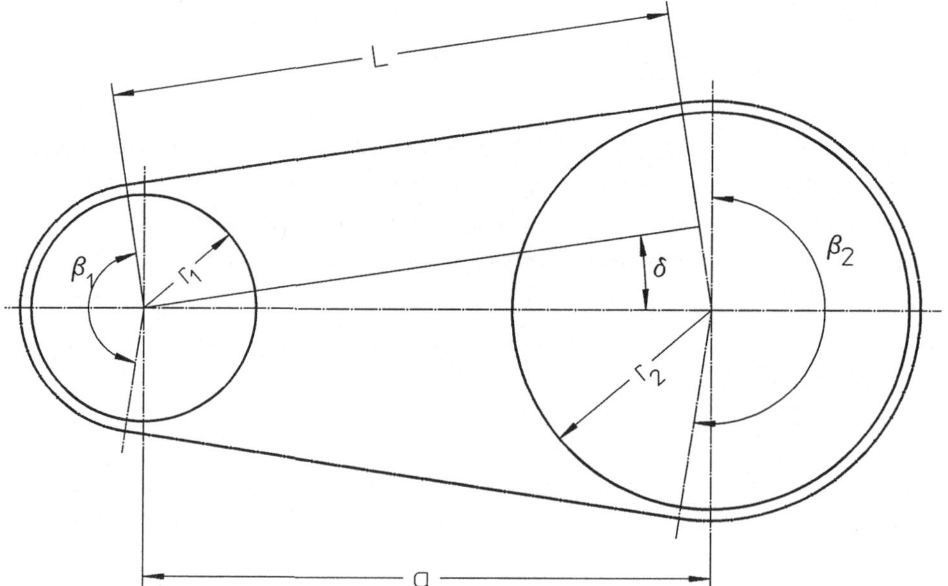

Bild 17.4: Geometrie am offenen Kettengetriebe

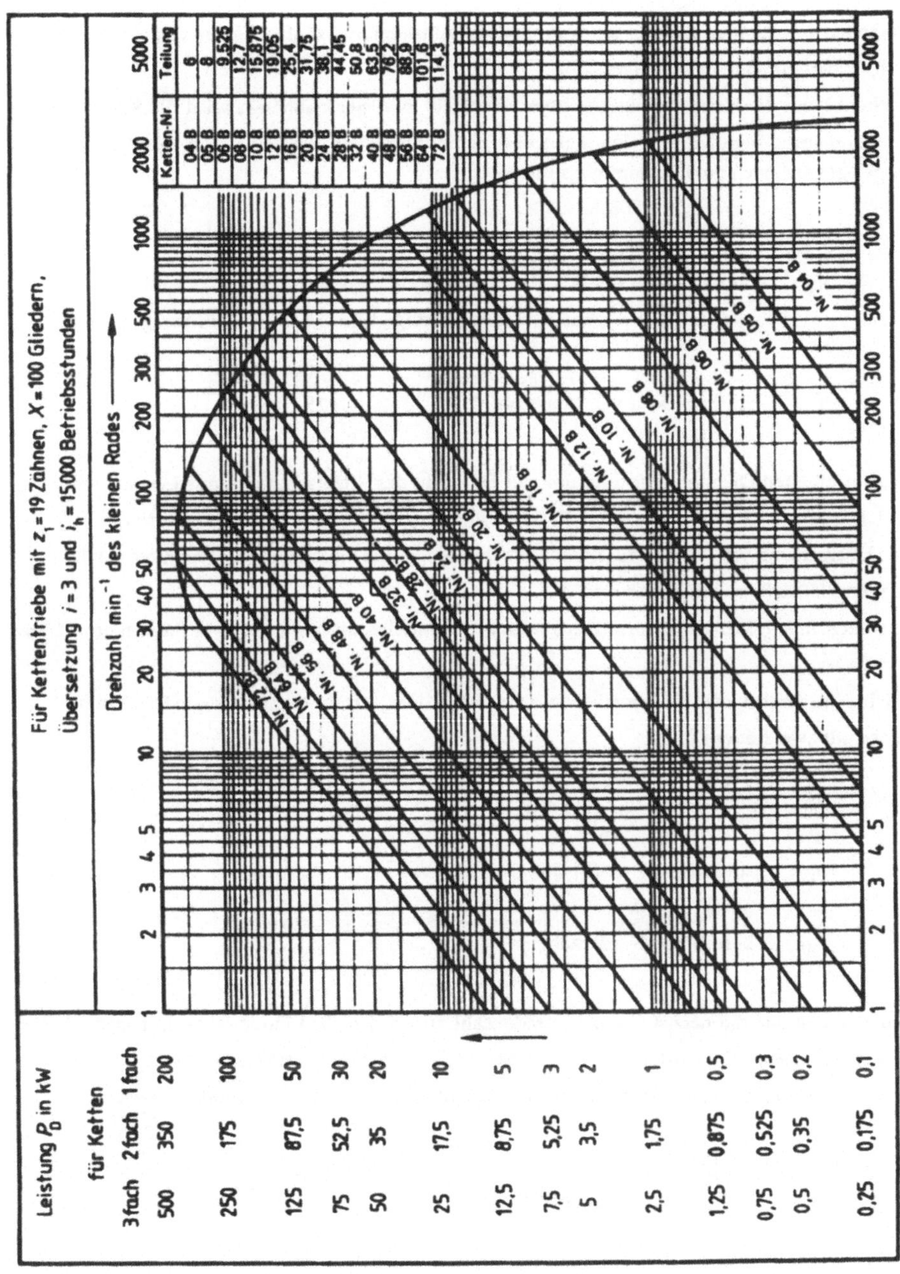

Bild 17.5: Leistungsdiagramm für Rollenketten europäischer Bauart (DIN 8187)

Mehrfachketten mit kleiner Teilung sind dynamisch günstiger als Einfachketten mit großer Teilung (Geräusch, Schwingungen, Drehzahlgrenze).
Da die Lebensdauer der Kette vorwiegend vom Verschleiß im Gelenk abhängt, wird die Kettenzugkraft zur Dimensionierung benutzt. Schwingungen und Betriebsverhalten werden durch Zusatzfaktoren erfaßt. Ausgelegt wird nach der Diagrammleistung P_D.

$$P_D = P\ f_1\ f_2 \tag{17.12}$$

f_1 Einflußfaktor der Betriebsbedingungen

gleichmäßig $f_1 = 1$ ungleichförmig $f_1 = 1{,}5$ stoßförmig $f_1 = 2$

f_2 Einflußfaktor der Zähnezahl $f_2 = (19 / z_1)^{1{,}085}$

Aus der so ermittelten Diagrammleistung und der Drehzahl des Ritzels läßt sich aus Leistungsdiagrammen (Bild 17.5) der Kettentyp auswählen. Die Leistungsdiagramme gelten für eine Kette mit 100 Gliedern, eine Übersetzung von 3:1 und ausreichende Schmierung. Bei diesen Daten werden bei maximal 3 % Kettenlängung 15000 Betriebsstunden erreicht.
Kleinere Kettenlängen, kleinere Übersetzungen und Kettentriebe mit mehr als zwei Rädern erniedrigen die Lebensdauer.
Danach wird für den ungefähr vorgegebenen Achsabstand die Anzahl der Kettenglieder bestimmt. Für ein Getriebe mit zwei Rädern folgt:

$$X_0 \approx 2\frac{a_0}{p} + \frac{z_1 + z_2}{2} + \left[\frac{z_2 - z_1}{2\ p}\right]^2 \frac{p}{a_0} \tag{17.13}$$

a_0 ungefährer Achsabstand

p Kettenteilung

X_0 berechnete Gliederzahl

Die Gliederzahl ist auf die nächste ganze, gerade Zahl zu runden. In Kettentrieben mit mehr Rädern wird die Kettenlänge am einfachsten aus einer maßstäblichen Zeichnung ermittelt (CAD).
Mit der nun festliegenden Gliederzahl X wird abschließend der genaue Achsabstand a berechnet.

$$a = [2X - (z_1 + z_2)]\ p\ f_4 \tag{17.14}$$

f_4 Geometriefaktor (Anhang QTabelle 1)

Bei gleicher Zähnezahl wird:

$$a = \frac{(X - z)\,p}{2} \tag{17.15}$$

17.1.5 Gestaltung

Bei allen Kettengetrieben ist möglichst der ziehende Kettenstrang oben anzuordnen. Da sich durch den Kettendurchhang die Eingriffsverhältnisse am unteren Rad verschlechtern, sollte der Neigungswinkel zwischen den Radachsen kleiner als 60° sein. Größere Neigungswinkel erfordern den Einsatz von Spannrädern (Bild 17.6). Diese Räder (im Leertrum) sind auch notwendig, um die Kettenlängung während des Betriebes auszugleichen.

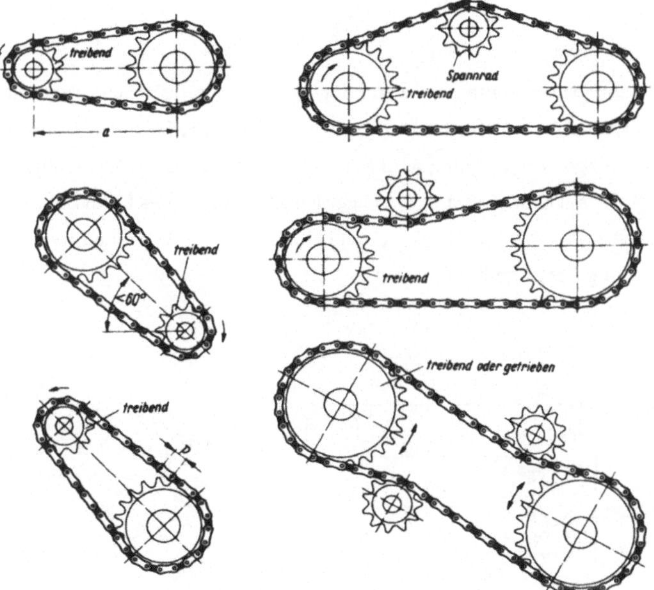

Bild 17.6: Ausführungsformen von Kettengetrieben /16.1/

Besonders bei langen Ketten können Schwingungen im Kettentrieb auftreten. Die Begrenzung der Ausschläge erfolgt durch Schwingungsdämpfer oder hydraulisch betätigte Spanneinrichtungen (Bild 17.7).

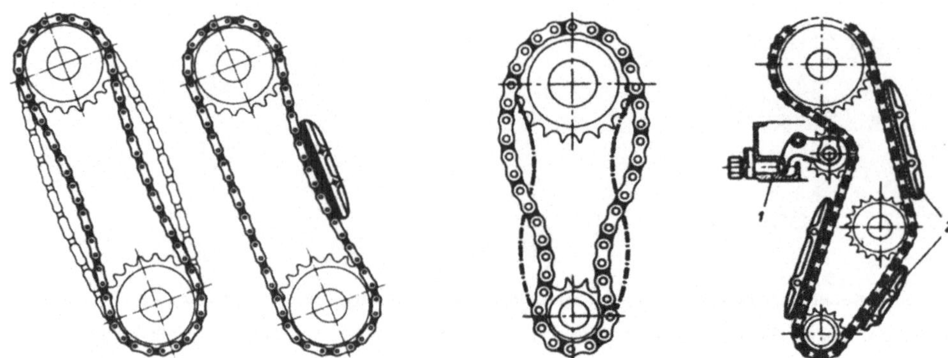

Bild 17.7: Anordnung von Spannelementen (1) und Dämpfern (2) im Kettentrieb /17.6/

17.2 Riemengetriebe

Bei Riemengetrieben erfolgt die Leistungsübertragung zwischen den Radscheiben durch ein biegeweiches, elastisches Zugmittel. Zu den kraftschlüssigen Getrieben werden die Flach-, Keil- und Keilrippengetriebe gezählt. Wegen der kraftschlüssigen Übertragung wird zur Aufrechterhaltung des Reibschlusses eine Mindestvorspannkraft benötigt, die auch im Stillstand die Lager belastet. Wegen des Dehnschlupfes im Zugmittel ist keine winkelgenaue Drehmomentübertragung möglich. Der im Überlastfall auftretende Gleitschlupf führt schnell zur Zerstörung des Zugmitttels.

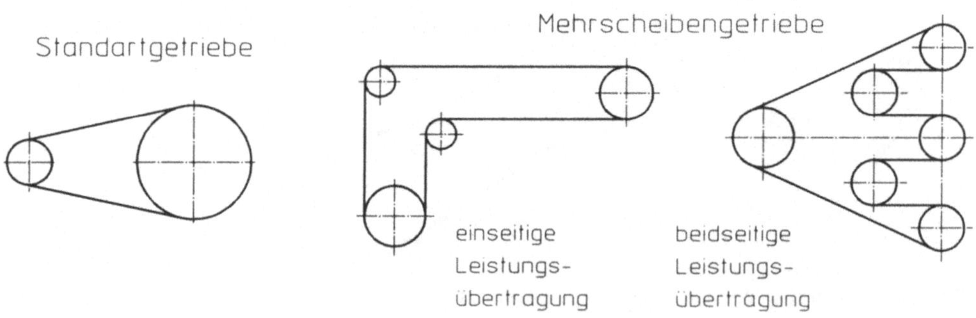

Bild 17.8: Bauformen von Riemengetrieben

Nur beim Zahnriemengetriebe werden die Kräfte durch Formschluß übertragen.

Durch Riemengetriebe lassen sich einfach mit einer Stufe große Lagerabstände überbrücken. Je nach Lage und Anzahl der Radscheiben entsteht ein offenes Getriebe, ein gekreuztes Getriebe, ein Winkelgetriebe oder ein Mehrfachantrieb (Bild 17.8). Bevorzugt werden offene Getriebe mit zwei Scheiben eingesetzt. Gegenüber Kettengetrieben ergeben sich größere Abmessungen und ein eingeschränkter Betriebsbereich (Temperatur, Feuchtigkeit, Medium). Allerdings lassen sich größere Umfangsgeschwindigkeiten und ein gleichmäßigerer Lauf erreichen.

17.2.1 Riementypen

Flachriemen: Die heutigen Flachriemen werden als Verbundkonstruktion ausgeführt. Durch die Aufteilung in eine Zugschicht aus hochverstrecktem Polyamid oder Polyestercordfäden, eine Reibschicht aus Chromleder oder Elastomer und eine Deckschicht aus Textilgewebe oder Elastomerfolie (Bild 17.9) erfolgt eine Anpassung an die Anforderungen des Getriebes. Durch Flachriemen lassen sich große Übersetzungen bei gutem Wirkungsgrad ausführen.

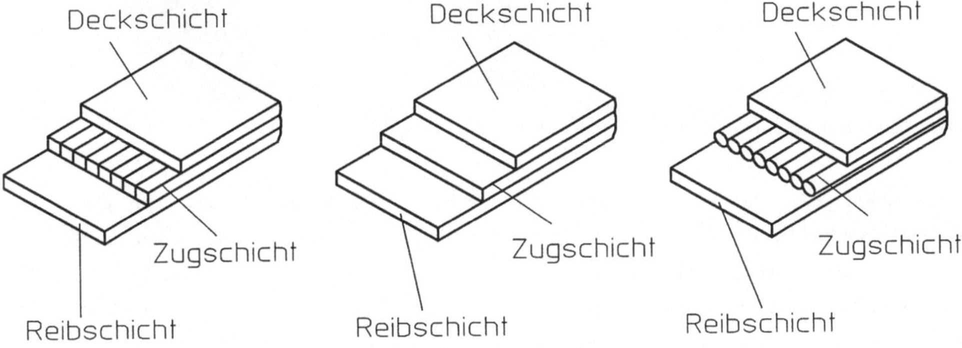

Bild 17.9: Bauformen von Flachriemen

Keilriemen: Normalkeilriemen bestehen aus einem Gummikern mit eingebettetem Zugstrang. Der Gummikern wird durch eine Gewebeumhüllung ummantelt und oft mit einer Gummiauflage (Reibwert) versehen. Normalkeilriemen werden als endlose (DIN 2215) und endliche Riemen (DIN 2216) hergestellt. Endliche Riemen werden durch ein Riemenschloß verbunden und erreichen deshalb geringere Leistungen und geringere Riemengeschwindigkeiten ($v_{max} \approx 30$ m/s). Flankenoffene Riemen sind formgezahnt und haben Fasern quer zum Riemen. Durch die erhöhte Biegefähigkeit sind flankenoffene Riemen den konventionellen Riemen bei hohen Drehzahlen überlegen.

Schmalkeilriemen (DIN 7753) haben ein geringeres Breiten / Höhenverhältnis. Sie können bei gleicher Wirkbreite eine größere Leistung als Normalkeilriemen übertragen.

Verbundkeilriemen (DIN ISO 5290) bestehen aus parallel angeordneten Keil- bzw. Schmalkeilriemen, die durch ein gemeinsames elastisches Deckband verbunden sind.
Breitkeilriemen (DIN 7719) werden vorzugsweise bei Stellantrieben mit stufenlos einstellbarer Übersetzung benutzt.
Hexagonalriemen (DIN 7722) werden bei gegenläufigen Scheiben in Vielwellengetrieben benutzt.
Keilrippenriemen (DIN 7867) sind Flachriemen ähnlich. In einer dünnen Oberschicht befinden sich über der gesamten Breite die Zugkörpereinlagen. Wegen der geringen Biegesteifigkeit lassen sich große Übersetzungen erzielen. Dabei kann die große Scheibe auch als Flachscheibe ausgeführt werden.

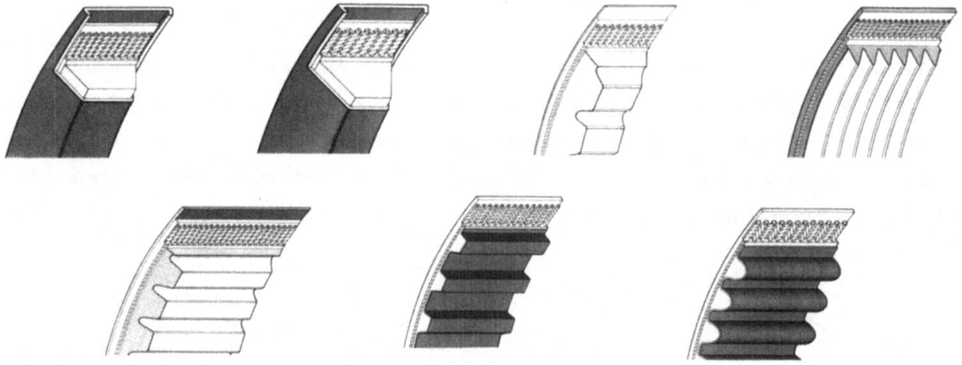

Bild 17.10: Bauformen von Keil- und Zahnriemen

Zahnriemen: Der Grundkörper enthält Zugstränge aus Glasfasern oder Aramidfasern. Durch eine äußere Deckschicht wird der Grundkörper (besonders die Zugstränge) geschützt. An den Grundkörper sind auf der Innenseite die Zähne mit Trapezprofil oder kreisbogenförmigem Profil anvulkanisiert. Somit werden die Umfangskräfte wie bei den Ketten durch Formschluß übertragen.
Im Bild 17.10 sind die verschiedenen Ausführungsformen dargestellt.

17.2.2 Geometrische Bestimmungsgrößen

a) Geometrie der Riemen

Flachriemen: Es gibt keine genormte Typbezeichnung. Die Kennzeichnung erfolgt durch die Riemenbreite, die Riemenhöhe und die Dicke der Zugschicht. Als Nennlänge wird die Innenlänge verwendet. Die Wirklänge des Riemens liegt in der Mitte der Zugschicht (Bild 17.11).

$$L_W = L_i + \pi\, h_g \qquad (17.16)$$

Keilriemen: Die Bezeichnung erfolgt durch ein genormtes Profilkurzzeichen und die Nennlänge. In den verschiedenen Normen sind die Hauptabmessungen der Riemen festgelegt. Die Wirklinie entspricht der Lage des Zugstranges. Leider ist die Nennlänge der Riemen nicht einheitlich festgelegt.

$$L_W\ (L_r;\ L_p) \approx L_i + 2{,}4\, b_0 \qquad (17.17)$$

	Normalkeilriemen (DIN 2215)	andere Typen
Nennlänge	Innenlänge L_i	Wirklänge L_W (L_r; L_p)

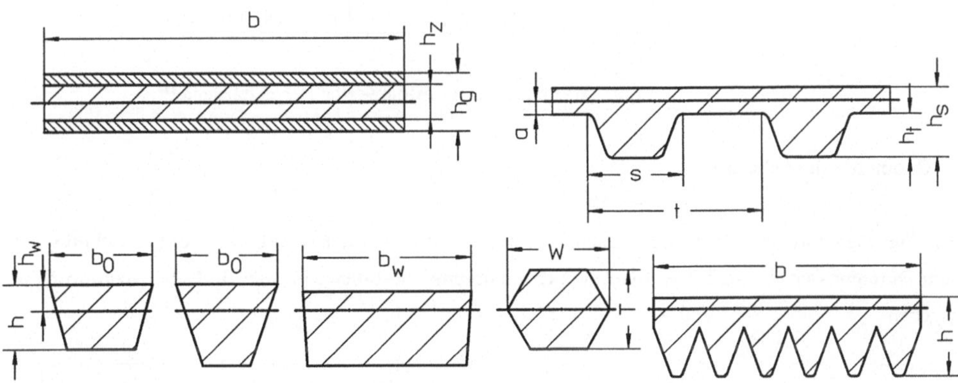

Bild 17.11: Bezeichnungen am Riemen

Keilrippenriemen: Die Kennzeichnung erfolgt durch die genormte Kurzbezeichnung, die Rippenanzahl und die Nennlänge. Die Nennlänge entspricht der Wirklänge.

		Typbezeichnungen
Normalkeilriemen $b_0 / h \approx 1{,}6$	DIN 2215 ISO 4184	6; 10; 13; 17; 22; 32; 40 Y; Z; A; B; C; D; E
Schmalkeilriemen $b_0 / h \approx 1{,}25$	DIN 7753	SPZ;XPZ (9,7); SPA;XPA (12,7); SPB;XPB (16,3); SPC;XPC (22) (b_0)
Doppelkeilriemen $W / T \approx 1{,}3$	DIN 7722	HAA (13); HBB (17); HCC (22); HDD (32) (W)
Breitkeilriemen $b_W / h \approx 3{,}1$	DIN 7719	W16; W20; W25; W31,5; W40; W50; W63; W71; W80; W100
Keilrippenriemen	DIN 7867	PH; PJ; PK; PL; PM

Zahnriemen: Die Kennzeichnung erfolgt durch ein Kurzzeichen, die Breite und die Wirklänge (Zähnezahl). Zahnriemen mit Doppelverzahnung haben eine zweite Zahnreihe auf dem Riemenrücken. Diese kann Lücke über Zahn oder Zahn über Zahn angeordnet sein.

		Typbezeichnungen
Zahnriemen	DIN ISO 5296	MXL; XL; L; H; XXH
	DIN 7721	T2,5; T5; T10; T20

Im Bild 17.11 sind die Hauptmaße der Typen dargestellt.

b) Geometrie der Scheiben

Bei allen Riementypen erfolgt die Bezeichnung der Scheibe nach der Norm, der Profilbezeichnung und dem Durchmesser. Zusätzlich werden die Scheibenbreite, die Rillenzahl und die Nabenausführung angegeben.

	Norm	Bezeichnungsbeispiel
Flachriemenscheibe	DIN 111	DIN 111 - 1TG 400*200*65 PN
Keilriemenscheibe	DIN 2217 (2211)	DIN 2211 - SPC - 1T 500*8*90 PN
Keilrippenscheibe	DIN 7867	DIN 7867 - 6K + 90
Zahnriemen	DIN 7721, DIN ISO 5294	84 - H - 300 - 2B

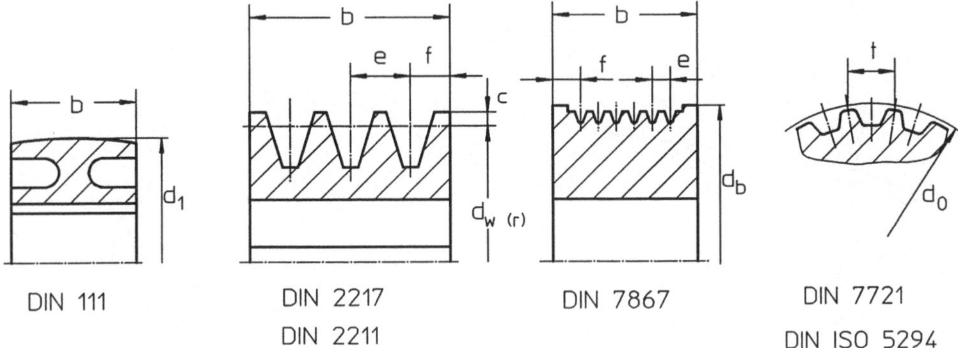

Bild 17.12: Bezeichnungen an Riemenscheiben

Die Stufung der Durchmesser entspricht bei allen Typen der Normzahlreihe R 20. Im Bild 17.12 sind die Hauptbezeichnungen der Scheiben angegeben. Scheibenabmessungen enthält die Tabelle 9 im Anhang Q.

c) Geometrie bei kraftschlüssigen Getrieben

Es werden im folgenden die geometrischen Verhältnisse am offenen 2 - Scheiben - Getriebe besprochen. Bei mehr als zwei Scheiben sind die Bezeichnungen entsprechend zu indizieren. Der Achsabstand sollte im folgenden Bereich gewählt werden:

$$0{,}7\,(d_g + d_k) \leq a < 2\,(d_g + d_k) \qquad (17.18)$$

Aus Bild 17.13 läßt sich die Geometrie entnehmen zu:

$$\cos(\beta_k / 2) = \left[\frac{d_g - d_k}{2\,a}\right] \qquad (17.19)$$

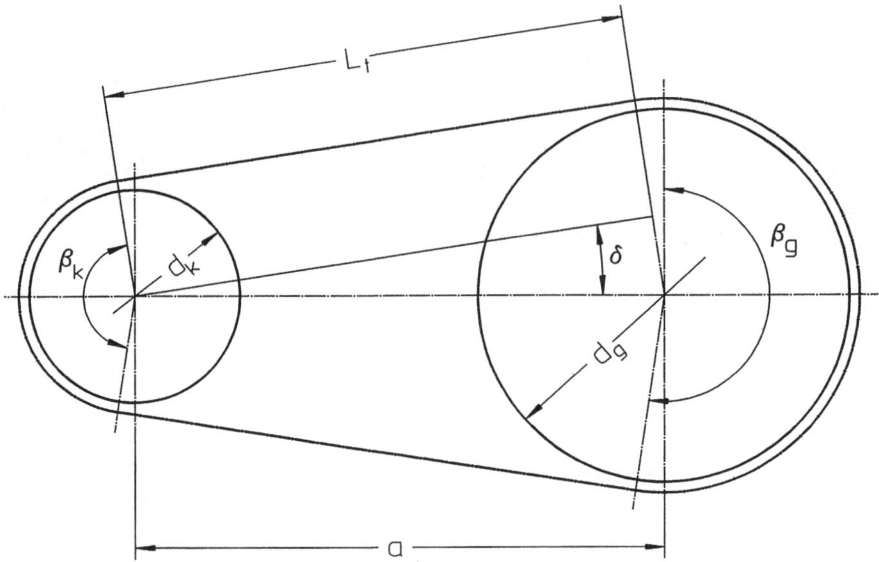

Bild 17.13: Geometrie am offenen Riemengetriebe

$$L = 2\,a\,\sin(\beta_k / 2) + \frac{\pi}{2}(d_g + d_k) + \frac{\pi}{180}\left[90^o - \frac{\beta_k}{2}\right](d_g - d_k) \qquad (17.20)$$

Durch Vereinfachung ($\sin\alpha \approx \alpha$) ergibt sich als angenäherte Riemenlänge:

$$L_0 \approx 2\,a + \frac{\pi}{2}(d_g + d_k) + \frac{(d_g - d_k)^2}{4\,a} \qquad (17.21)$$

Mit der entgültigen Länge (L_W) des Riemens läßt sich danach der anzupassende Achsabstand ermitteln.

$$a \approx \frac{1}{4} A + \frac{1}{4}\sqrt{A^2 - 2\,(d_g - d_k)^2} \qquad (17.22)$$

$$A = L_W - \pi / 2\,(d_k + d_g)$$

Bei Mehrscheibengetrieben wird die Riemenlänge genügend genau aus maßstäblichen Zeichnungen (CAD) entnommen.

Als Berechnungsdurchmesser (d_g , d_k) sind die Wirkdurchmesser, die vom Riementyp abhängig sind, einzusetzen. Die Wirkdurchmesser lassen sich nicht direkt an den Scheiben messen.

Zum Auflegen der Riemen und zum Spannen wird folgender Verstellweg benötigt.

Auflegen: $$y > \frac{0{,}005\ L_W + \pi\ h\ \beta\ /\ 360}{\sin\ (\beta_k\ /\ 2)} \qquad (17.23)$$

Spannen. $$x > \frac{0{,}015\ L_W}{\sin\ (\beta_k\ /\ 2)} \qquad (17.24)$$

d) Geometrie bei Zahnriemen

Wie bei Zahnrädern wird die Teilung durch den Modul beschrieben. Somit wird der Wirkdurchmesser der Scheiben.

$$d_W = \frac{p\ z}{\pi} = m\ z \qquad (17.25)$$

Der Kopfkreis- und der Fußkreisdurchmesser hängen vom gewählten Profil ab. Analog zu den kraftschlüssigen Zugmittelgetrieben wird der Umschlingungswinkel an der kleinen Scheibe (Gl. 17.19) und die Riemenlänge (Gl. 17.21) bestimmt. Mit Gl. 17.25 folgt als Näherung für die Riemenlänge:

$$L \approx 2\ a\ + \frac{p}{2}(z_1 + z_2) + \frac{p^2}{a}\left(\frac{z_2 - z_1}{2\ \pi}\right)^2 \qquad (17.26)$$

Mit der entgültigen Riemenlänge

$$L_W = z_R\ p > L_0 \qquad (17.27)$$

wird dann der sich einstellende Achsabstand bestimmt zu:

$$a \approx \frac{1}{4}\ A + \frac{1}{4}\ \sqrt{A^2 - 2\ B^2} \qquad 17.28)$$

$$A = L_W - p/2\ (z_1 + z_2)$$
$$B = p\ /\ \pi\ (z_2 - z_1)$$

Falls das große Rad ohne Zähne ausgeführt wird, muß der Raddurchmesser dem Fußkreisdurchmesser entsprechen. Bei einem Bord (oder bei versetzten Borden) ist folgender Verstellweg erforderlich:

$$x = y = \frac{0{,}001\ L_W}{\sin\ (\beta_k\ /\ 2)} \tag{17.29}$$

17.2.3 Kräfte im Riementrieb

Wird um eine glatte, stillstehende Scheibe ein Riemen gelegt, so ergibt sich an der Rutschgrenze in den Riemenenden eine unterschiedliche Kraft (Bild 17.14). Beim vorliegen von Columbscher Reibung entlang des vollen Umschlingungsbogens α ergibt sich:

$$F_1 = F_2\ e^{\mu\alpha} \tag{17.30}$$

μ Reibwert

Im Lasttrum ist die Kraft größer als im Leertrum. An der Scheibenlagerung ergibt sich als Lagerkraft die vektorielle Summe beider Kräfte. Die Leistungsübertragung erfolgt aber nur durch die Kräftedifferenz .

$$F_u = F_1 - F_2 = F_2\,(e^{\mu\alpha} - 1) = F_1 \left(\frac{e^{\mu\alpha} - 1}{e^{\mu\alpha}} \right) \tag{17.31}$$

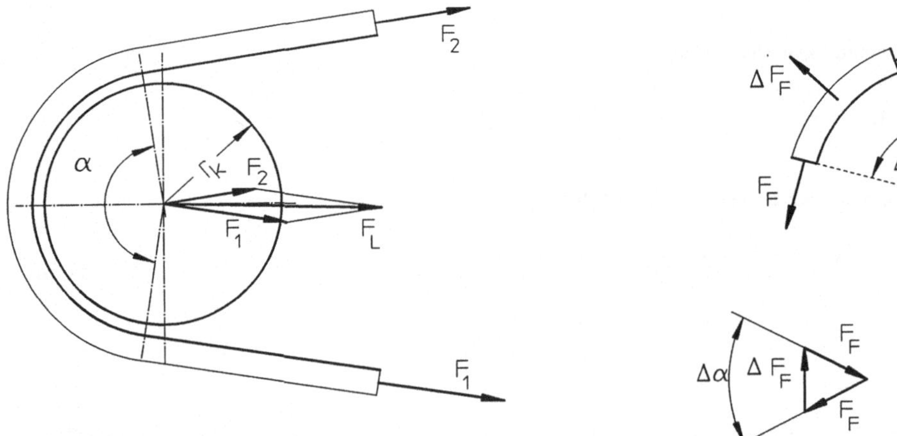

Bild 17.14: Kräfte am Riemenelement

Deutlich ist zu erkennen, daß große Umfangskräfte hohe Reibwerte oder große Umschlingungswinkel erfordern.
Den statischen Riemenkräften (F_1 , F_2) werden bei Drehung der Scheibe weitere Kräfte überlagert. Besonders bei hohen Drehzahlen sind die Fliehkräfte zu beachten. Aus dem Kräftegleichgewicht am Riemenelement folgt:

$$d\,F_F = \sigma_F\ A\ d\alpha = dm\ r\ \omega^2 = \rho\ A\ r\ d\alpha\ r\ \omega^2 = \rho\ A\ v^2\ d\alpha \tag{17.32}$$

$$\sigma_f = \rho\, v^2 \tag{17.33}$$

Aus der Fliehkraft ergibt sich eine von der Dichte abhängige konstante Spannung im Riemen und somit bei konstanter Riemenfläche auch eine konstante Zusatzkraft.

$$F_F = \rho\ v^2\ A \tag{17.34}$$

Durch diese Zusatzkraft wird die Anpressung des Riemens verringert und die Kräfte im Riemen erhöht.

An beiden Radscheiben wird der Riemen beim Auf- und Ablaufen auf die Scheibe gebogen. Wird der Riemen durch einen elastischen Stab idealisiert, so ergibt sich im Bereich des Umschlingungswinkels eine Biegespannung im Riemen. Bei Gültigkeit des Hookschen Gesetzes gilt:

$$\sigma_b = E\ \varepsilon = E\ \frac{\Delta L}{L} = E\ \frac{s}{s + d} \tag{17.35}$$

Es ist daher besonders günstig, möglichst dünne Riemen über große Scheiben laufen zu lassen. Die maximale Spannung ergibt sich an der Auflaufstelle der kleinen Scheibe. Über dem Umschlingungswinkel wird die maximale Spannung dann auf die Spannung im Leertrum abgebaut. Hieraus resultiert der Dehnschlupf des Riemens.

$$\sigma_{max} = \sigma_1 + \sigma_f + \sigma_b \tag{17.36}$$

Aus der Leistungsübertragung ergibt sich die Nutzspannung aus der Umfangskraft F_u zu:

$$\sigma_n = \frac{F_u}{A} = \frac{F_1}{A} \left[\frac{e^{\mu\alpha} - 1}{e^{\mu\alpha}}\right] = \sigma_1 \left[\frac{e^{\mu\alpha} - 1}{e^{\mu\alpha}}\right] \tag{17.37}$$

Die maximal auftretende Spannung darf die zulässige Spannung σ_{zul} nicht überschreiten. Daraus läßt sich die größte Spannung aus der statischen Riemenkraft im Lasttrum bestimmen.

$$\sigma_1 \leq \sigma_{zul} - \sigma_f - \sigma_b \tag{17.38}$$

Oder die Nutzspannung aus der Umfangskraft:

$$\sigma_n < (\sigma_{zul} - \sigma_b - \sigma_f)\,\frac{e^{\mu\alpha} - 1}{e^{\mu\alpha}} \tag{17.39}$$

Hohe übertragbare Leistungen erfordern daher Riemen mit großen zulässigen Spannungen (Stahlbänder). Wird die Nutzspannung mit der Riemengeschwindigkeit multipliziert, so ergibt sich die spezifische Leistung des Riemens.

$$\sigma_n\, v = \frac{F_u\, v}{A} = \frac{P}{A} \tag{17.40}$$

Da die Fliehkraftspannung σ_f ebenfalls von der Geschwindigkeit v abhängt, muß sich bei einer bestimmten Geschwindigkeit ein Leistungsoptimum einstellen.

$$v_{opt} = \sqrt{\frac{\sigma_{zul} - \sigma_b}{3\,\rho}} \tag{17.41}$$

Eine große Leistungsübertragung erfordert daher Werkstoffe, die große zulässige Spannungen, einen großen Reibwert und eine niedrige Dichte haben.

	Dichte kg/dm^3	Reibwert μ	zul. Spannung N/mm^2	v_{max} m/s
Leder	1	0,2 + v/100	3,9	30 - 50
Stahlband	7,8	0,25	330	45
Polyamid	1,1	0,5	42	100 - 120

Wegen dieser zum Teil gegenläufigen Forderungen werden heute Flachriemen fast ausschließlich als Mehrschicht - Verbundriemen gefertigt. Die Reibschicht sorgt für den benötigten hohen Reibwert und die Zugschicht übernimmt primär die auftretenden Belastungen. Beim Keilriemen wird durch die schrägen Flanken der wirksame Reibwert und die Normalkraft erhöht. Wegen der größeren Bauhöhe werden aber niedrigere Umfangsgeschwindigkeiten als bei Flachriemen erreicht.

17.2.4 Vorauswahl eines Riemens

Durch das Leistungsvermögen der Riemen wird der Einsatzbereich festgelegt. Für alle Riementypen gibt es Auswahldiagramme (Bild 17.15). Ausgehend von der Berechnungsleistung und der Drehzahl der kleinen Scheibe wird der Riementyp und der Normdurchmesser der kleinen Scheibe festgelegt. Für jeden Riementyp wird der Einsatzbereich durch den Mindest - Scheibendurchmesser (linker Rand) und den maximalen Scheibendurchmesser (rechter Rand) bestimmt. Im Grenzbereich zweier Profile sollte auch mit dem kleineren Profil eine Auslegung durchgeführt werden. Der Bereich der Mindestscheibendurchmesser ist bei der Auslegung zu vermeiden, da der Antrieb zu breit baut. Bei großen Scheibendurchmessern sind die zulässigen Riemengeschwindigkeiten zu beachten. Die anzuwendende Berechnungsleistung ergibt sich aus der Nennleistung und einem Betriebsfaktor C_2 .

$$P_B = P_N \; C_2 \tag{17.42}$$

C_2 Betriebsfaktor (Anhang Q Tabelle 3)

Das genaue Leistungsvermögen des Antriebes muß in der daran anschließenden Nachrechnung überprüft werden.

17.2.5 Nachrechnung des Antriebes

a) Flachriemen aus vorgerecktem Polyamid

Daten: $p_{zul} = 0{,}42\,N/mm^2$; $h_g = h_z + 1{,}5$; $\sigma_{zul} = 42\,N/mm^2$; $\rho = 1{,}1\,kg/dm^3$

Die notwendige Riemenbreite wird aus der Umfangskraft und dem Leistungsvermögen des Riemens ermittelt.

$$F_{u,B} = \frac{2\;C_2\;P_N}{d_1\;\omega} \tag{17.43}$$

$$b_{erf} = \frac{F_{u,B}}{\overset{*}{F}_u} \tag{17.44}$$

C_2 Betriebsfaktor (Anhang Q Tabelle 3)

Als zulässige Umfangskraft $\overset{*}{F}_u$ ist der kleinere Wert aus den folgenden Gleichungen einzusetzen.

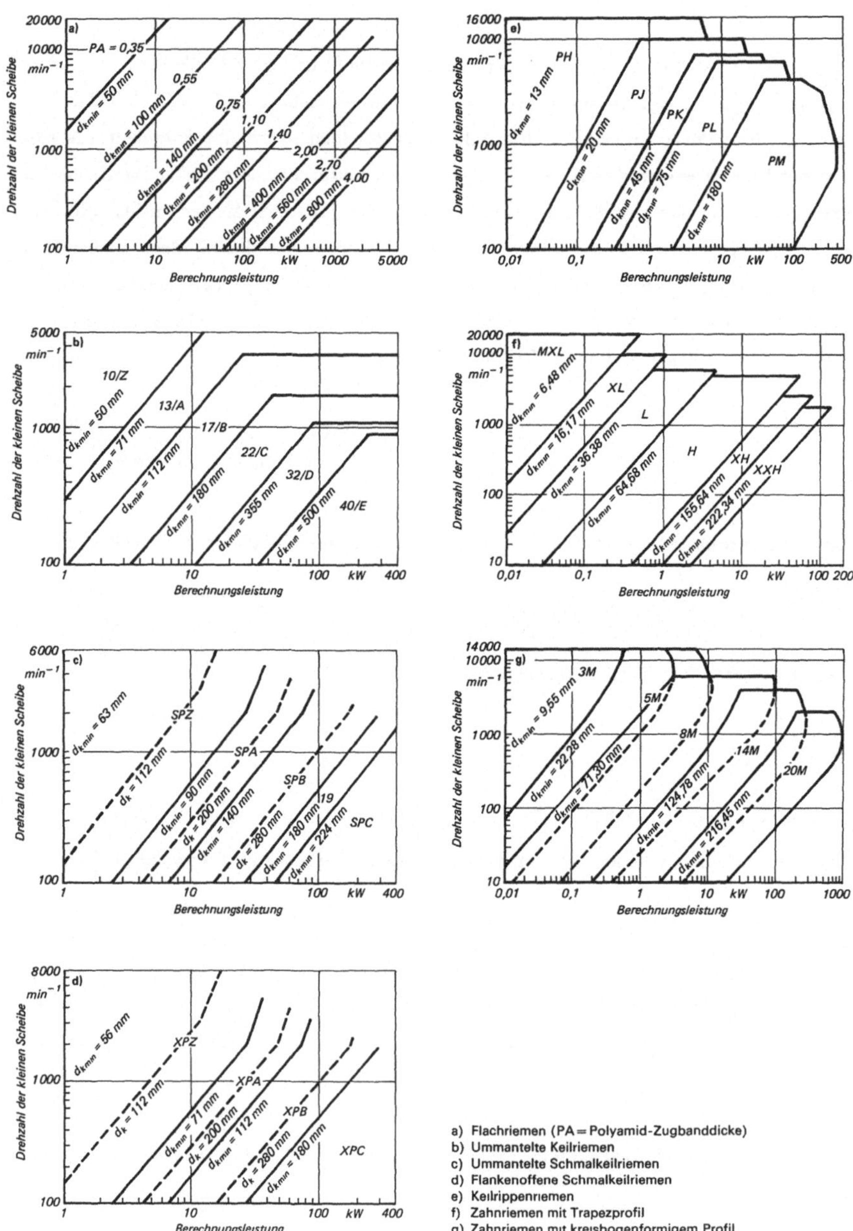

Bild 17.15: Vorauswahl von Riementypen nach der Berechnungsleistung (VDI 2758)

$$F_u^* = \frac{d_k \, p_{zul} \, C_W}{2} \tag{17.45a}$$

$$F_u^* = h_z \, C_W \, (\sigma_{zul} - \rho \, v^2 - \sigma_b) \tag{17.45b}$$

$$C_W = 1 - e^{-\mu_r \, \beta_k} \tag{17.46}$$

$$\sigma_b = \frac{E \, h_z}{d_k + h_g} \tag{17.47}$$

h_g	Gesamthöhe des Riemens
h_z	Höhe der Zugschicht

Wegen der erforderlichen Vordehnung durch die Vorspannkraft wird entweder der Riemen kürzer als die geometrische Länge abgeschnitten (Endlosriemen) oder eine Scheibe zum Verspannen verschoben. Die erforderliche Vordehnung ist herstellerspezifisch auszuführen.

b) Keilriemen, Keilrippenriemen

Die Nachrechnung ist für Normalkeilriemen in DIN 2218 und für Schmalkeilriemen in DIN 7753 T2 genormt. Nach der Vorauslegung wird für den gewählten Riementyp die Anzahl der benötigten Riemen ermittelt.

$$z = \frac{P \, C_2}{P_N \, C_1 \, C_3} \tag{17.48}$$

P	Nennleistung		
P_N	Leistung eines Riemens	Normalkeilriemen	(Anhang Q Tabelle 6)
		Schmalkeilriemen	(Anhang Q Tabelle 7)
C_1	Winkelfaktor		

$$C_1 = 1{,}25 \, (1 - 5^{-\beta_k/180}) \tag{17.49}$$

C_2	Betriebsfaktor		(Anhang Q Tabelle 3)
C_3	Längenfaktor	Normalkeilriemen	(Anhang Q Tabelle 4)
		Schmalkeilriemen	(Anhang Q Tabelle 5)

c) Zahnriemen mit Trapezprofil

Zuerst wird die Anzahl der im Eingriff befindlichen Zähne überprüft.

$$z_e = z_k \ \beta_k \ / \ 360^o \tag{17.50}$$

Sind weniger als 6 Zähne im Eingriff, sollte ein kleineres Profil gewählt werden. Anschließend wird die erforderliche Riemenbreite (b_{erf}) festgelegt.

$$b_{erf} = b_{bez} \left[\frac{F_{u,B}}{b_{bez} \ f_u} \right]^{1 \ / \ 1{,}14} \tag{17.51}$$

b_{bez}	Bezugsbreite	(Anhang Q Tabelle 8)
f_u	spezifische Umfangskraft	(Anhang Q Tabelle 8)
$F_{u,B}$	Umfangskraft	Gl. 17.43

Die erforderliche Breite sollte geringer sein als eine Standartbreite des Profiles. Abschließend wird die dynamische Kraft im Riemen kontrolliert.

$$F_{u,B} + b_{st} \ m^* \ v^2 < b_{st} \ f_u \tag{17.52}$$

m^* (Anhang Q Tabelle 8)

Falls die Bedingung nicht erfüllt wird, ist die nächste größere Standartbreite zu wählen.

Die Auslegung von Zahnriemen mit kreisbogenförmigem Profil erfolgt nach herstellerspezifischen Unterlagen.

17.2.6 Gestaltungshinweise

Es sind nur normgerechte Scheiben einzusetzen. Wellen und Scheiben sind vor der Riemenmontage gut auszurichten. Bei Zahn- und Keilriemen sind Winkelabweichungen von max. 1° , bei Flachriemen von max. 2° zulässig. Schmale Riemen und kleine Achsabstände erfordern kleinere Werte. Der Riemen ist bei der Montage ohne Zwang aufzulegen. Sonst kann leicht der Zugstrang oder das Umhüllungsgewebe beschädigt werden. Bei festem Achsabstand sind Riemen und Scheiben gemeinsam zu montieren.
Die korrekte Riemenvorspannung ist für die Funktion des Riementriebes wichtig. Die erreichte Vorspannung läßt sich mittels Markierungen auf dem Riemen, durch Messung der Eindrücktiefe oder durch Schwingungsmessung kontrollieren.

Die im Stillstand aufzubringende Spannkraft an den Wellen ergibt sich wie folgt:

a) Flachriemen

$$F_{w,0} = \left[F_{u,B} \frac{e^{\mu\beta_k} + 1}{e^{\mu\beta_k} - 1} + \frac{2\ h_g\ b_{erf}\ v^2}{1000} \right] \sin(\beta_k / 2) \qquad (17.53)$$

Falls die Vorspannkraft nicht genau gemessen werden kann, so ist die Riemendehnung zu verwenden:

$$e_0 = \left[\frac{F_{u,B}}{2} \frac{e^{\mu\beta_k} + 1}{e^{\mu\beta_k} - 1} + \frac{h_g\ b_{erf}\ v^2}{1000} \right] \frac{100\ \%}{E\ h_z\ b_{erf}} \qquad (17.54)$$

$F_{u,B}$ Gl. 17.43

b) Keilriemen, Keilrippenriemen

$$F_{w,0} = \left[F_{u,B} \left(\frac{2{,}5}{C_1} - 1 \right) + 2\ m\ v^2 \right] \sin(\beta_k / 2) \qquad (17.55)$$

C_1 Gl. 17.49

$F_{u,B}$ Gl. 17.43

c) Zahnriemen

$$F_{w,0} = (F_{u,B} + 2\ m^*\ v^2) \sin(\beta_k / 2) \qquad (17.56)$$

$F_{u,B}$ Gl. 17.43

Nur in Ausnahmefällen werden Spannrollen oder Führungsrollen benötigt. Wird eine Spannrolle eingesetzt, so sollte diese im Leertrum in der Nähe der Abtriebsscheibe angeordnet werden. Der Spannrollendurchmesser darf den Durchmesser der kleinen Scheibe nicht unterschreiten. Zur Vermeidung von Wechselbiegung im Riemen sind Innenspannrollen am besten. Allerdings verringern sie den Umschlingungswinkel im Antrieb. Bei Außenspannrollen ist mit einer Absenkung der Riemenlebensdauer (Wechselbiegung) zu rechnen.

18 Dichtungen

18.1 Allgemeines

Durch Dichtungen soll der Stofftransport zwischen zwei Räumen mit verschiedenen Funktionen verhindert oder eingeschränkt werden (zulässige Leckmengenrate). Die notwendige Trennung der Räume läßt sich durch eine starke Verspannung von einander angepaßten Flächen oder durch ein seperates Bauteil, die Dichtung, erreichen. Üblicherweise liegt an der Dichtung ein Druckunterschied zwischen den beiden Räumen vor.

Die Dichtwirkung muß auch bei Verformungen der angeschlossenen Bauteile und eventuell erhöhter Temperatur sichergestellt sein. Bei der Dichtungsauswahl sind die physikalischen und chemischen Eigenschaften des Mediums (Öl, Wasser, Dampf, Gas) zu beachten, d.h. das Dichtungsmaterial muß mit dem abzudichtenden Medium verträglich sein.

Tabelle 18.1: Einteilung der Dichtungen

<table>
<tr><th colspan="3">Dichtungen</th></tr>
<tr><td rowspan="4">berührende Dichtungen</td><td rowspan="2">lösbar ohne Relativbewegung</td><td>Pressung durch äußere Kräfte</td></tr>
<tr><td>Pressung durch innere Kräfte</td></tr>
<tr><td rowspan="2">lösbar mit Relativbewegung</td><td>Pressung durch äußere Kräfte</td></tr>
<tr><td>Pressung durch innere Kräfte</td></tr>
<tr><td rowspan="4">berührungsfreie Dichtungen</td><td rowspan="2">Abdichtung auf Zylinderfläche</td><td>Pressung durch äußere Kräfte</td></tr>
<tr><td>Pressung durch innere Kräfte</td></tr>
<tr><td rowspan="2">Abdichtung auf radialer Fläche</td><td>Pressung durch äußere Kräfte</td></tr>
<tr><td>Pressung durch innere Kräfte</td></tr>
</table>

Die Einteilung der Dichtungen kann nach verschiedenen Gesichtspunkten erfolgen. Am gebräuchlichsten ist die Einteilung in berührende und berührungsfreie Dichtungen. Zusätzlich wird die Relativbewegung an der Dichtfläche zur Einteilung verwendet.

An ruhenden bzw. statischen Dichtungen liegt keine Relativbewegung vor (Flansche, Ventile). Sind die Räume durch ein bewegtes Konstruktionselement (Drehung bzw. Translation) verbunden, so handelt es sich um einen dynamischen Dichtfall.

18.2 Berührungsdichtungen ohne Relativbewegung

Durch feines Polieren läßt sich eine Ebenheit von 0,1 µm erreichen. Zur Abdichtung bei Gasen ist dies jedoch noch nicht ausreichend um eine Abdichtung ohne Anpressung zu erreichen. Bei üblicher Oberflächenqualität (Mikro-, Makroabweichungen) ist daher ein leicht verformbares Dichtelement zwischen den Dichtflächen notwendig. Berührungsdichtungen sind entweder lösbar oder unlösbar.

18.2.1 Unlösbare Dichtungen

Am einfachsten lassen sich solche Dichtungen, die am besten abdichten, durch Schweiß- bzw. Lötverbindungen (Stoffschluß) erreichen. Diese im Druckbehälterbau übliche Anwendung wird jedoch nicht als Dichtung bezeichnet.
Bedingt lösbar sind Schweißverbindungen im Nebenschluß. Hier werden die Verbindungskräfte nicht durch die Schweißnaht übertragen, sondern z.B. durch Schrauben (Flanschverbindungen). An beiden abzudichtenden Bauteilen wird ein Ring angeschweißt. Durch Verschweißung der Ringe nach der Montage wird die Verbindung abgedichtet (Bild 18.1).
Bis zu mittleren Drücken wird im Behälterbau die Walzverbindung (Befestigung von Rohren in Wärmetauscherböden) benutzt. Die Abdichtung erfolgt durch plastische Verformung der Rohre. Bei höheren Drücken wird zusätzlich eine Schweißnaht zur Abdichtung eingesetzt.

18.2.2 Lösbare Berührungsdichtungen

Hier erfolgt das Abdichten der Verbindung durch Dichtpressung, d.h. einem gegenseitigen Anpressen der Dichtflächen.

a) Dichtungslose Verbindungen
Es handelt sich um metallische Dichtflächen mit einer hohen Oberflächengüte (feinstgeschliffen, tuschiert). Die Abdichtung der Flächen erfolgt gegen den Formänderungswiederstand. Es sind daher große Dichtkräfte erforderlich, die zu dicken Flanschen führen. Zur Erzielung einer guten Abdichtung müssen viele Anpreßschrauben mit geringer Teilung eingesetzt werden. Solche Verbindungen werden bei hohen Temperaturen und Drücken im Turbinen- und Armaturenbau eingesetzt. Im Armaturenbau sind auch schmale ballig ausgeführte Dichtleisten üblich. In Verbrennungskraftmaschinen werden an den Ventilen oft durch Auftragsschweißung korrosionsbeständige Metalle auf die Dichtfläche aufgebracht.

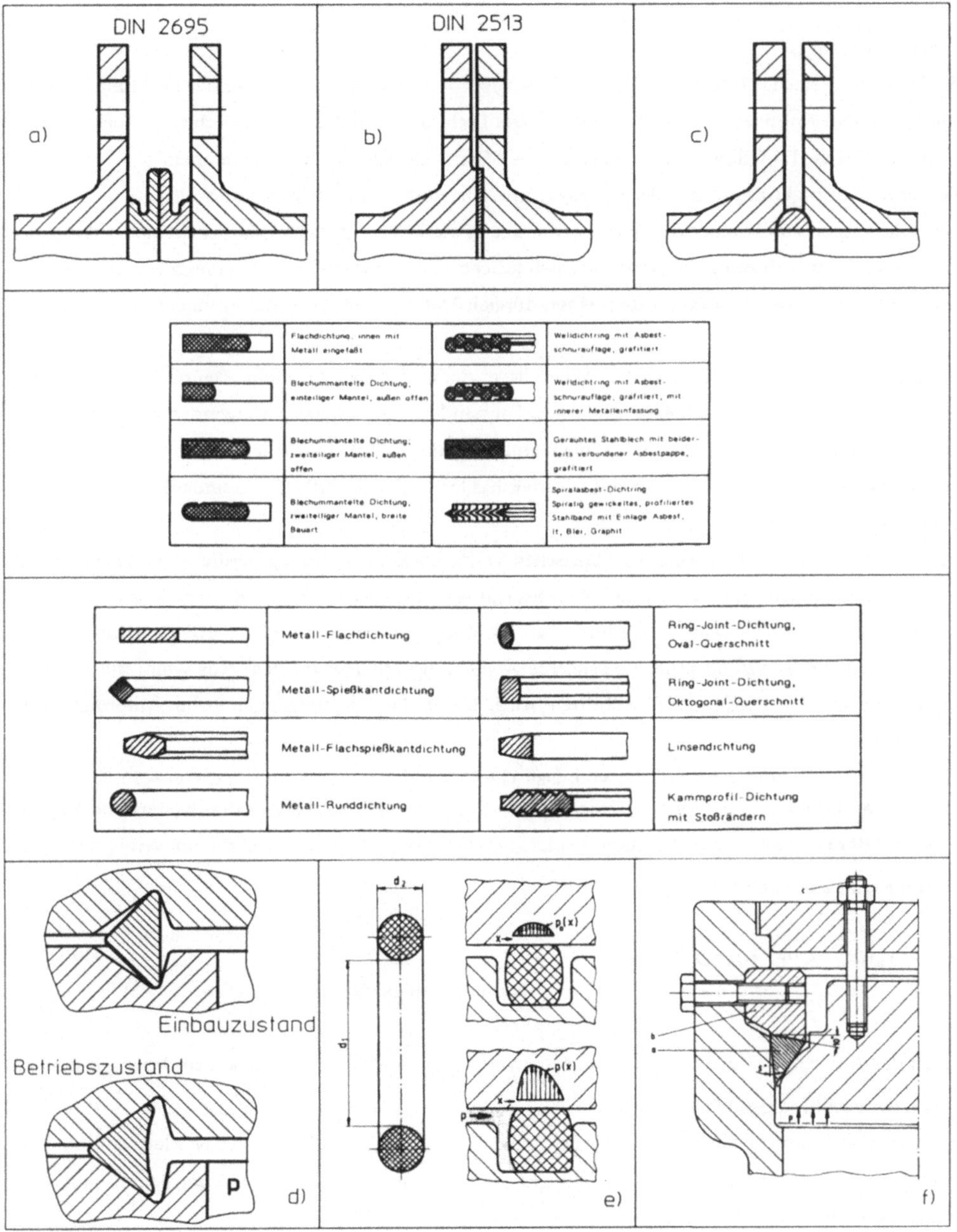

Bild 18.1: Lösbare Dichtungen a) Schweißdichtung b) Flachdichtungen c) Formdichtungen
d) Delta-Ring e) O-Ring f) Uhde-Bretschneider-Verschluß

b) Flachdichtungen

Die Abdichtung der Dichtfläche erfolgt durch elastisch / plastische Verformung der Dichtung. Es sind daher geringere Anpressungen als bei metallischen Dichtflächen notwendig. Durch den Werkstoff der Dichtung wird die Einteilung in Weich-, Hart- und Mehrstoffdichtungen vorgenommen.

Die Auswahl erfolgt primär nach der Betriebstemperatur und der Medienbeständigkeit.

Weichdichtungen aus Papier oder Elastomeren haben die beste Anpassungsfähigkeit, sind jedoch nur für niedrige Temperaturen geeignet. Bei Mehrstoffdichtungen wird die Formbeständigkeit des Dichtmateriales bei hohen Temperaturen durch einen dünnen Metallmantel oder durch innenliegende Metallstreifen verbessert.

Hartdichtungen aus Metallen (Kupfer, Weicheisen, Stahl) werden für hohe Temperaturen und bei höchsten Drücken eingesetzt. Wegen des hohen Formänderungswiederstandes werden Hartdichtungen überwiegend als Formdichtungen mit Linienberührung ausgeführt. Durch mehrfaches Lösen der Verbindung können bei Hartdichtungen mit scharfen Kanten in der Dichtfläche Riefen auftreten, die dann als Leckstellen wirken.

Da die Abdichtung auf der elastisch / plastischen Verformung der Dichtung beruht, muß zur Erzielung einer sicheren Abdichtung die Dichtung vorverformt werden. Erst wenn alle Rauhigkeitskanäle in den Dichtflächen durch plastische Verformung der Dichtung geschlossen sind, wird die Dichtfunktion erreicht. Im Betriebszustand muß die erreichte Abdichtung erhalten bleiben. Nur wenn die kritische Vorverformung der Dichtung überschritten wird, bleibt die Dichtung auch beim Aufbringen der Betriebskraft (Druck) dicht.

Bei metallischen Dichtungen wird der vollplastische Zustand bei einer Stauchung von ~ 10 % erreicht. Die dabei auftretende Werkstoffspannung ($R_{p10} \approx R_m$) wird als Formänderungswiederstand K_D bezeichnet. Mit dem experimentell bestimmten Dichtungskennwert k_0 wird dann die notwendige Vorverformungskraft an der Dichtung:

$$F_{DV} = \pi \; d_D \; k_0 \; K_D \qquad (18.1)$$

K_D Formänderungswiederstand (Tabelle 18.3)

Durch das Aufbringen der Vorspannkraft F_{DV} werden die Oberflächenrauhigkeiten durch plastisches Fliesen der Dichtung geschlossen.

Im Betrieb darf nun die Dichtung durch den Innendruck nicht so weit entlastet werden, daß die plastisch verformte Dichtung aus den Vertiefungen gedrängt wird. Der Dichtdruck im Betrieb muß also größer als der Innendruck sein.

Tabelle 18.2: Dichtungskennwerte für nichtmetallische Flachdichtungen

Weichstoff- und Weichstoff-Metall-Dichtung			
Querschnitt	Werkstoff	$k_0\,K_D$	k_1
Flachdichtung	It	$200\sqrt{\frac{b_D}{h_D}}$	$1{,}3 \cdot b_D$
	Gummi	$2 \cdot b_D$	$0{,}5 \cdot b_D$
	PTFE	$25 \cdot b_D$	$1{,}1 \cdot b_D$
Wellldichtung	Al	$30 \cdot b_D$	$0{,}6 \cdot b_D$
	Cu	$35 \cdot b_D$	$0{,}7 \cdot b_D$
	St + Asbest	$45 \cdot b_D$	$1{,}0 \cdot b_D$
Spiraldichtung	St	$50 \cdot b_D$	$1{,}3 \cdot b_D$
	Cr-Ni-St, Monel, Titan	$55 \cdot b_D$	$1{,}4 \cdot b_D$
Kammprofil mit Weichstoffauflage	It	$200\sqrt{b_D}$	$0{,}9 \cdot b_D$
	Al	$70 \cdot b_D$	$0{,}9 \cdot b_D$
	PTFE	$25 \cdot b_D$	$0{,}8 \cdot b_D$
	Graphit	$12 \cdot b_D$	$0{,}7 \cdot b_D$
It-Kern mit Weichstoffmantel	Blei	$30 \cdot b_D$	$1{,}2 \cdot b_D$
	Al	$50 \cdot b_D$	$1{,}4 \cdot b_D$
	Cu	$60 \cdot b_D$	$1{,}6 \cdot b_D$
	Eisen	$70 \cdot b_D$	$1{,}8 \cdot b_D$
	Cr-Ni-St	$100 \cdot b_D$	$2 \cdot b_D$

Hartdichtung		
Querschnitt	k_0	k_1
Flachdichtung	b_D	$b_D + 5$
Ring-Joint oval oder oktogonal	2	6
Linse	2	6
Spießkant	1	5
Kammprofil mit z Zähnen ohne Auflage	$0{,}5\sqrt{z}$	$9 + 0{,}2\,z$
Ballige Dichtung	2	6
Runddraht	1,5	6

$$F_{DB} = \pi\ p\ d_D\ k_1\ S_D \tag{18.2}$$

S_D Sicherheitsfaktor

$S_D = 1{,}5$ für Weichdichtungen

$S_D = 1{,}3$ für Hartdichtungen

k_1 Formänderungswiederstand im Betrieb (Tabelle 18.2)

Tabelle 18.3: Formänderungswiederstand metallischer Dichtungswerkstoffe

Werkstoff	K_D	$K_{D\vartheta}$ bei ϑ in °C				
	20	100	200	300	400	500
Aluminium	100	40	20	(5)		
Kupfer	200	180	130	100	(40)	
Weicheisen	350	310	260	210	170	(80)
St 37	400	380	330	260	190	(120)
13 CrMo 44	450	450	420	390	330	280
austenitischer CrNi - Stahl	500	480	450	420	390	350

Wegen des völlig anderen Verformungsverhaltens lassen sich bei Weichstoffdichtungen keine Werkstoffkennwerte angeben. Die notwendige Vorverformungskraft wird daher mit dem Produkt k_0 K_D aus Tabelle 18.2 bestimmt.

Die erforderliche gleichmäßige Dichtpressung erfordert unnachgiebige Trennflächen oder gleiche Verformungen in beiden Trennflächen.

c) Metallische Formdichtungen

Die Abdichtung erfolgt durch elastische und elastisch / plastische Verformung von Ringen (Linienberührung). Soll die Verbindung häufig gelöst werden, so werden bevorzugt Formdichtungen mit elastischer Verformung eingesetzt. Formdichtungen benötigen nur profilierte Nuten in einer Dichtfläche. Es werden Metall O - Ringe, Linsenringe, ovale Nutenringe und Metall O - Ringe mit Gasfüllung (Stickstoff) eingesetzt (Bild 18.1).

d) selbstverstärkende Metalldichtungen

Bei sehr großen Betriebsdrücken ergeben sich bei üblichen Dichtungen große Abmessungen für die Krafteinleitungselemente (Schrauben, Flansche). Günstigere Abmessungen ergeben sich, wenn der Betriebsdruck selbst die notwendige Abdichtkraft erzeugt. Äußere Kräfte werden dann nur benötigt um eine Vordichtung der Verbindung zu erreichen. Bei allen Dichtungen wird die Kraftverstärkung eines Keiles benutzt, um mit steigendem Innendruck eine Erhöhung der Abdichtkraft zu erzielen. Die Abdichtsicherheit ist daher unabhängig vom Betriebsdruck.

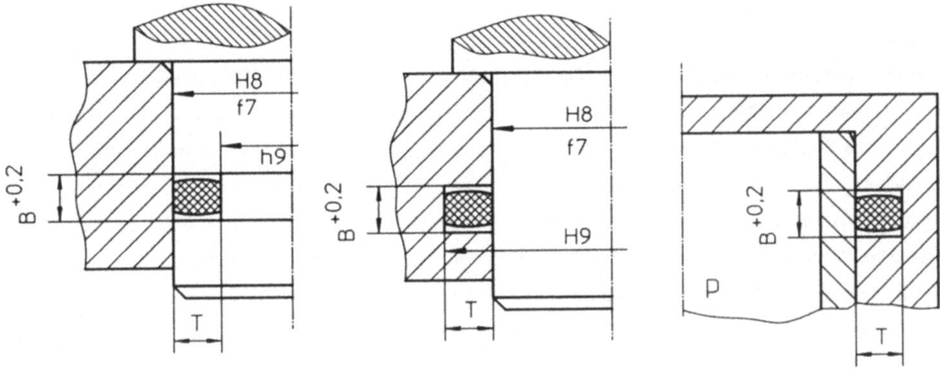

Bild 18.2: Einbaurichtlinien für O-Ringe mit radialer Verformung

Bei mittleren Drücken werden an Behältern Doppelkegeldichtungen benutzt. Bei kleinen Abmessungen und großen Drücken kommen Delta - Ringe zum Einsatz (Bild 18.1). Der dreieckförmige Ring wird mit leichter Vorspannung (10 % der Betriebsdichtkraft) eingebaut. Durch den Betriebsdruck wird der Ring verformt und legt sich in der Nut an.

Bei höchsten Drücken wird der Uhde - Bretschneider - Verschluß eingesetzt. Hier wird die dreieckförmige Dichtung (a) durch einen geteilten Druckring (b) im Behälter gehalten. Durch die Schrauben (c) wird die Dichtung leicht vorgespannt. Die Dichtkraft am Ring entsteht aus dem Druck im Innenraum.

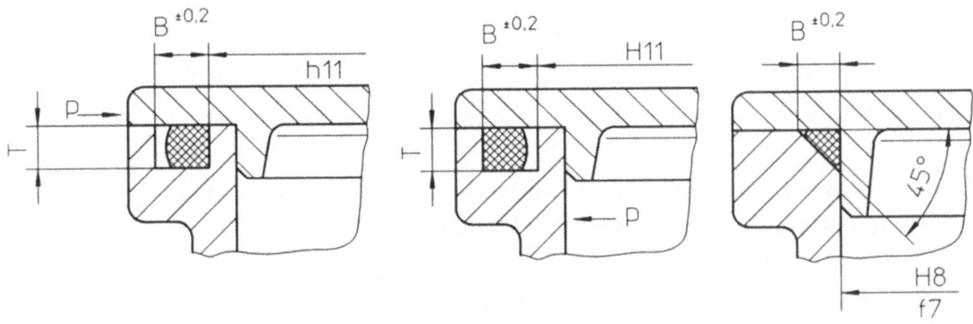

Bild 18.3: Einbaurichtlinien für O-Ringe mit axialer Verformung

e) selbstverstärkende Weichstoffdichtungen

Solche Dichtungen bestehen überwiegend aus Elastomerdichtungen (O - Ring). Die Dichtwirkung der Ringe beruht auf axialer oder radialer Verformung des Ringquerschnittes im eingebauten Zustand. Bei sachgemäßem Einbau und richtiger Werkstoffwahl können Drücke bis zu 1000 bar statisch abgedichtet werden.

Der O - Ring wird in eine rechteckige Nut eingebaut, deren Nuttiefe kleiner als der Schnurdurchmesser des O - Ringes ist. Durch die elastische Vorverformung ergibt sich bei der Montage eine Vorspannung. Durch den Betriebsdruck wird der Ring weiter verformt und der Abdichtdruck aufgebaut. Wegen der großen elastischen Verformung sind O - Ringe empfindlich gegen Herausquetschen in den Dichtungsspalt. Die Anordnung der Nut bei radialer Ringverformung enthält das Bild 18.2. Bei der dargestellten Deckelabdichtung wird die Spaltaufweitung durch den Innendruck verhindert.

Beim Einbau mit axialer Verformung ist bei Flanschverbindungen die Wirkrichtung des Druckes zu beachten. Der Ring muß schon bei der Montage auf der druckabgewandten Seite anliegen (Bild 18.3). Grundsätzlich ist auch ein Einbau in 45° - Dreiecksnuten möglich. Allerdings muß dann die Nutgeometrie sehr genau eingehalten werden (Kosten). Der radiale Einbau ist zu bevorzugen.

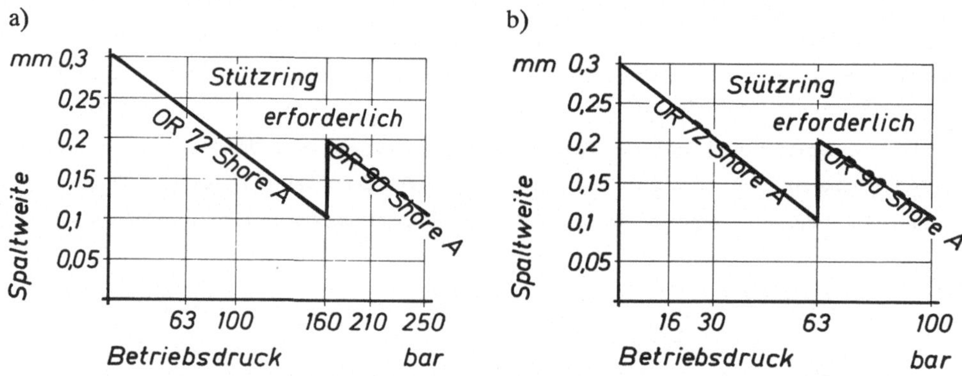

Bild 18.4: Anwendungsgrenzen für O-Ringe a) statische Dichtung b) dynamische Dichtung

O - Ringe reagieren sehr empfindlich auf mechanische Beschädigung. Daher sind zur Montage Einbauschrägen (15°) vorzusehen. Die Länge der Einbauschräge und die Nutabmessungen enthalten die Unterlagen der Hersteller.

Damit der Betriebsdruck an einem großen Teil des Ringes angreifen kann, muß der Flächeninhalt der Nut immer größer (~ 25 %) als der Ringquerschnitt sein.

Die Härte des O - Ringes wird durch die vorhandene Spaltweite und den Betriebsdruck festgelegt. Bei höheren Drücken und großen Spaltweiten ist ein Stützring aus PTFE erforderlich. Dieser wird auf der druckabgewandten Seite eingebaut und soll das Eindringen des Ringes in den Spalt verhindern. Die Anwendungsgrenzen für O - Ringe sind im Bild 18.4 dargestellt.

18.3 Berührende Dichtungen mit Relativbewegung

Wegen der Relativbewegung läßt sich die Abdichtung nicht durch plastische Verformung der Dichtung erreichen. Es verbleibt immer ein geringer Dichtspalt, in dem die Abdichtung erfolgt. Somit läßt sich auch bei idealer Oberfläche keine vollständige Abdichtung erreichen.
Neben der Abdichtung ergeben sich am Dichtelement durch die Reibungskräfte Temperaturbelastungen und Verschleiß. Für eine lange Lebensdauer sind somit reibungs- und verschleißarme Werkstoffpaarungen notwendig.
Bei jeder Dichtung sind die Undichtigkeitswege zwischen Gehäuse und Dichtung, Welle und Dichtung und durch die Dichtung zu sperren (Bild 18.5). Bei drehender Welle ist die Abdichtung zwischen Gehäuse und Dichtung eine statische Dichtaufgabe.

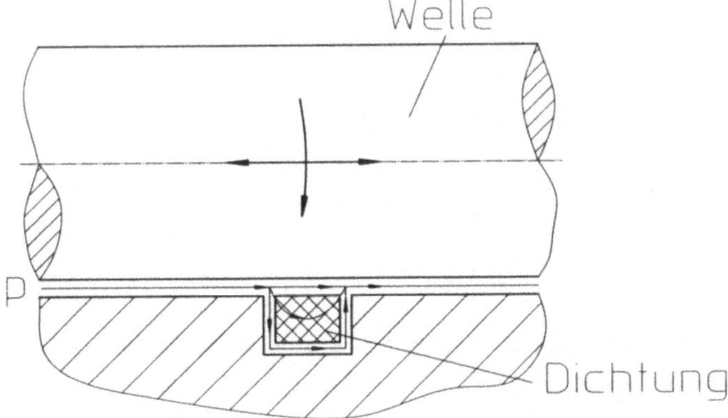

Bild 18.5: Undichtigkeitswege bei berührenden Dichtungen

Die Anpressung der Dichtung kann durch äußere oder innere Kräfte erfolgen. Durch die geometrische Lage der Hauptdichtung läßt sich eine weitere Unterteilung durchführen .

18.3.1 Packungen

Eine Stopfbuchse besteht aus mehreren Packungsringen, der Stopfbuchsenbrille und einer Schmierlaterne (Bild 18.6). Durch das axiale Anziehen der Stopfbuchsenbrille werden die Packungsringe elastisch / plastisch verformt und ergeben über die Querdehnung des Materiales eine radiale Anpressung auf die Welle. Damit die Pressung der Stopfbuchsenbrille besser eingeleitet wird, ist der erste Packungsring am härtesten ausgeführt.

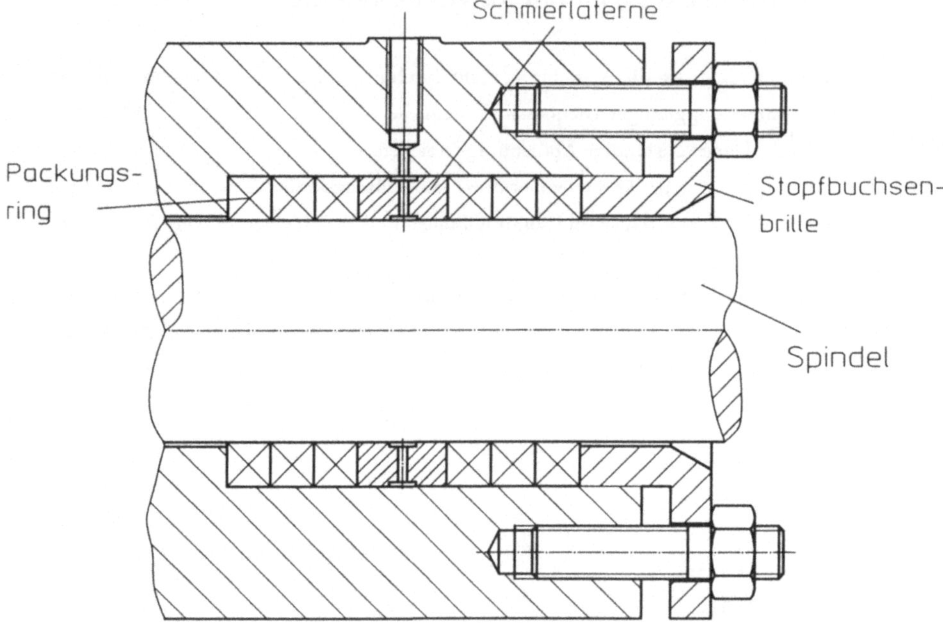

Bild 18.6: Stopfbuchse

Diese älteste Abdichtung wird wegen ihres einfachen Aufbaues und der großen Auswahl an Packungswerkstoffen bevorzugt im Armaturenbau eingesetzt.

Bild 18.7: Packungsarten für Stopfbuchsen

Die Bemessung der Packung erfolgt in Abhängigkeit der Packungsart und des Packungsdruckes. Die Querschnittsabmessungen der Packungen sind in DIN 3780 angegeben. Richtwerte für die zu wählende Packungsbreite und Packungslänge enthält die folgende Aufstellung.

Spindeldurchmesser	< 7	7 .. 11	11 .. 18	18 .. 26	26 .. 36	36 .. 50	50 .. 75
Packungsbreite s	3	4	5	6	8	10	12,5
Anpreßschraube	M12				M16		M18
Nenndruck PN	< 6	6 .. 16	16 .. 32	32 .. 50	50 .. 64	64 .. 100	> 100
Ringanzahl z	4	5	6	7	8	10	12

Als Werkstoffe sind Weichstoffpackungen, Metall - Weichstoffpackungen und Weichmetallpackungen (Bild 18.7) im Einsatz.
Weichstoffpackungen mit vorzugsweise quadratischem Querschnitt, die aus organischen oder anorganischen Fasern bestehen, werden als Meterware oder als vorgepreßte Ringe (Serienbau) eingesetzt. Zur Verbesserung des Reibungsverhaltens und als Schutz vor chemischem Angriff sind Weichstoffpackungen mit Tränkungsmitteln versehen.
Bei hohem Druck und hoher Temperatur werden Weichmetallpackungen benutzt. Diese müssen jedoch durch das Medium oder mittels Zusatzschmierung (durch die Schmierlaterne) ausreichend mit Schmierstoff versorgt werden. Wegen der guten Gleiteigenschaften sind auch bei niedrigen Drücken Kegelpackungen aus PTFE im Einsatz.
Durch die Reibung zwischen den Packungsringen und dem Stopfbuchsengehäuse fällt beim Verspannen die Anpressung von der Brille expotentiell zum Stopfbuchsengrund ab (siehe Ringspannelemente). Im Betrieb erfolgt durch die Bewegung der Welle eine Umlagerung des Druckverlaufes (Haftreibung wird aufgehoben). Durch das Medium wird von der Grundseite her eine erhöhte Querpressung aufgebracht, die dann zu einer Nachverdichtung der Packungsringe führt. Der Druckabfall in der Stopfbuchse ist daher im unteren (druckseitigen) Bereich flach und in der schmalen nachverdichteten Zone unter der Brille steil. Es ist also nicht sinnvoll lange Stopfbuchsen zu bauen, da der untere Teil kaum zur Abdichtung beiträgt.

18.3.2 Nutringe

Nutringe sind selbstätige Berührungsdichtungen, bei denen der Betriebsdruck den größten Teil der Dichtwirkung erzeugt. Die Vorspannung erfolgt durch die elastische Verformung der Ringe bzw. durch zusätzliche Schlauchfedern im Ring.

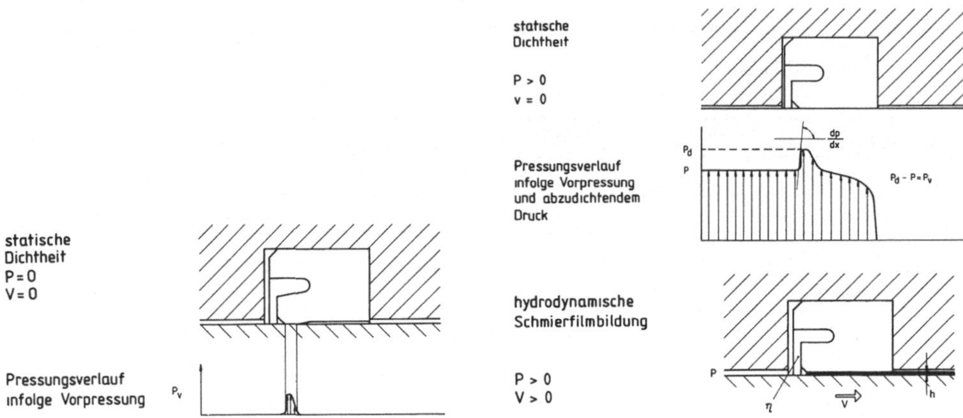

Bild 18.8: Druckaufbau in einer Nutringverbindung

Durch die Bewegung der abzudichtenden Welle (Stange) wirkt die Dichtung als Flüssigkeitsabstreifer. Wegen der Adhäsion entsteht eine Schleppströmung durch den Dichtspalt, d.h. die Dichtung wird durch den hydrodynamischen Druckaufbau von der Gleitfläche abgehoben (Bild 18.8). Die Dicke des Flüssigkeitsfilmes, und damit die Leckmenge, hängt von der Zähigkeit des Mediums, der Anpressung und der Relativgeschwindigkeit ab. Wenn die ausgeschleppte Flüssigkeitsmenge beim Rückhub wieder in den Flüssigkeitsraum transportiert wird erscheint die Dichtung als "dicht". Damit beim Rückhub der Stange keine Schmutzpartikel unter die Dichtung transportiert werden, befinden sich vor Kolbenstangendichtungen meistens Abstreifer.

Durch die austretende Leckmenge werden auch die Reibungsverhältnisse und der Verschleiß an der Dichtung bestimmt. Da die Relativgeschwindigkeit und das Medium meistens vorgegeben sind, läßt sich der Druckverlauf im Schmierspalt nur noch durch die Gestaltung der Dichtlippe beeinflussen. Eine typische Pneumatikdichtung hat eine relativ lange, dünne Dichtlippe. Der Neigungswinkel zur Gleitfläche ist auf beiden Seiten ungefähr gleich. Somit wird der bei der Montage aufgebrachte Schmierfilm gut erhalten.

Bei Hydraulikdichtungen soll das Medium möglichst gut abgestreift werden, damit die Leckmenge gering bleibt. Dies führt zu kurzen, dicken Dichtlippen mit unterschiedlichem Neigungswinkel zur Gleitfläche (Bild 18.9).

Bei zu starker Anpressung der Dichtlippe entsteht Mischreibung oder Grenzreibung. Elastomerdichtungen ergeben in diesem Fall bei niedrigen Drücken große Reibungskräfte.

Liegt vor dem Nutring ein langer Spalt, so kann der Druckaufbau im Spalt (Schleppströmung) die Dichtung schnell zerstören. In diesem Fall sind spiralförmige Entlastungsnuten im Spalt vorzusehen oder Führungsbänder mit schrägem Stoß einzusetzen.

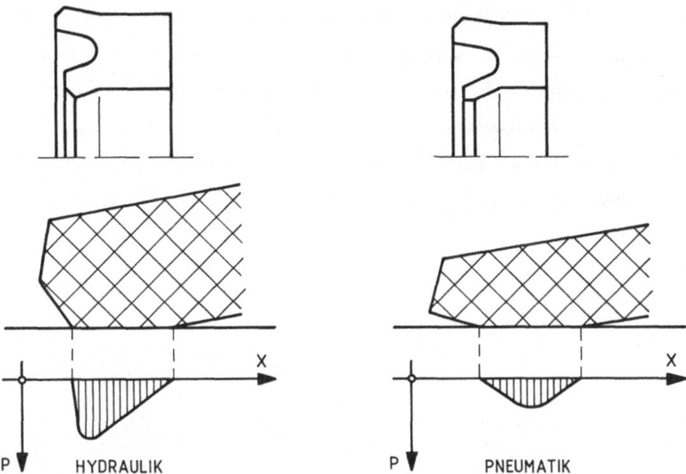

Bild 18.9: Bauformen von Nutringen

Im Gegensatz zu Nutringen werden Manschetten beim Einbau eingespannt. Manschetten können auch als Schutzdichtung oder Abstreifer eingebaut werden. Abgedichtet wird nur in einer Bewegungsrichtung. Als Stangenabdichtung werden Hutmanschetten mit innenliegender Dichtlippe eingesetzt. Kolbenabdichtungen lassen sich durch Topfmanschetten mit außenliegenden Dichtlippen erreichen. Bei geringen Betriebsdrücken sind bei beiden Typen federbelastete Dichtlippen einzusetzen. Liegen die Drücke über 10 bar, so sind Stützplatten erforderlich.

Manschettendichtungen werden vorzugsweise in der Pneumatik und Niederdruckhydraulik eingesetzt.

18.3.3 Ringdichtungen

a) **O - Ring**

Diese lassen sich auch bei dynamischer Abdichtung einsetzen. Die elastische Verformung der Ringe wird jedoch kleiner gehalten als bei statischer Abdichtung. Als Hydraulikdichtungen werden sie jedoch nur bei kleiner Hubbewgung und begrenztem Bauraum verwendet. Der O - Ring ist grundsätzlich in das ruhende Bauteil einzubauen. Im Bild 18.4 sind ebenfalls die Anwendungsgrenzen für Abdichtungen mit Relativbewegung angegeben.

b) PTFE Dichtung

Dichtungen aus Teflon (PTFE) ergeben einen niedrigen Reibungskoeffizient und lassen ruckfreien Anlauf (Stick Slipp) zu. Üblicherweise wird der rechteckige PTFE - Ring durch einen Elastomerring (O - Ring) vorgepreßt (Bild 18.10). Der Elastomerring übernimmt auch die Abdichtung auf der Rückseite und ermöglicht eine flexible Zentrierung des PTFE - Ringes zur Bohrung. Da der PTFE - Ring sich schnell einschleift, baut sich ein hydrodynamischer Schmierfilm im Spalt auf. In Hydraulikanwendungen werden wegen der geringen Leckmenge PTFE - Ringe mit Dichtkante eingesetzt. Auch hier sorgt wie bei den Nutringen die flache Rückflanke für ein gutes Rückschleppen der ausgetretenen Leckmenge.

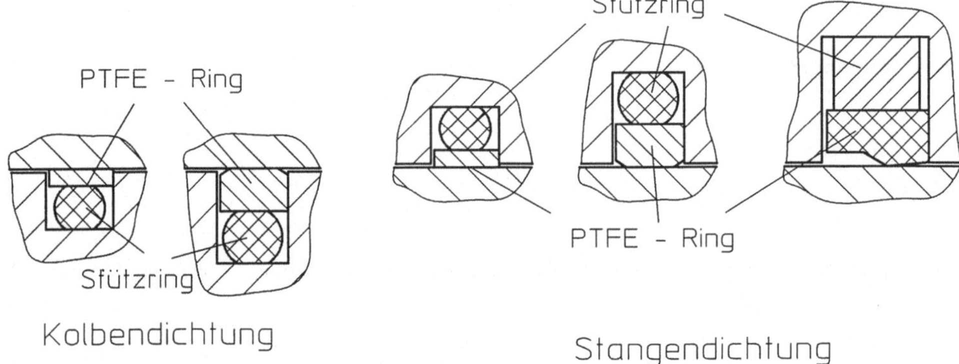

Bild 18.10: Bauformen von PTFE Dichtungen mit Stützring

c) Kolbenring

Die Dichtung besteht aus einem elastisch verformbaren Metallring mit überwiegend rechteckigem Querschnitt. Durch die elastische Verformung des Ringes wird die Vorpressung erreicht. Die Dichtpressung erfolgt durch den Innendruck des Mediums. Kolbenringe dichten radial auf der Zylinderfläche und axial gegen die Nutflanke ab.

In der Motorentechnik werden in der Regel Kolbenringe aus Sonderguß eingesetzt. Die Ringe werden massiv gegossen, auf Formdrehmaschinen unrund gedreht und danach meist einfach radial geschlitzt. Abschließend erfolgt die Oberflächenbehandlung zur Verbesserung des Laufverhaltens (Phosphatieren, Verkupfern, Keramikbeschichtung). Bauformen und Abmessungen sind in DIN 24909 und DIN 70907 festgelegt. Neben der Abdichtung haben die Ringe die anfallende Wärme vom Kolben zum Zylinder abzuleiten und Öl an der Zylinderwand abzusteifen.

18.3.4 Radial - Wellendichtring

Radialwellendichtringe (RWDR) werden bevorzugt zur Abdichtung rotierender Konstruktionselemente verwendet. Die abzudichtenden Medien können gasförmig, flüssig oder pastös sein. Der überwiegende Einsatzfall liegt in der Abdichtung von Schmierölen und Schmierfetten. Die Hauptabmessungen der gebräuchlichsten Ausführungen sind in DIN 3760 und ISO 6194 genormt.

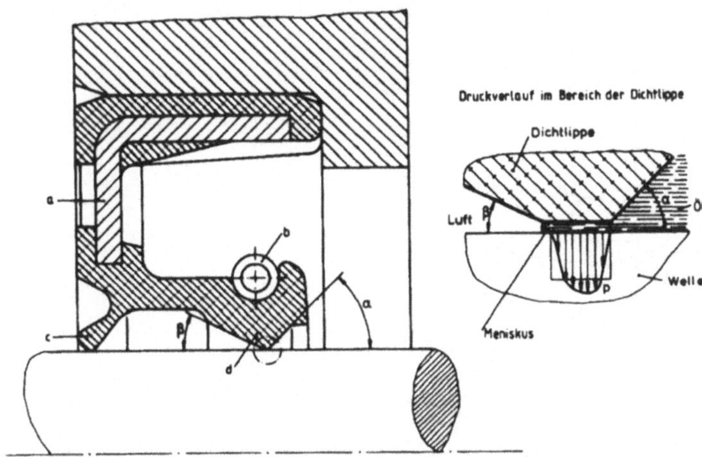

Bild 18.11: Dichtwirkung beim Radialwellendichtring (RWDR)

Beim RWDR ist an einem Außenmantel aus Elastomer oder Metall eine Membrane mit Dichtlippe anvulkanisiert (Bild 18.11). Die Dichtwirkung der Membrane wird durch eine zusätzliche Feder verstärkt. Zum Schutz der Dichtlippe vor Schmutz kann eine zusätzliche Schutzlippe vorhanden sein.

Die Dichtlippe ist prinzipiell wie bei den Nutringen gestaltet. Somit ergibt sich unter der Dichtlippe ein hydrodynamisch wirkender Schmierfilm von wenigen µm. Die eigentliche Dichtwirkung beruht auf den Oberflächenkräften im Meniskus auf der Luftseite des Schmierfilmes. Der hydrodynamisch aufgebaute Schmierfilm muß auch die anfallende Reibungswärme abführen. Damit die Schleppströmung unter der Dichtlippe bleibt, darf der zulässige Betriebsdruck im Innenraum nur gering sein. Daher werden RWDR bevorzugt bei drucklosen Abdichtfällen (Getriebebau) eingesetzt. Bei der Abdichtung gegen geringen Innendruck muß die Gleitgeschwindigkeit an der Dichtlippe erheblich reduziert werden. Die Einsatzgrenzen für verschiedene RWDW sind im Bild 18.12 angegeben. Die Einsatzgrenzen werden nur bei sorgfältig gestalteten Dichtstellen erreicht.

Zur Vermeidung von Förderwirkungen unter der Dichtlippe ist die Dichtfläche durch Einstichschleifen mit R_a = 0,2 .. 0,8 µm herzustellen. Die Lauffläche sollte mindestens eine Härte von 45 HRC , bei Gleitgeschwindigkeiten > 4 m/s von mindestens 55 HRC haben. Eventuell muß die Dichtlippe auf einer

Laufbüchse angeordnet werden, die auf der Innenseite mittels eines O - Ringes abgedichtet wird. Wegen der empfindlichen Dichtlippe sind bei der Montage Einbauschrägen oder Einbauhülsen erforderlich. Die Dichtlippen sind bei der Montage mit Fett zu schmieren.

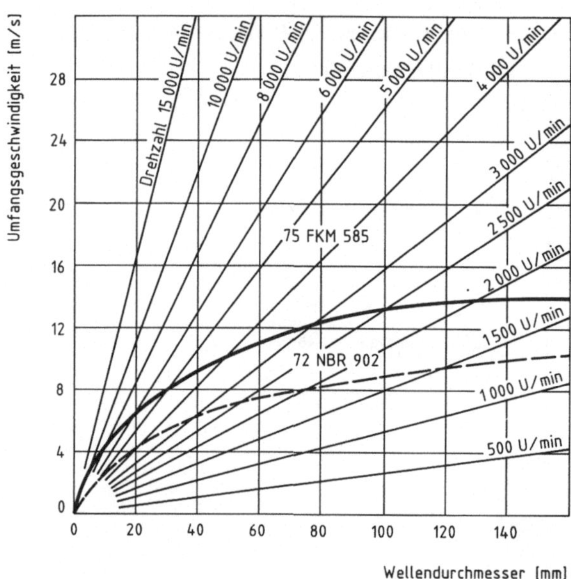

Bild 18.12: Einsatzgrenzen des Radialwellendichtringes (DIN 3760)

Bei starkem Schmutzanfall oder Druckbelastung läßt sich durch zwei RWDR in Tandemanordnung eine Fettkammer bilden. Damit beim Nachschmieren kein Überdruck in der Kammer entstehen kann, muß eine Dichtlippe nach außen zeigen. Das gleiche Prinzip läßt sich auch zur Abdichtung des unteren Lagers bei senkrechten Wellen verwenden. Hier werden jedoch beide RWDR mit der Dichtlippe zum Innenraum eingebaut.

18.3.5 Axiale Dichtscheiben

Mit den bisher beschriebenen Dichtungstypen lassen sich ebenfalls axial wirkende Dichtungen, bei denen die Abdichtung auf einer radialen Fläche vorgenommen wird, realisieren (Bild 18.13).

Es überwiegen Lippendichtungen, die durch die elastische Verformung der Dichtlippe eine axiale Anpressung erreichen (V - Ring). Da der Ring durch elastische Verspannung auf der Welle befestigt wird, ist keine genaue Bearbeitung auf der Welle notwendig und eine einfache Montage möglich. Die Dichtlippe wirkt gegen andrängenden Schmutz als Schleuderscheibe. Bei hohen Umfangsgeschwindigkeiten (v > 12 m/s) wird die Dichtlippe durch Zentrifugalkräfte abgehoben und es bildet sich ein radialer Spalt. Wegen der geringen Anpreßkraft lassen sich auch Fluchtungsfehler und Winkelversatz der Anlagefläche ohne Verlust der Dichtwirkung ausgleichen. Die Gehäusefläche sollte mit R_a = 1,5 .. 3 µm ohne radiale Bearbeitungsriefen gefertigt werden.

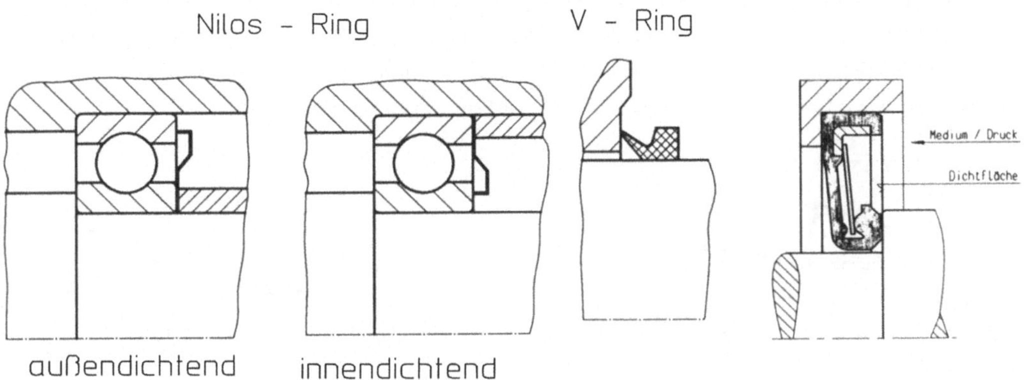

Bild 18.13: Bauformen axialer Berührungsdichtungen

Auf ähnliche Weise arbeiten die federnden Anpreßscheiben zur Abdichtung von fettgeschmierten Wälzlagern (Nilos - Ring). Nach dem Einlaufen arbeitet die Dichtung verschleißlos und bildet eine Labyrinthdichtung (Kap. 18.4.1). Solche Ringe sind für alle gebräuchlichen Wälzlagerbauformen lieferbar. Wegen der kleineren Umfangsgeschwindigkeit sind Bauformen, die am Innenring des Lagers abdichten, zu bevorzugen.

Nach dem gleichen Prinzip sind ebenfalls Axiale Wellendichtringe (AWDR) aufgebaut. Der innere Aufbau und das Wirkprinzip entspricht dem RWDR. Die Anpressung erfolgt jedoch axial über eine eingebaute Sternfeder, vorzugsweise am Innenring eines Wälzlagers. Bei entsprechend gestalteter radialer Anlagefläche kann auch gegen eine Wellenschulter oder gegen das Gehäuse abgedichtet werden. Für die Lauffläche gelten die gleichen Hinweise wie bei den RWDR.

Berührende Lagerabdichtungen sind im Bild 10.24 (Kap. 10) dargestellt.

18.3.6 Axiale Gleitringdichtungen

Durch axiale Gleitringdichtungen lassen sich rotierende Wellen gegenüber Flüssigkeiten, Gasen, Dämpfen, Säuren, Laugen, u.s.w. bis zu höchsten Drehzahlen gut abdichten. Wegen der geringen Leckverluste und der großen Lebensdauer werden sie bevorzugt im Anlagenbau eingesetzt. Merkmale und Ausführungsformen von Gleitringdichtungen sind in DIN 24960 angegeben. Die Unterteilung erfolgt nach der

Anordnung der Gleitringe und der Belastung (Bild 18.14).
Im wesentlichen besteht die Dichtung aus zwei Gleitringen, die über eine bzw. mehrere Federn kraftschlüssig vorgespannt werden, und einer zylindrischen Dichtung. Ein Gleitring rotiert mit der Welle bzw. dem Gehäuse. Der Innendruck wird zur Abdichtung der Gleitflächen herangezogen. Je nach Ausführungsart der druckbeaufschlagten Gleitringfläche wird zwischen teilentlasteten, vollentlasteten und nicht entlasteten Typen unterschieden. Die statische Abdichtung zwischen dem stehenden Gleitring und dem Gehäuse bzw. der Welle wird meistens über einen O - Ring vorgenommen. Dadurch lassen sich leicht Wellenverlagerungen und thermische bedingte Dehnungen kompensieren.

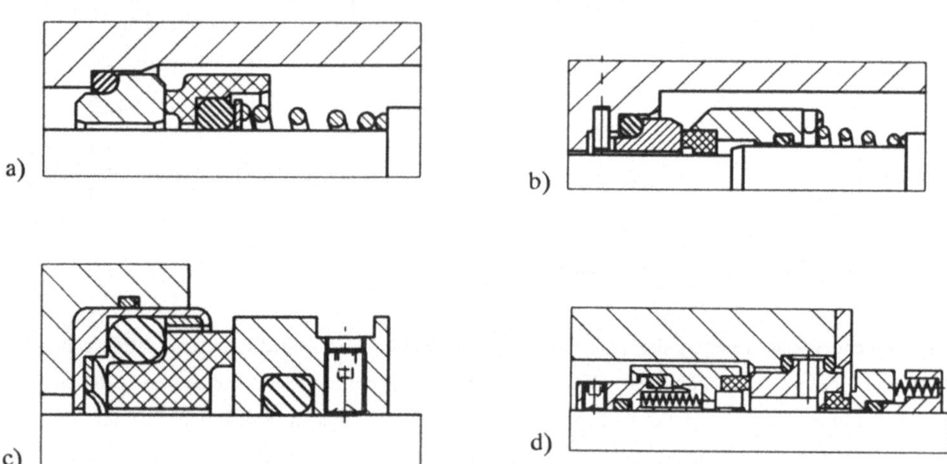

Bild 18.14: Bauformen axialer Gleitringdichtungen (Busak + Luyken; Stuttgart) a) belastet b) teilentlastet c) entlastet / rotierender Gegenring d) doppeltwirkende Dichtung

Als Gleitringwerkstoffe werden Kunstkohle, Elastomere, Keramik und Metalloxide eingesetzt. Die Gleitflächen der Gleitringe werden mit einer Rauhigkeit von R_a = 0,1 .. 0,5 μm hergestellt. Wegen der Mischreibung auf dem Flächen ist mit einem Reibwert von 0,05 .. 0,1 zu rechnen.
Der Anwendungsbereich der Dichtungen erstreckt sich vom Vakuum bis zu höchsten Drücken.

Zur Gasabdichtung werden hydrostatische Dichtungen mit glatter Reibfläche eingesetzt. Zwischen den Reibflächen liegt oft Grenzreibung vor. Zur Abdichtung von Flüssigkeiten werden hydrodynamisch wirkende Typen eingesetzt. Bei diesen haben die Gleitflächen Ausnehmungen zur Erzeugung des hydrodynamischen Druckaufbaues. Wegen der Flüssigkeitsreibung tritt im Betrieb kein Verschleiß an den Reibflächen auf.
Sollen chemisch gefährliche Stoffe oder Flüssigkeiten mit hohem Festkörperanteil abgedichtet werden,

so werden doppelte Dichtungen eingesetzt. Die äußere Dichtung muß dann durch eine zusätzliche Sperrflüssigkeit geschmiert und gekühlt werden.

18.4 Berührungslose Dichtungen

Da berührende Dichtungen durch Reibung und Verschleiß versagen, lassen sich sehr große Umfangsgeschwindigkeiten nur berührungslos abdichten. Die Anwendung solcher Dichtungen erfolgt überwiegend im Turbinen- und Pumpenbau.

18.4.1 Drosseldichtungen

Die einfachste Bauform einer Drosseldichtung stellt der glatte Spalt dar (Bild 18.15). Entlang des Spaltes wird Druckenergie in kinetische Energie umgesetzt. Der auftretende Leckstrom ist von der Spaltgeometrie (Länge, Spaltweite), der Druckdifferenz und den Zustandsgrößen (Temperatur, Viskosität) des Mediums abhängig. Bei laminarer Spaltströmung ergibt sich:

$$\overset{*}{Q} = \frac{\Delta p \; d_m \; \pi \; h^3}{12 \; \eta \; L} \qquad (18.3)$$

η dynamische Viskosität des Mediums

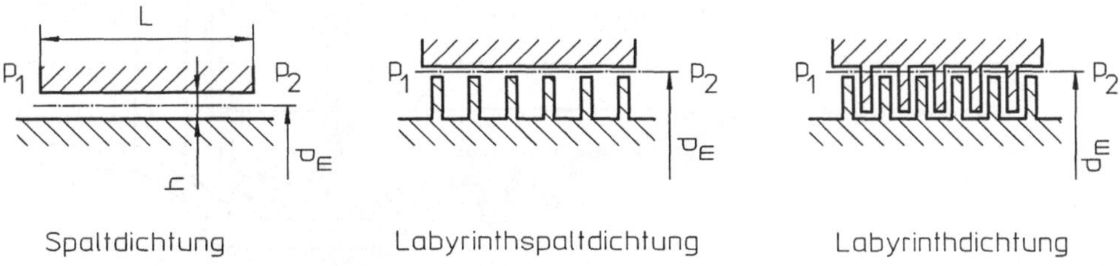

Bild 18.15: Berührungslose Dichtungen

Bei sehr großen Druckdifferenzen baut die einfache Spaltdichtung zu lang. Daher werden dann Labyrinthdichtungen oder Labyrinthspalte eingesetzt. Diese bestehen aus einer Vielzahl von abwechselnd hintereinander angeordneten kurzen Ringspalten. Da der Ringspalt (möglichst mit scharfer Kante) als Drosselstelle wirkt, wird die Druckenergie in Geschwindigkeitsenergie umgewandelt. Durch Verwirbelung in der nachfolgenden Kammer wird diese dann in Reibungswärme umgewandelt. Die Leckmenge hängt von der Druckdifferenz, der Labyrinthgeometrie und der Anzahl der Drosselstellen ab. Ausführungsformen zur Abdichtung an Lagerstellen sind im Kap. 10 (Bild 10.23) dargestellt. Im Turbomaschinenbau werden Labyrinthdichtungen in axialer oder radialer Bauform ausgeführt.

Die Labyrinthspaltdichtung wird nur dann eingesetzt, wenn wegen großer axialer Bewegung der Welle oder aus Montagegründen eine Labyrinthdichtung nicht benutzt werden kann.

18.4.2 Schutzdichtungen

a) Membranen

Es handelt sich um quer verformbare Bauteile aus Elastomeren. Die Membran wird im Gehäuse eingespannt. Somit liegt eine statische Dichtung vor. Durch die Membran lassen sich zwei Räume mit unterschiedlichem Druck oder unterschiedlichem Medium einfach trennen. Sie werden in pneumatischen bzw. hydraulischen Geräten eingesetzt um Schalt-, Regel- oder Speicheraufgaben zu erfüllen. Nur mit Rollmembranen können auch große Hübe realisiert werden.

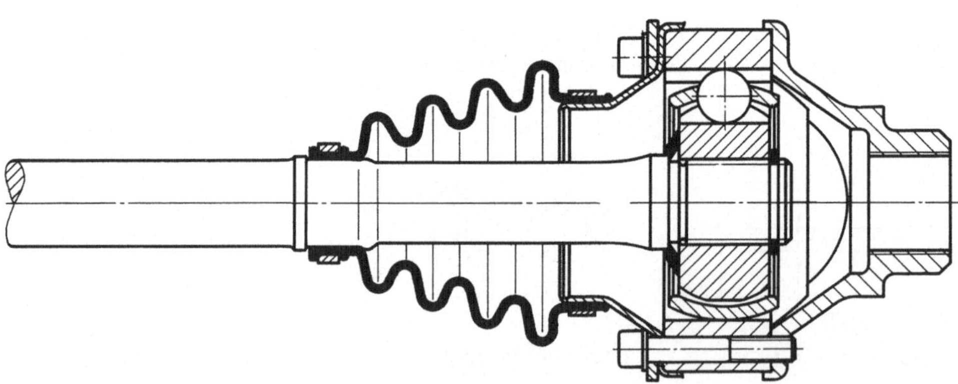

Bild 18.16: Anwendungsbeispiel für einen Faltenbalg

b) Faltenbalg

Diese Bauteile werden zum Schutz gegen Schmutz, Fremdkörper oder aggressive Medien an Konstruktionselementen mit axialer oder radialer Bewegung eingesetzt. Der Balg mit geringer Wandstärke hat viele umlaufende Falten und kann aus Elastomeren in nahezu beliebiger Form hergestellt werden. Elastomerbälge werden oft zum Schutz von Gelenken (z. B. Gleichlaufgelenke), Schubstangen und Hebeln eingesetzt. Der abzudichtende Druckunterschied darf nur gering sein.

Mit Bälgen aus Metall (Wellrohre) lassen sich bei begrenzter Hubbwegung stopfbuchsenfreie Dichtungen an Spindeln realisieren. Wellrohre aus Messing oder nichtrostendem Stahl werden auch zur Abdichtung von Ventilspindeln bei giftigen Medien eingesetzt.

ANHANG

K: Wälzlager

L: Gleitlager

M: Kupplungen

N: Stirnradgetriebe

O: Kegelradgetriebe

P: Schraubwälzgetriebe

Q: Umschlingungsgetriebe

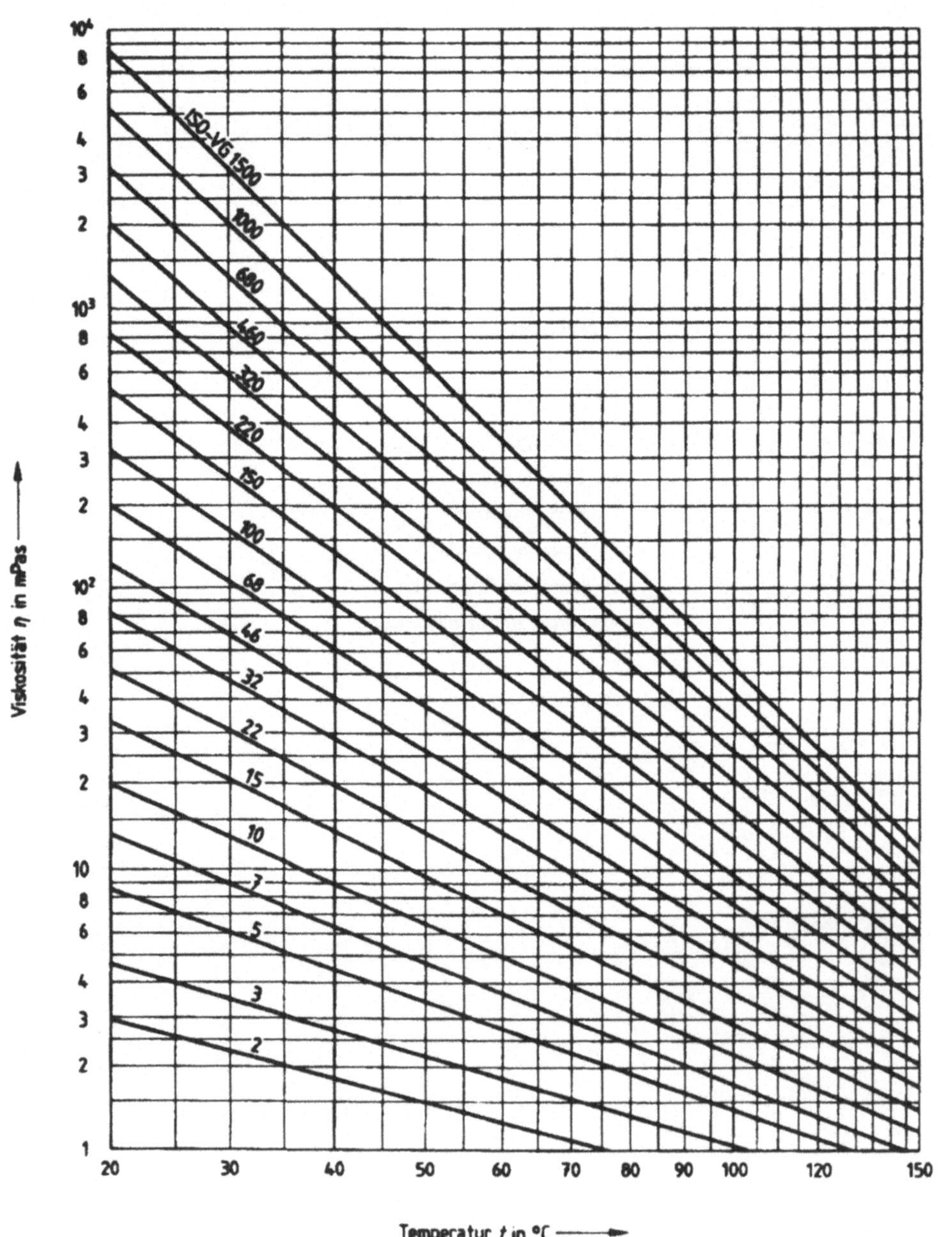

Anhang L Bild 1: Abhängigkeit der Viskosität von der Temperatur

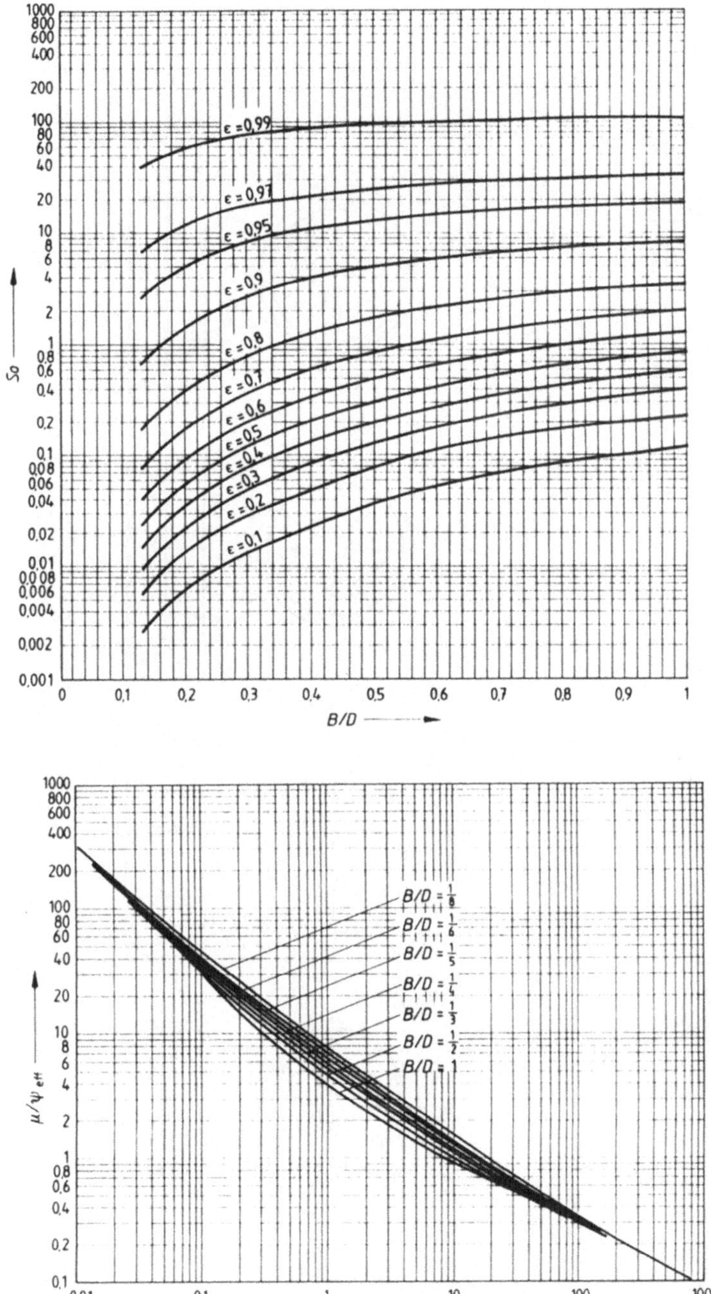

Anhang L Bild 2: Sommerfeldzahl und Reibungszahl μ für Radiallager

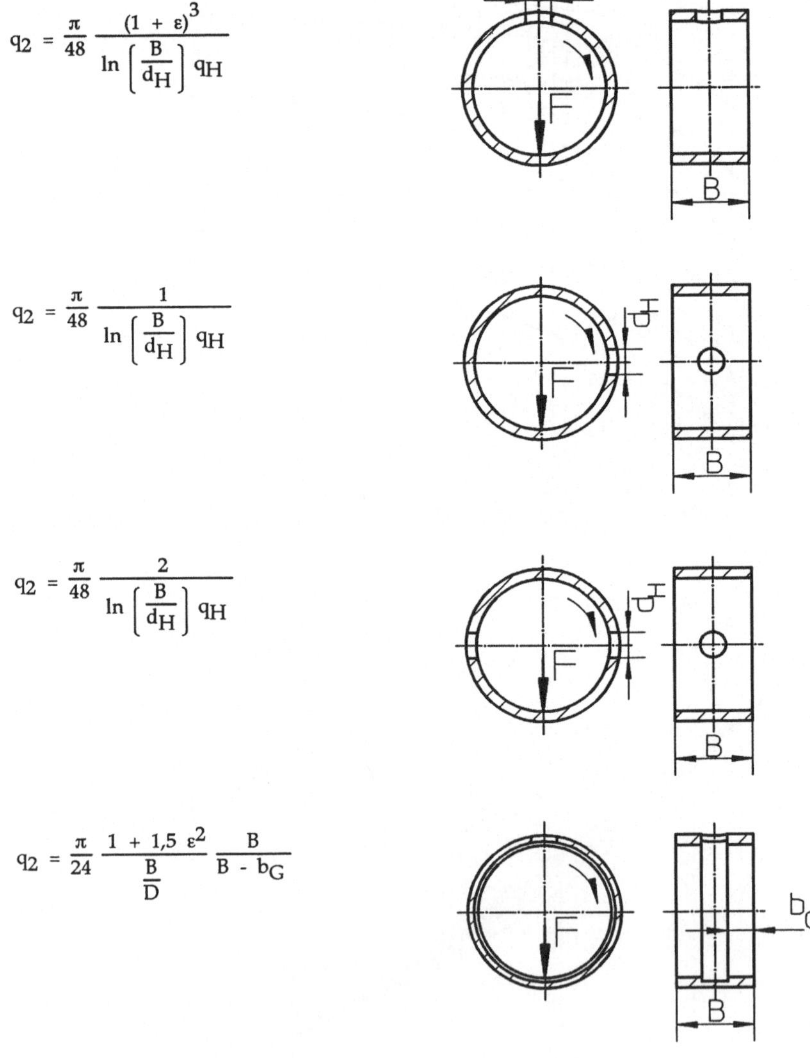

$$q_H = 1{,}204 + 0{,}368 \left(\frac{d_H}{B}\right) - 1{,}046 \left(\frac{d_H}{B}\right)^2 + 1{,}942 \left(\frac{d_H}{B}\right)^3$$

Anhang L Bild 3: Korrekturfaktor q_2 für verschiedene Ölzuführungen

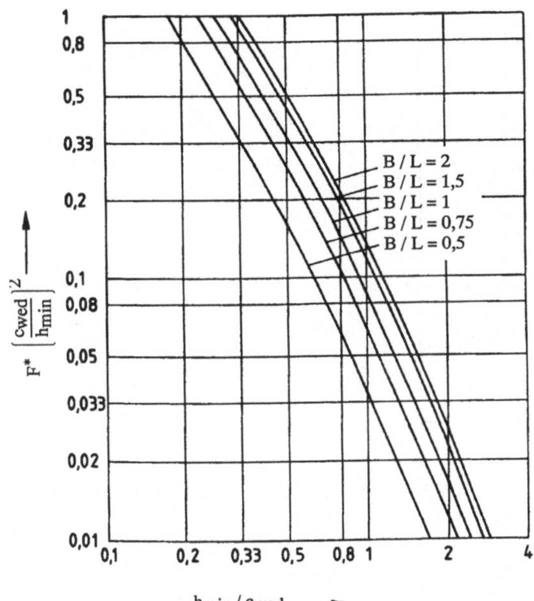

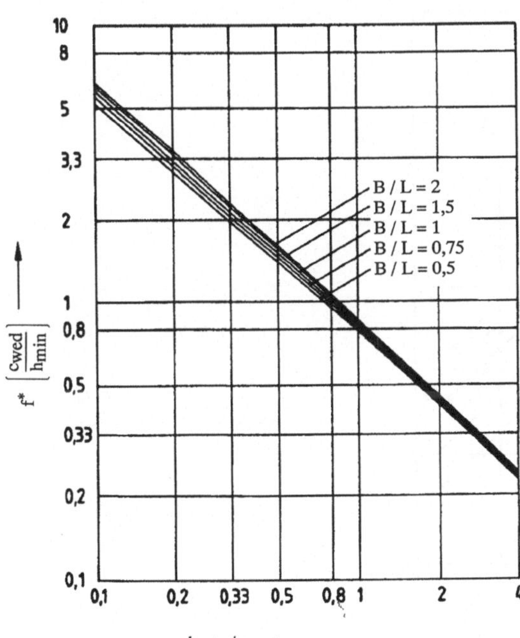

Anhang L Bild 4: Tragfähigkeitszahl (F*) und Reibungszahl (f*) für axiale Segmentlager

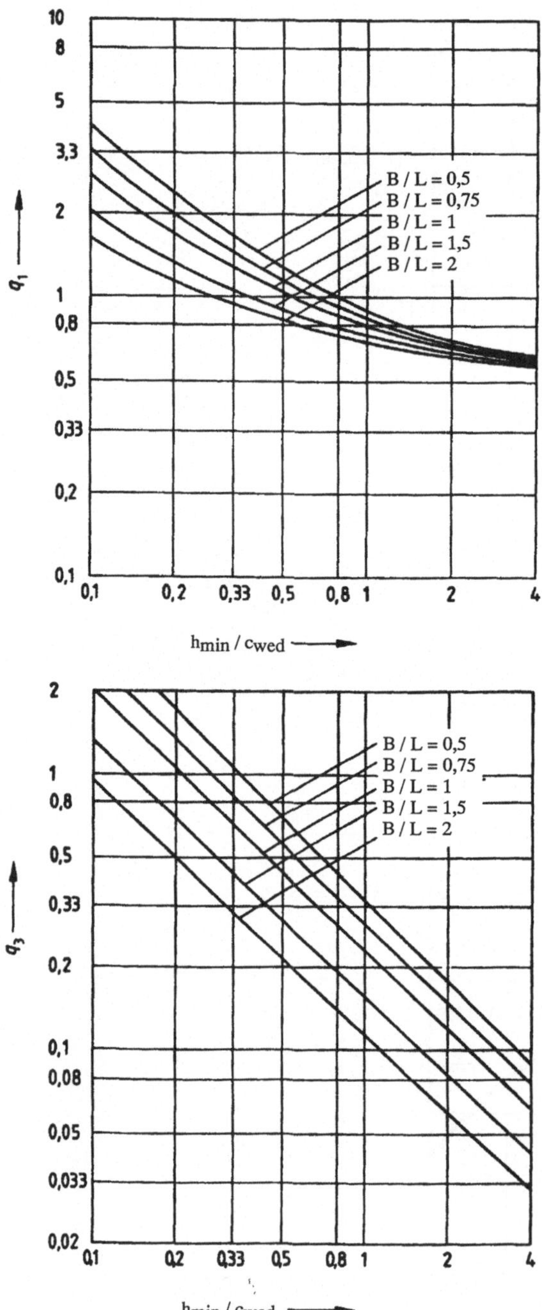

Anhang L Bild 5: Durchflußzahlen q_1 und q_3 für axiale Segmentlager

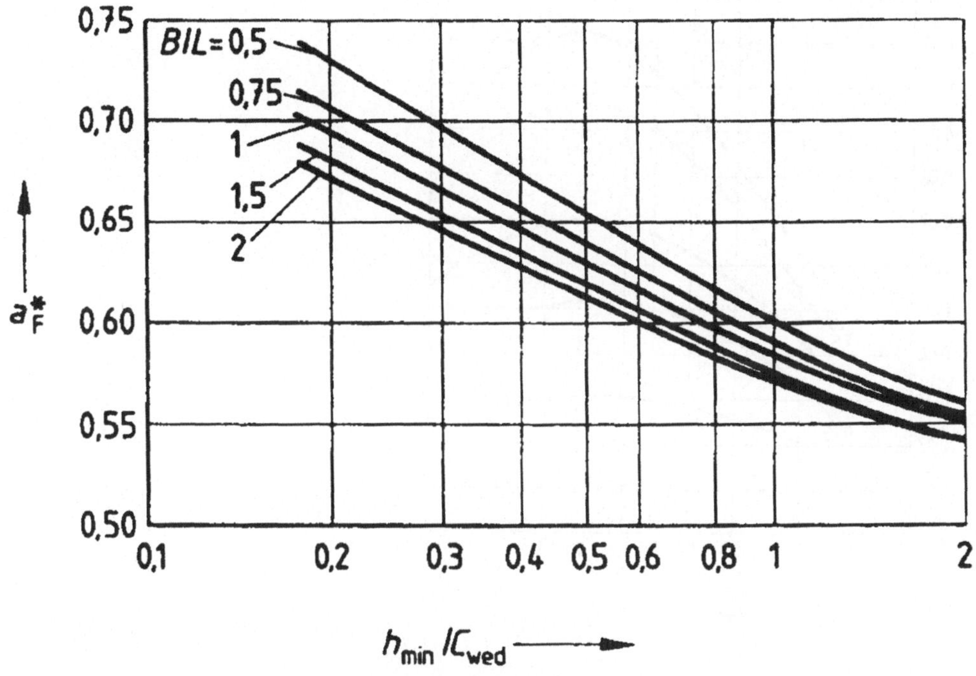

Anhang L Bild 6: Lage der Kippkante in Kippsegmentlagern

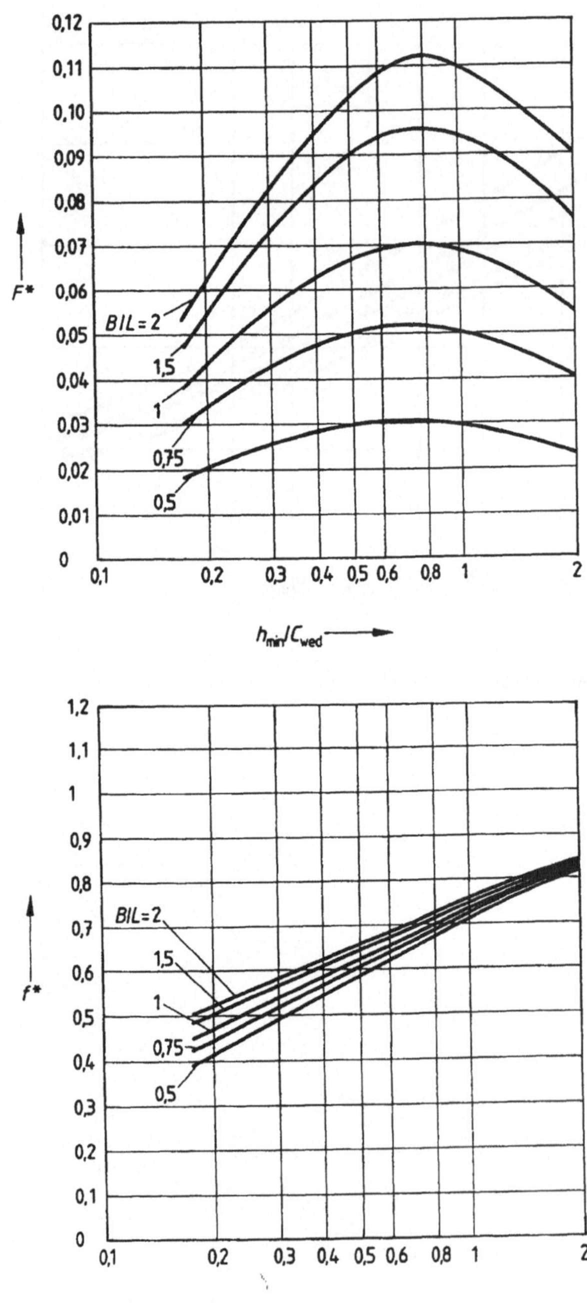

Anhang L Bild 7: Tragfähigkeitszahl (F*) und Reibungszahl (f*) für Kippsegmentlager

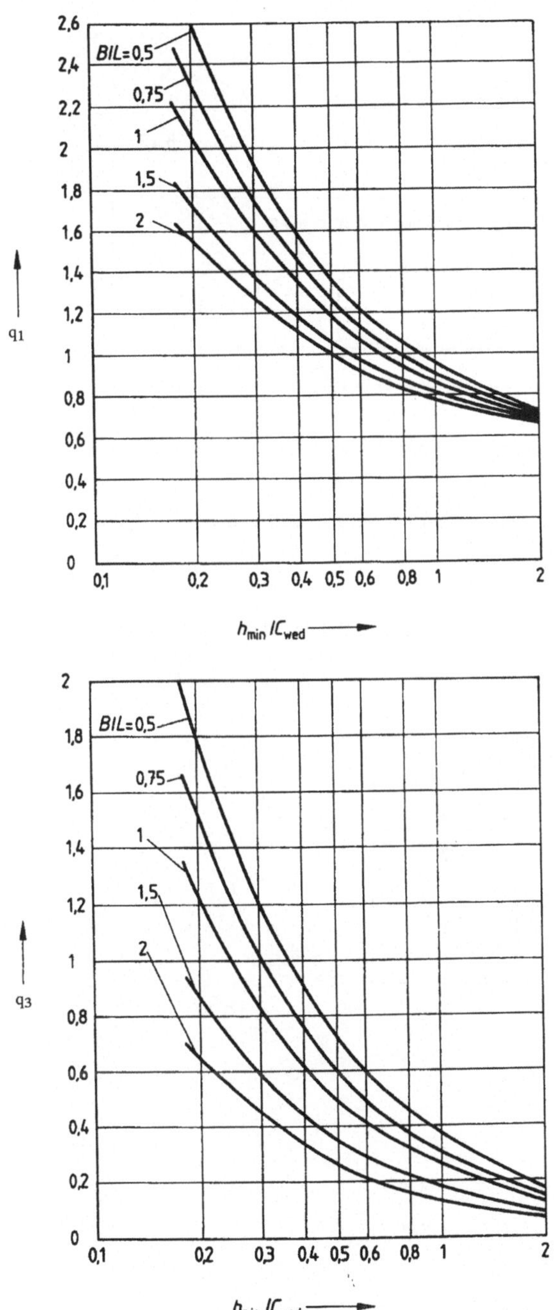

Anhang L Bild 8: Durchflußzahlen q_1 und q_3 für Kippsegmentlager

Anhang L Tabelle 1: Empfehlungen für das mittlere relative Lagerspiel (DIN 31653 T3)

$\Psi_m = 0{,}8 \sqrt[4]{u_s}$ in o/oo bei u_s in m/s

Vorzugswerte Ψ_m : 0,56 0,8 1,12 1,32 1,6 1,9 2,24 3,15

Wellendurchmesser d	Gleitgeschwindigkeit u in m/s			
mm	<3	3 .. 10	10 .. 25	25 .. 50
< 100	1,32	1,6	1,9	2,24
100 ... 250	1,12	1,32	1,6	1,9
> 250	1,12	1,12	1,32	1,6

In Abhängigkeit vom Nennmaß werden dann die Abmaße der Welle aus DIN 31698 entnommen.

Die Bohrung wird mit dem Grundabmaß H und den Toleranzgraden 5, 6 oder 7 gefertigt.

Anhang L Tabelle 2: Grenzwerte für Radiallager und Axiallager nach DIN 31652 ... 31656

a) zulässige spezifische Lagerbelastung p_{lim} in N/mm^2

Werkstoff nach DIN ISO 4381 ... 4383	Plim
PbSn - Legierungen	5
CuPb - Legierungen	7
CuSn - Legierungen	7
AlSn - Legierungen	7
AlZn - Legierungen	7

b) zulässige Lagertemperatur ϑ_{lim}

	ϑ_{lim} (°C)
Eigenschmierung	90 ... 100
Druckschmierung	100 ... 110

Anhang L Tabelle 3: Zulässige Schmierfilmdicken nach DIN 31652 ... 31656

a) $h_{0\,lim}$ in µm an Radiallagern

Wellendurchmesser d	Gleitgeschwindigkeit u in m/s			
mm	<1	1 .. 3	3 .. 10	10 .. 30
24 .. 63	3	4	5	7
63 .. 160	4	5	7	9
160 .. 400	6	7	9	11

b) $h_{0\,lim}$ in µm an Axiallagern ($h_{0\,lim} = 2 \ast 10^{-5} \sqrt{u\,D_m}$)

Wellendurchmesser d	Gleitgeschwindigkeit u in m/s			
mm	<4	4 .. 6,3	6,3 .. 10	10 .. 24
24 .. 63	8	9,5	12	17
63 .. 160	13	15	19	28
160 .. 400	20	24	30	44

c) $h_{0\,lim}$ in µm an Axialen Kippsegmentlagern

Wellendurchmesser d	Gleitgeschwindigkeit u in m/s			
mm	<4	4 .. 6,3	6,3 .. 10	10 .. 24
24 .. 63	4	4,8	6	8,5
63 .. 160	6,5	7,5	8,5	14
160 .. 400	10	12	15	22

Anhang L Tabelle 4: Wellenabmaße nach DIN 31698

Nennmaßbereich	Abmaße der Welle in μm für Ψm in °/oo							
	0,56	0,8	1,12	1,32	1,6	1,9	2,24	3,15
25 - 30	-	- 15	- 23	- 29	- 37	- 45	- 51	- 76
		- 21	- 29	- 35	- 43	- 51	- 60	- 85
30 - 35	-	- 17	- 27	- 34	- 43	- 48	- 59	- 89
		- 24	- 34	- 41	- 50	- 59	- 70	- 100
35 - 40	- 12	- 21	- 33	- 36	- 47	- 58	- 71	- 105
	- 19	- 28	- 40	- 47	- 58	- 69	- 82	- 116
40 - 45	- 14	- 25	- 34	- 43	- 55	- 67	- 82	- 120
	- 21	- 32	- 45	- 54	- 66	- 78	- 93	- 131
45 - 50	- 18	- 25	- 40	- 50	- 63	- 77	- 93	- 136
	- 25	- 36	- 51	- 60	- 74	- 88	- 104	- 147
50 - 55	- 19	- 26	- 43	- 53	- 68	- 84	- 102	- 149
	- 27	- 39	- 56	- 66	- 81	- 97	- 115	- 162
55 - 60	- 22	- 30	- 48	- 60	- 76	- 93	- 113	- 165
	- 30	- 43	- 61	- 73	- 89	- 106	- 126	- 178
60 - 70	- 20	- 36	- 57	- 70	- 80	- 99	- 121	- 180
	- 33	- 49	- 70	- 83	- 99	- 118	- 140	- 199
70 - 80	- 26	- 44	- 60	- 75	- 96	- 118	- 144	- 212
	- 39	- 57	- 79	- 94	- 115	- 137	- 162	- 231
80 - 90	- 29	- 50	- 67	- 84	- 108	- 133	- 162	- 239
	- 44	- 65	- 89	- 106	- 130	- 155	- 184	- 261
90 - 100	- 35	- 58	- 78	- 97	- 124	- 152	- 184	- 271
	- 50	- 73	- 100	- 119	- 146	- 174	- 206	- 293

oberhalb der Stufenlinie entsprechen die Abmaße IT 4, zwischen den Stufenlinien IT 5 und unterhalb der unteren Stufenlinie IT 6

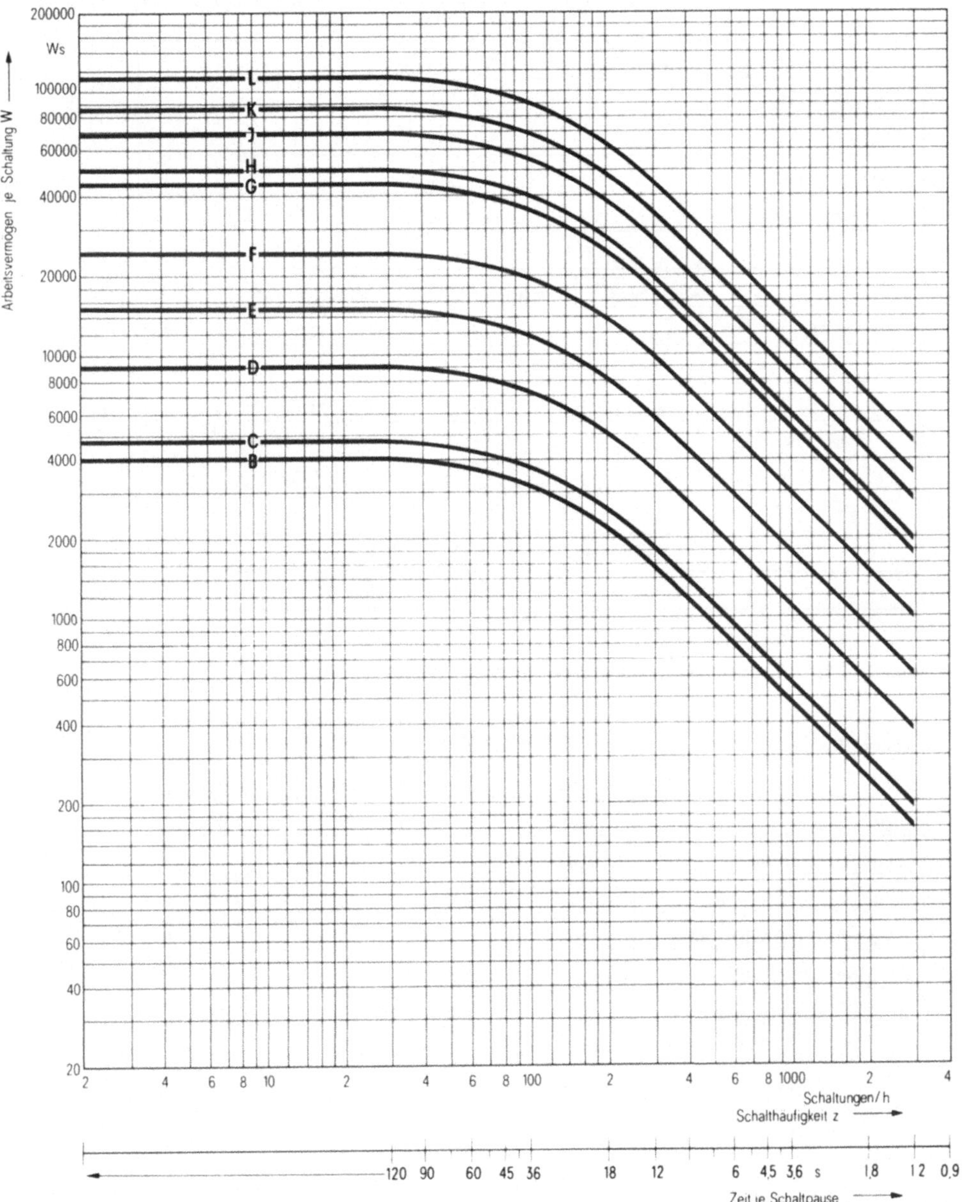

Anhang M Bild 1: Zulässiges Arbeitsvermögen von Lamellenkupplungen (ZF; Friedrichshafen)

Anhang M Tabelle1: Berechnungsfaktoren zur Auslegung elastischer Ausgleichskupplungen (DIN 740)

ϑ °C	S_ϑ für Werkstoffmischung		
	Naturgummmi	Elastomere	Kautschuk
- 20 < ϑ < + 30	1	1	1
+ 30 < ϑ < + 40	1,1	1,2	1
+ 40 < ϑ < + 60	1,4	1,5	1
+ 60 < ϑ < + 80	1,6	1,8	1,2

	leichter Stoß	mittlerer Stoß	schwerer Stoß
S_A, S_L	1,5	1,8	2

	z < 120 1/h	120 < z < 240
S_Z	1	1,3

	$f_i < 10$ Hz	$f_i > 10$ Hz
S_f	1	$\sqrt{0{,}1\, f_i}$

Anhang M Tabelle 2: Reibwerte an Lamellenpaarungen nach VDI 2241

Reibstoffpaarung	Gleitreibungszahl μ		Haftreibungszahl μ_0	
	naß	trocken	naß	trocken
Stahl / Stahl	0,05		0,1	
Stahl / Sinterbronze	0,07		0,1	
Stahl / organischer Belag	0,15	0,4	0,15	0,45
Gußeisen / organischer Belag	0,3		0,35	
Metallkeramik / Stahl		0,45		0,5
Metallkeramik / Gußeisen		0,4		0,45

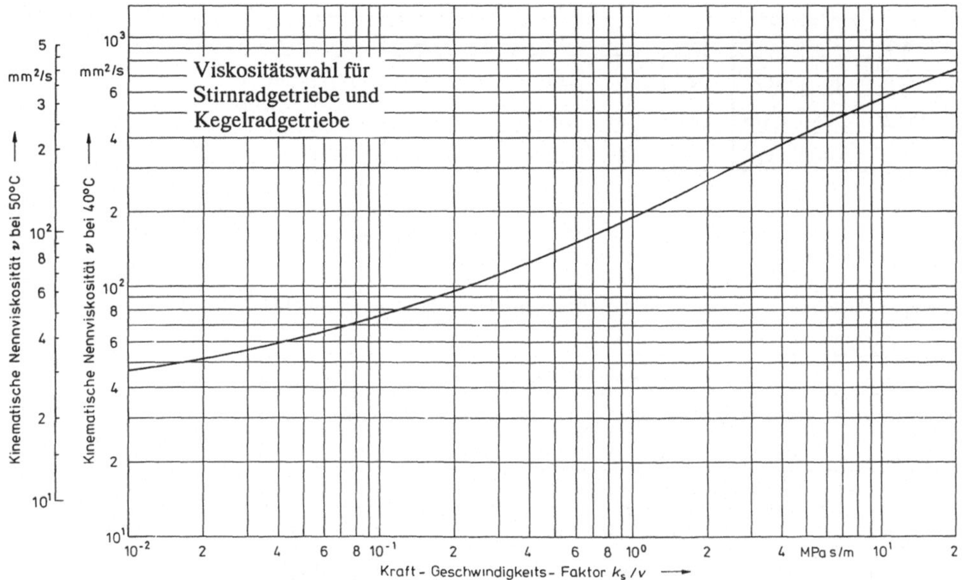

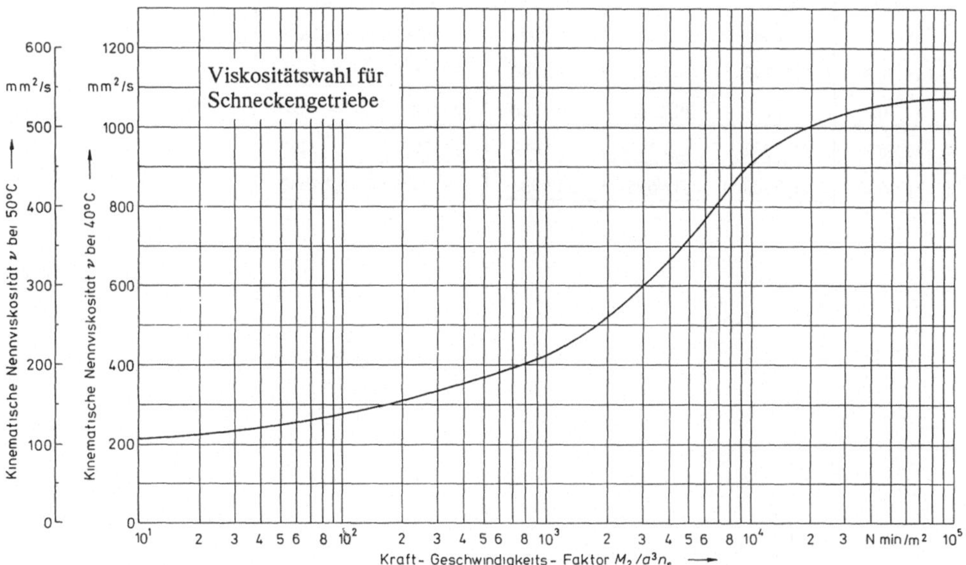

Anhang N Bild 1: Ermittlung der kinematischen Nennviskosität zur Getriebeschmierung

Anhang N Tabelle 1: Modulreihe nach DIN 780 (Auszug)

Reihe 1:	1	1,25	1,5	2	2,5	3	4	5	6
	8	10	12	16	20	25	32	40	50
Reihe 2:	1,125	1,375	1,75	2,25	2,75	3,5	4,5	5,5	7
	9	11	14	18	22	28	36	45	

Anhang N Tabelle 2: Schrägungswinkel für Stirnradverzahnungen nach DIN 3978

Normalmodul m_n					
1 2	4 8	1,25 2,5	5 10	1,5 3	6 12
Reihe 1	Reihe 2	Reihe 1	Reihe 2	Reihe 1	Reihe 2
		5,3794		6,4594	
5,7392		7,1808	6,2793	8,6269	7,5418
7,1808	6,4594	8,9893	8,0840	10,8069	9,7151
8,6269	7,9032	10,8069	9,8969	13,0029	11,9027
10,0787	9,3520	12,6356	11,7198	15,2185	14,1080
11,5370	10,8069	14,4775	13,5548	17,4576	16,3348
13,0029	12,2689	16,3348	15,4041	19,7246	18,5873
14,4775	13,7390	18,2100	17,2700	22,0243	20,8701
15,9620	15,2185	20,1055	19,1550	24,3620	23,1880
17,4576	16,7083	22,0243	21,0618	26,7437	25,5469
18,9656	18,2100	23,9695	22,9934	29,1764	27,9532

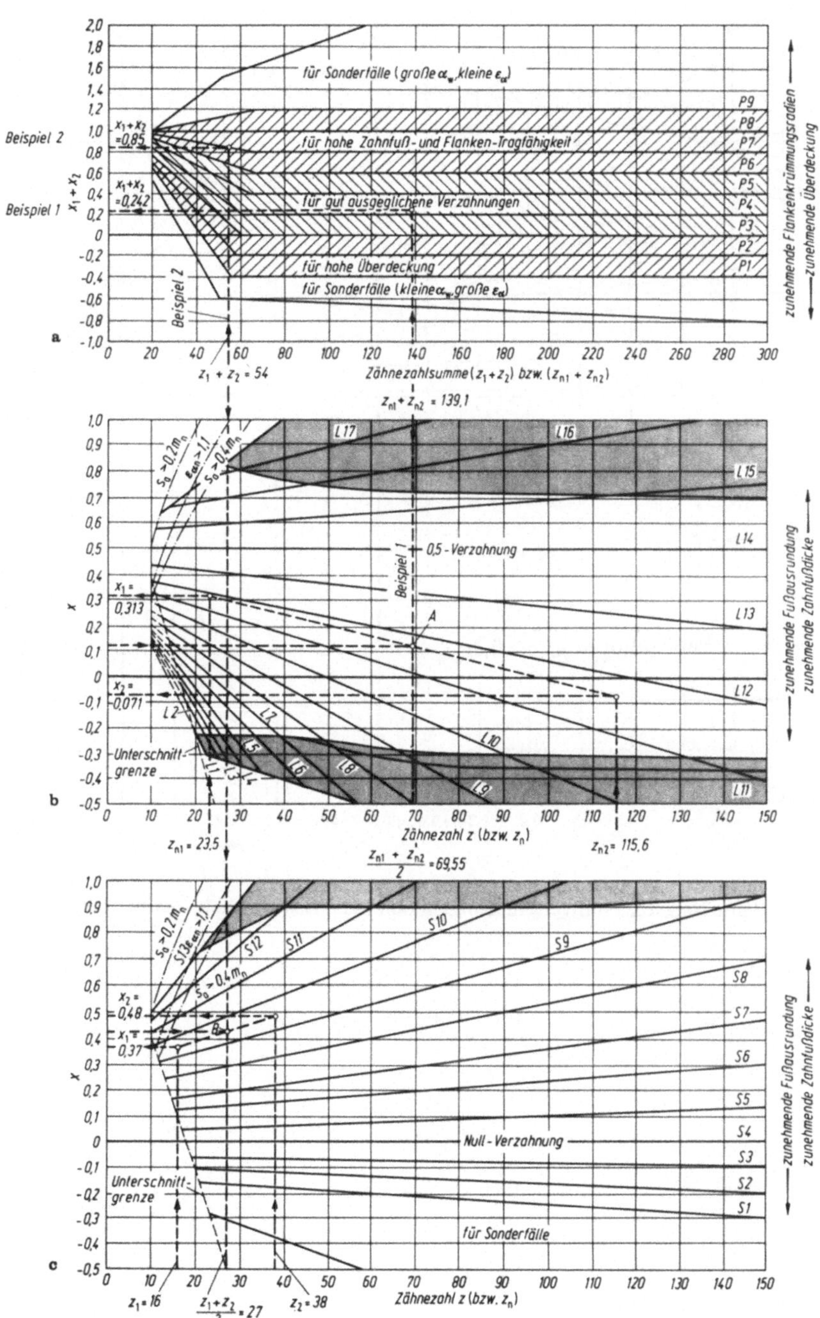

Anhang N Bild 2: Aufteilung der Profilverschiebungssumme bei außenverzahnten Stirnrädern

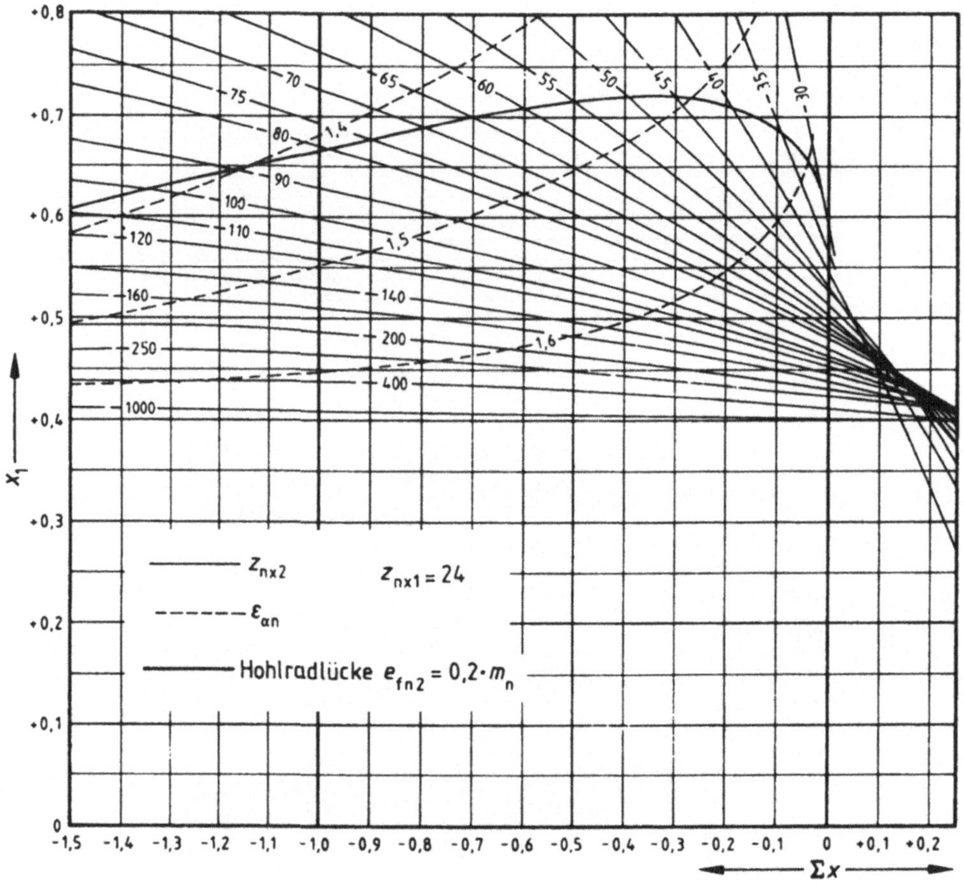

Anhang N Bild 3: Aufteilung der Profilverschiebungssumme bei innenverzahnten Stirnrädern

Anhang N Tabelle 3: Werkstoffdaten für Stirn- und Kegelradgetriebe

Nr	Art, Behandlung		δ[a])	Anwendung, Eigenschaften	HB Flanke	σ_{Hlim} in N/mm²[g])	σ_{FE} in N/mm²[g])
1	Grauguß	GG-20		für komplizierte Radformen, kostengünstig, leicht zerspanbar, geräuschdämpfend – stoßempfindlich	180	300[h])	80[h])
2	DIN 1691	GG-25			220	340[h])	110[h])
3	Schwarzer	GTS-35	12%	für kleine Abmessungen, Eigenschaften zwischen GG und GS	150	350[h])	280[h])
4	Temperguß DIN 1692	GTS-65	3%		220	440[h])	310[h])
5	Sphäroguß	GGG 40	12%	auch für große Abmessungen; Eigenschaften zwischen GG und GS, auch Flamm- und Induktionshärtung möglich	180	390...470[h])	280.. 370[h])
6	DIN 1693	GGG 60	4%		250	490 570[h])	330 430[h])
7		GGG 100[k])	4%		350	..700	520
	Unlegierter Stahlguß			bei großen Abmessungen kostengünstiger als gewalzte oder geschmiedete Räder – schwer vergießbar (Lunker, Gußspannungen)			
8	DIN 1681	GS-52.1	18%		160	320[h])	250[h])
9		GS-60.1	15%		180	340[h])	270[h])
10	Allgemeine	St37	25%	St37 gut schweißbar, kein definiertes Gefüge	120	320[h])	250[h])
11	Baustähle	St50	20%		160	370[h])	280[h])
12	DIN 17100	St60	15%		190	430[h])	300[h])

Nr	Art, Behandlung		R_m in N/mm² für Vergütungsquerschnitt[b]) nach DIN: 20∅	50∅	100∅	250∅	500∅	1000∅	HB Flanke	σ_{Hlim} in N/mm²[g])	σ_{FE} in N/mm²[g])
	Vergütungsstähle DIN 17200 (auch als Stahlguß[m])										
13		Ck 45 N[c])	720	680	650				190	430 530[h, m])	320 400[h, m])
14		34 CrMo 4 V[d])	980	880	800	700			270	530 710[h, m])	430 580[h, m])
15		42 CrMo 4 V[e])	1080	960	870	740			300	580 770[h, m])	450. . 620[h, m])
16		34 CrNiMo 6 V	1190	1050	940	790			310	590 780[h, m])	460...620[h, m])
16A		30 CrNiMo 8 V		1160	1050	800; 1200[f])	1000[f])		320	600 790[h, m])	470...640[h, m])
16B		34 NiCrMo 12 8 V				1300[f])	1200[f])	1100[f])	350	650 840[h, m])	490.. 650[h, m])

Nr	Art, Behandlung		Anwendung, Eigenschaften	HB Flanke	σ_{Hlim} in N/mm²[g])	σ_{FE} in N/mm²[g])
17	Vergütungsstähle, flamm- oder	Ck 45	*Umlauf*härtung, kleine Abmessungen, $b<20$	50...55 HRC	1000. .1230	Fuß mitgehärtet 500...750
18	induktionsge-	34 CrMo 4	Umlauf- oder Einzelzahnhärtung			
19	härtet	42 CrMo 4	*Umlauf*härtung (Einzelzahnhärtung)			
20		34 CrNiMo 6	*Einzel*zahnhärtung, riß*un*empfindlich, für hohe Kernfestigkeit bei ungehärtetem Zahnfuß			Fuß nicht mitgehärtet 300.. 450
21	Vergütungs- und Einsatzstähle,	42 CrMo 4 V	Nht < 0,6, $R_m>800$, $m<16$, etwas einlauffähig, weniger kantenempfindlich als 31 CrMo V 9	48 57 HRC	780. 1000	520 740
22	nitriert	16 MnCr 5 V	Nht < 0,6; $R_m>700$, $m<10$			
23	Nitrierstähle,	31 CrMoV 9 V	Standardstahl Nht < 0,6; $R_m>900$; $m<16$, kantenempfindlich,	60 .63 HRC	1120 ($m<16$) 1250 ($m<10$)	560 840
24	nitriert	14 CrMo V 6 9 V	für Nht > 0,6, $R_m>900$; $m<16$			
26	Vergütungs- und	C 45 N	geringer Verzug, günstiger Preis; $d<300$, $m<6$	42 .45 HRC	650. .760	460 600
27	Einsatzstähle,	16 MnCr 5N		52 55 HRC	650. .800	460. .640
28	nitrocarboriert	42 CrMo 4 V	höhere Kernfestigkeit und Oberflächenhärte; $d<600$, $m<10$			
29	carbonitriert	34 Cr 4 V	Kernfestigkeit bis 45 HRC, Kfz-Getriebe	55 60 HRC	1100 1350	600 900
30	Einsatzstähle	16 MnCr 5	Standardstahl; normal bis $m=20$	58...62 HRC	1300...1500	620...1000
31	DIN 17210	15 CrNi 6	für große Abmessungen, über $m=16$;			
32	einsatzgehärtet	17 CrNiMo 6	bei Stoßbelastung über $m=5$			

a) Bruchdehnung als Maß für die Zähigkeit.

b) Beim unteren Drittel des Streubereichs.

c) Preisgünstig, gut zerspanbar; bei günstigem glättungsfähigem Schwarz-Weiß-Gefüge σ_{Hlim} bis 700.

d) Gut schweißbar.

e) Standardstahl für mittlere und große Räder.

f) Erreichbar.

g) *Obere* Grenzwerte für σ_{Hlim} und σ_{FE} für Qualitäts-Industriegetriebe (kontrollierte Erschmelzung, hoher Reinheitsgrad, geschliffene Zahnflanken, Abnahme nach Werkszeugnis, langjährige Erfahrungen mit sorgfältig überwachter Wärmebehandlung, umfassender Kontrolle von Oberflächenhärte, Härteverlauf, Gefüge usw.)
Untere Grenzwerte und ohne Streubereich angegebene Werte sicher erreichbar. Sie gelten für Werkstoffe aus Lagerhaltung und bei begrenzter Kontrolle der Haupt-Werkstoff- und Wärmebehandlungsdaten.

h) Bei abweichender Härte in der Gruppe Nr 1/2, 3/4, 5.. 7, 8/9, 10...12, 13...16 B linear interpolieren

k) Zwischenstufenvergütet

m) Bei GS σ_{Hlim} und σ_{FE} um ca 80 N/mm² niedriger.

Anhang N Tabelle 4: Anhaltswerte zur Vordimensionierung von Stirnradgetrieben

a) Größtwerte für $b_v = b / d_1$ an ortsfesten Industriegetrieben

	symmetrische Lagerung	unsymmetrische Lagerung	fliegende Lagerung
normalisiert (HB = 180)	1,6	1,28	0,8
vergütet (HB = 200)	1,4	1,12	0,7
einsatzgehärtet	1,1	0,88	0,55
nitriert	0,8	0,64	0,4

b) Mindestwerte für den Normalmodul bzw. Stirnmodul bei geradverzahnten Rädern

Stahlkonstruktion mit leichtem Gehäuse	b/10 ... b/15
Stahlkonstruktion bzw, fliegendes Ritzel	b/15 ... b/25
gute Lagerung im Gehäuse (Gußgehäuse)	b/20 ... b/30
parallele, starre Lagerung	b/25 ... b/35
genaue parallele, starre Lagerung	b/40 ... b/60

c) übliche Ritzelzähnezahlen

	i			
	1	2	4	8
vergütet bis 230 HB	32 - 60	29 - 55	25 - 50	22 - 45
vergütet > 300 HB	30 - 50	27 - 45	23 - 40	20 - 35
nitriert	24 - 40	21 - 35	19 - 31	16 - 26
einsatzgehärtet	21 - 32	19 - 29	16 - 25	14 - 22
GGG	26 - 45	23 - 40	21 - 35	18 - 30

Anhang N Tabelle 5: Hilfswerte zum Festigkeitsnachweis an Stirnrädern (DIN 3990)

	K_1 für Qualität										K_2
	3	4	5	6	7	8	9	10	11	12	
Geradverz.	2,1	3,3	5,7	9,6	15,3	24,5	34,5	53,6	76,6	122,5	0,0193
Schrägverz.	1,9	2,9	5,1	8,5	13,6	21,8	30,7	47,7	68,2	109,1	0,0087

	Qualität									
	3	4	5	6	7	8	9	10	11	12
f_{pe} (μm)	2	5	9	15	24	40	60	100	145	220

	Baustahl Vergütungsstahl		GG GGG		einsatzgehärteter Stahl nitrierter Stahl	
κ_β	$1 - 320 / \sigma_{Hlim}$		0,45		0,85	
y_α	$160 f_{pe} / \sigma_{Hlim}$		$0{,}275 f_{pe}$		$0{,}075 f_{pe}$	
Y_X	$m_n < 5$	1	$m_n < 5$	1	$m_n < 5$	1
	$m_n > 5$	$1{,}03 - 0{,}006 m_n$	$m_n > 5$	$1{,}075 - 0{,}0015 m_n$	$m_n > 5$	$1{,}05 - 0{,}01 m_n$
	$m_n > 30$	0,85	$m_n > 25$	0,7	$m_n > 25$	0,8

	Baustahl Vergütungsst.	GG GGG	einsatzgehärtet		nitriert	
Z_X	1	1	$m_n < 10$	1	$m_n < 7{,}5$	1
			$m_n > 10$	$1{,}05 - 0{,}005 m_n$	$m_n > 7{,}5$	$1{,}08 - 0{,}011 m_n$
			$m_n > 30$	0,9	$m_n > 30$	0,75

bei unterschiedlichen Werkstoffen ist der Mittelwert zu verwenden

	wälzgefräst	geschliffen $R_z > 4$ mm	geschliffen $R_z < 4$ mm
Z_L	0,85	0,92	1,0

	$R_z < 16$ μm	$R_z > 16$ μm
$Y_{R\,rel\,T}$	1	0,9

Faktor K		Anordnung	gültig
RW	AR		für s/L
0,4	0,8	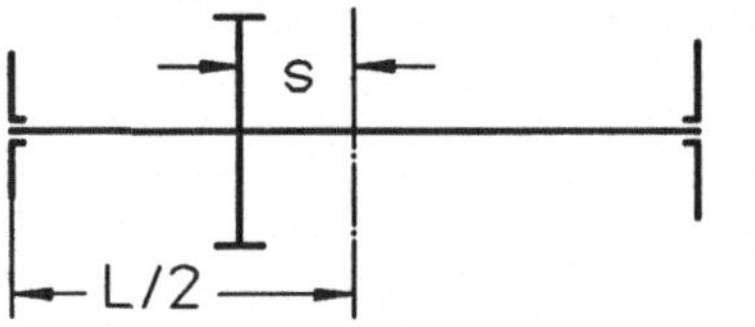 s L/2	<0,3
-0,4	-0,8	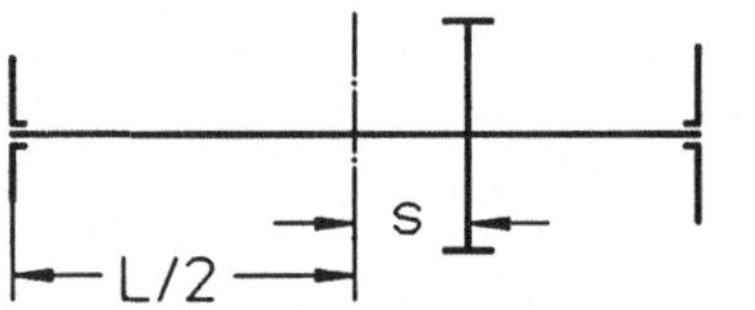 s L/2	<0,3
1,6	1,33	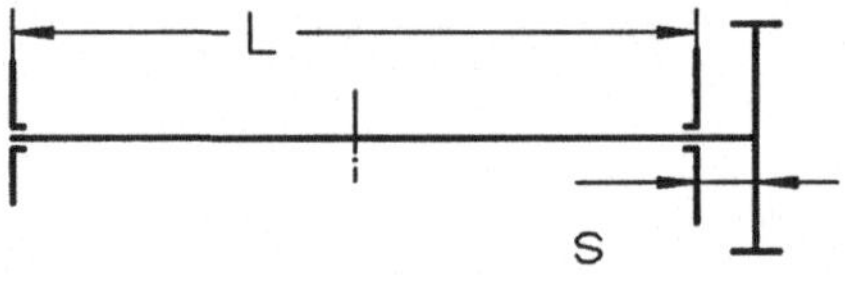 L s	<0,5
0,3	-0,6	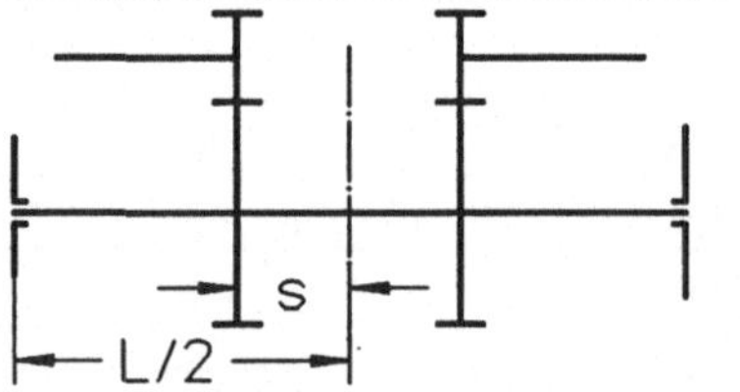 s L/2	<0,3
0,5	-1,0	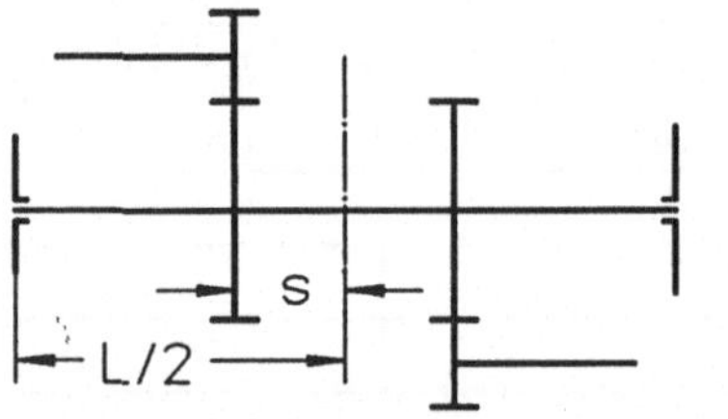 s L/2	<0,3

RW Ritzelwelle AR aufgesetztes Ritzel

Anhang N Bild 4: Faktor K zur Berechnung der Wellenverformung (DIN 3990)

Anhang N Tabelle 6: Flankenlinien - Winkelabweichungen $f_{H\beta}$ im μm nach DIN 3962 T2

Zahnbreite	Verzahnungsqualität											
	1	2	3	4	5	6	7	8	9	10	11	12
bis 20	2	2,5	3	4	6	8	11	16	25	36	56	90
20 .. 40	2	2,5	3,5	4,5	6,5	9	13	18	28	40	63	100
40 .. 100	2,5	3	4	5	7	10	14	20	28	45	71	110
über 100	3	3,5	4,5	6	8	11	16	22	32	50	80	125

Anhang N Tabelle 7: Elastizitätsfaktor Z_E in $\sqrt{N/mm^2}$ für einige Werkstoffpaarungen

Rad 1			Rad 2			Z_E
Werkstoff	E. Modul N/mm^2	Poissonk. ν	Werkstoff	E. Modul N/mm^2	Poissonk. ν	
			Stahl	206000		189,8
			Stahlguß	202000		188,9
			GGG	173000		181,4
Stahl	206000	0,3	Guß-Zinnbronze	103000		155,0
			Zinnbronze	113000		159,8
			GG	122000	0,3	163,5
			Stahlguß	202000		188,0
Stahlguß	202000	0,3	GGG	173000		180,5
			GG	118000		161,4
GGG	173000	0,3	GGG	173000		173,9
			GG	118000	0,3	156,6
GG	118000		GG	118000		145,1
Stahl	206000	0,3	Hartgewebe	7850	0,5	56,4

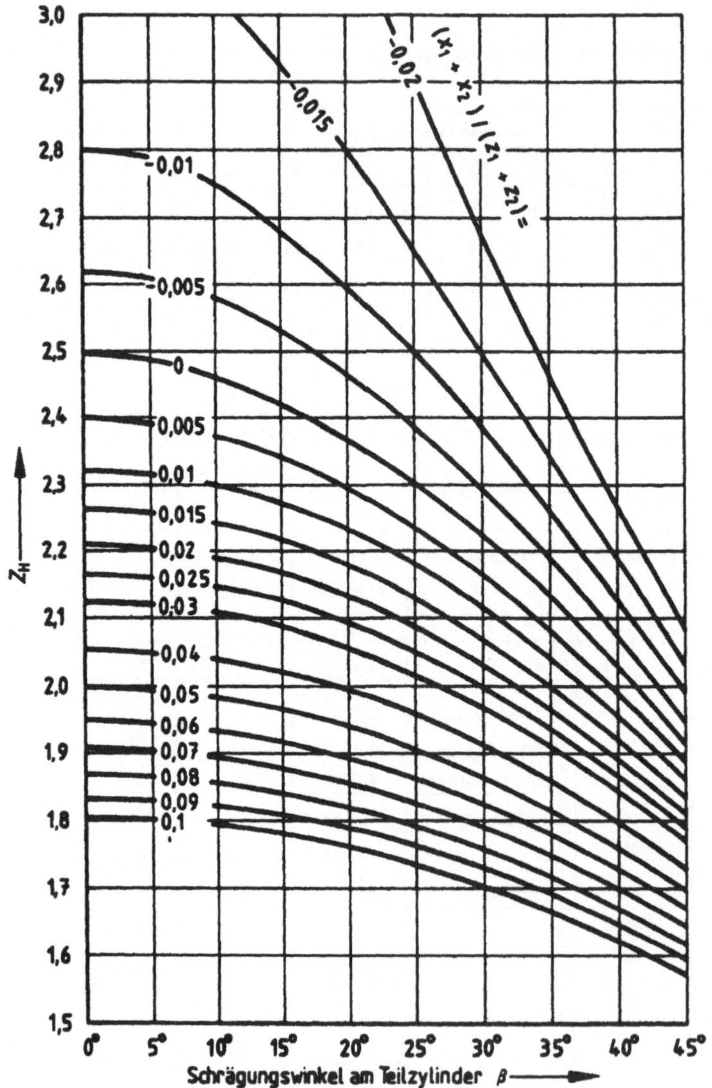

Anhang N Bild 5: Zonenfaktor Z_H nach DIN 3990

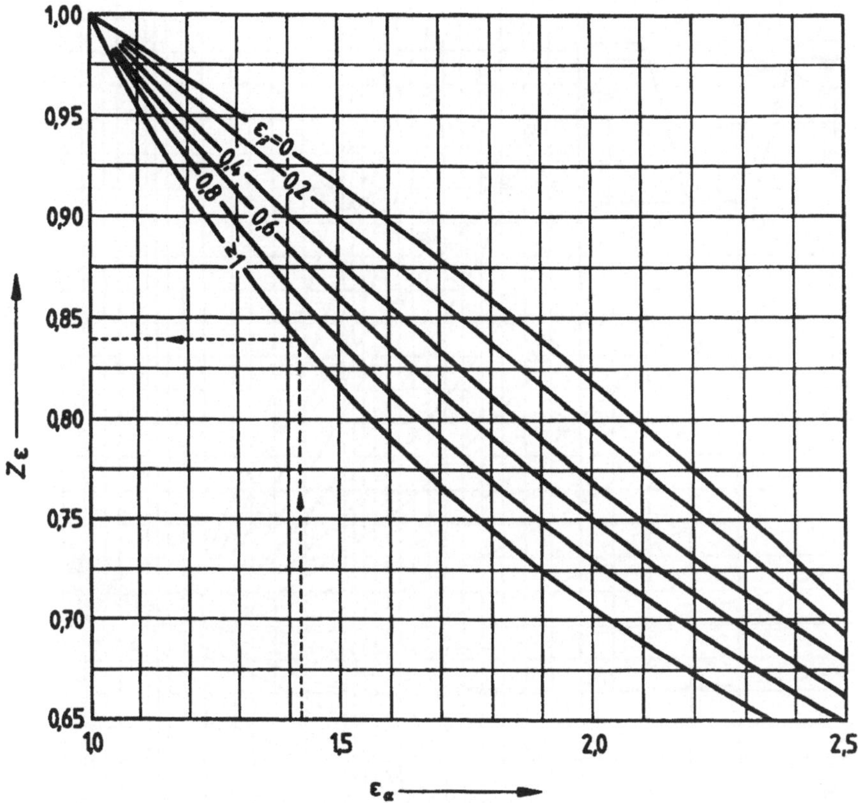

Anhang N Bild 6: Überdeckungsfaktor Z_ε nach DIN 3990

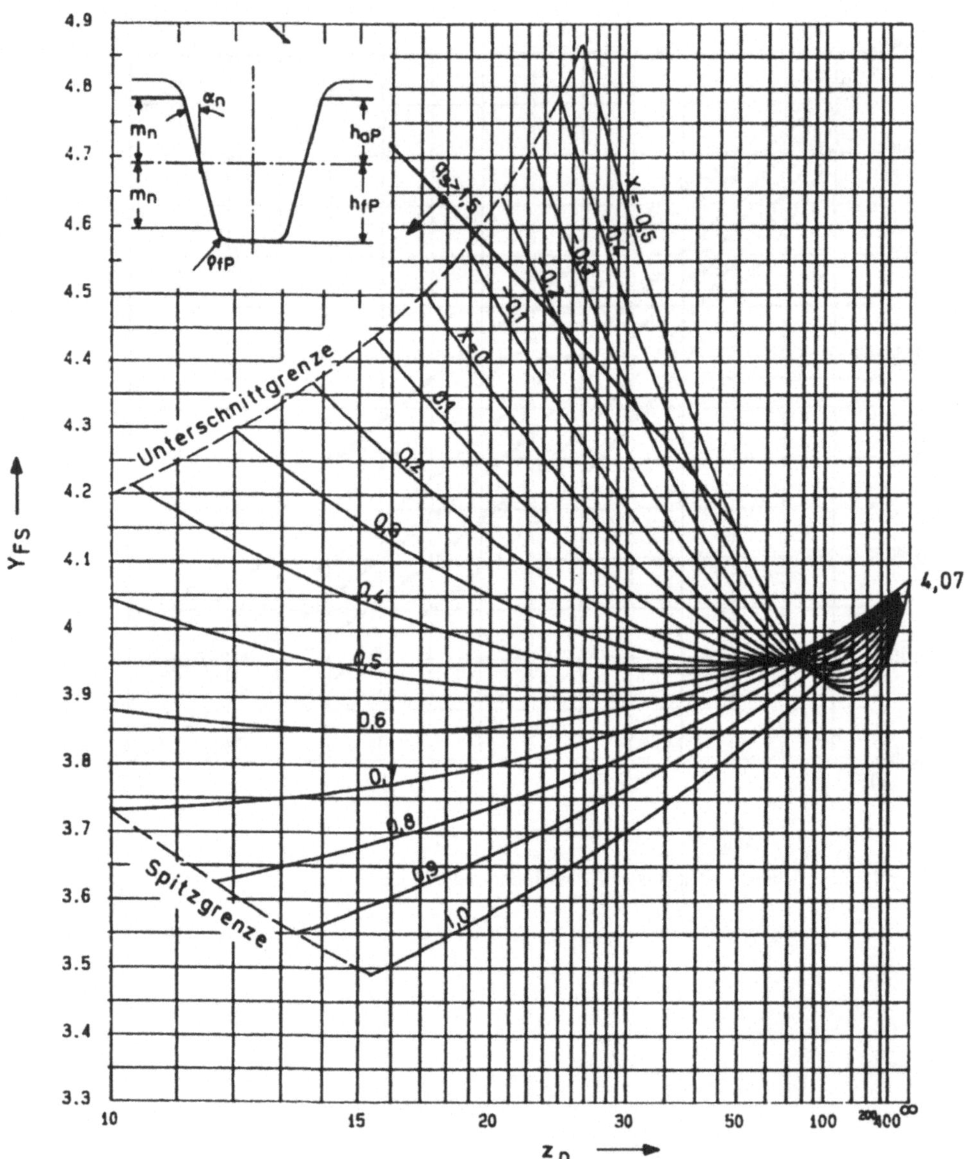

Anhang N Bild 7: Kopffaktor Y_{FS} nach DIN 3990

Anhang N Tabelle 8: Anhaltswerte für Maße an Getriebegehäusen

Bauteil	Bezeichnung	Schweißkonstruk.	Gußkonstruktion
Unterkastenwanddicke	w_W		
a) ungehärtete Verzahnung		GG 0,007 L + 6	0,004 L+ 4
		GGG 0,005 L + 4	
b) gehärtete Verzahnung		GG 0,01 L + 6	0,005 L + 4
		GGG 0,007 L + 4	
minimale Wanddicke		4	GG (8) GS (12)
mittragender Oberkasten	w_o	0,8 w_W	0,8 w_W
nichttragende Haube	w_h	0,5 w_W	0,5 w_W
Rippen	w_r	0,7 * Wanddicke	
Flanschdicke	w_f	1,5 w_W	2 w_W
Flanschbreite	b_f	3 w_W + 10 mm	4 w_W + 10 mm
Fußleiste mit Ausnehmung	w_l	3 w_W	
Fußleiste ohne Ausnehmung		1,8 w_W	3,5 w_W
Querfußleiste	w_q	1,5 w_l	1,5 w_l
Lagergehäusedurchmesser	D_g	1,2 * Lageraußendurchmesser	
Lagerschraubendurchmesser	d_s	2 w_W	3 w_W
Flanschschraubendurchmesser	d_f	1,2 w_W	1,5 w_W
Abstand der Flanschschrauben	l_f	(6 .. 10) d_f	(6 .. 10) d_f
Fundamentschrauben	d_u	1,6 w_W	2 w_W
Deckelschrauben	d_d	0,8 w_W	w_W

L = größte Gehäuseabmessung in mm

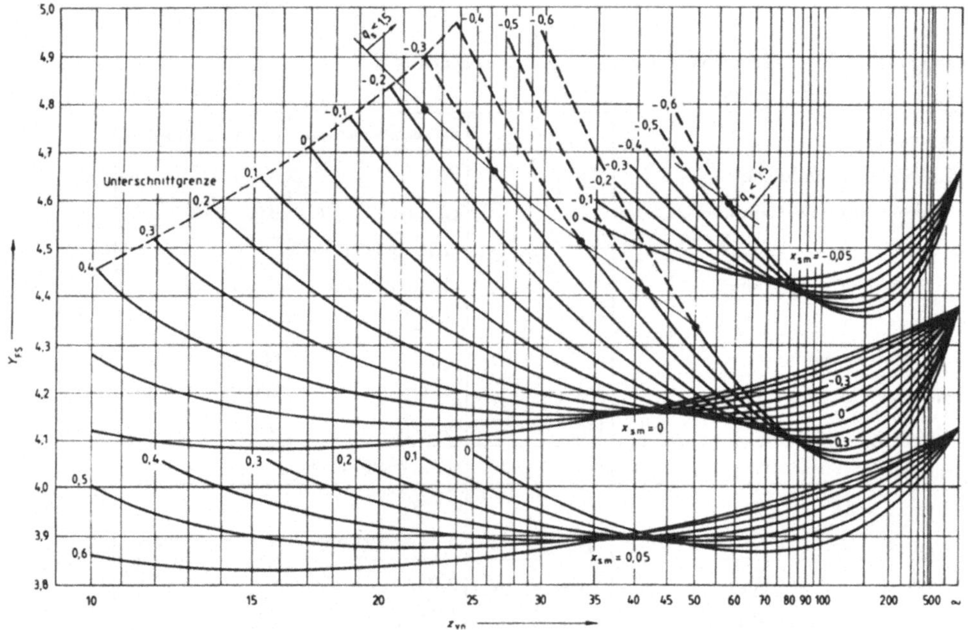

Anhang O Bild 1: Kopffaktor für Kegelräder nach DIN 3991 T3 ($\rho_f = 0,3\ m_{nm}$)

Anhang O Tabelle 1: Übliche Ritzelzähnezahlen in Kegelradgetrieben

u	1	1,12	1,25	1,6	2	2,5	3	4	5	6
z_1	18 - 40	18 - 38	17 - 36	16 - 34	15 - 30	13 - 26	12 - 23	10 - 18	8 - 14	7 - 11

Anhang O Tabelle 2: Hilfswerte zur Berechnung des Dynamikfaktors für Kegelräder

	K_1 für Qualität									
	3	4	5	6	7	8	9	10	11	12
alle Verz.	2,19	3,18	5,48	9,5	15,34	27,02	58,43	106,64	146,08	219,12

	K_2	K_3
Geradverzahnung	1,0645	0,0193
Schrägverzahnung	1	0,01

Anhang O Tabelle 3: Gekürzte Verzahnungsangaben für Kegelräder (DIN 3966 T2)

Geradzahn - Kegelrad		
Modul	m_P	3,2
Zähnezahl	z	16
Teilkegelwinkel	δ	$24{,}57^o$
Äußerer Teilkreisdurchmesser	d_e	51,20
Äußere Teilkegellänge	R_e	61,574
Fußwinkel	ϑ_f	$2{,}79^o$
Verzahnungsqualität, Toleranzfeld		8d 25
Achswinkel im Gehäuse	Σ	90°
Zähnezahl des Gegenrades	z	53
Planradzähnezahl	z_P	28,48376
Profilwinkel	α_P	20°

Die Tabelle kann auf der Zeichnung oder auf einem getrennten Blatt angebracht werden.

Anhang P Tabelle 1: Werkstoffkennwerte für Stirnschraubräder

	σ_{HV} N/mm^2	Z_{ES} $(N^2/mm^4)^{1/3}$
borierter Stahl / borierter Stahl	1700	1370,9
gehärteter Stahl / gehärteter Stahl	1400	1370,9
gehärteter Stahl / Bronze	1150	1109,8
vergüteter Stahl / Bronze	1000	1109,8
vergüteter Stahl / GG	860	1100,8
GG / GG	750	933,5

Anhang P Tabelle 2: Zuordnung von Schneckensätzen zu Achsabständen nach DIN 3976

Achsabstand											
50				100				200			
u	m_x	d_{m1}	z_1	u	m_x	d_{m1}	z_1	u	m_x	d_{m1}	z_1
4,83	2,5	26,5	6	5	5	50	6	5	10	95	6
7,25	2,5	26,5	4	7,5	5	50	4	7,5	10	95	4
9,5	2	22,4	4	10	4	40	4	10	8	80	4
14,5	2,5	26,5	2	13	3,15	33,5	4	13,25	6,3	63	4
19	2	22,4	2	15	5	50	2	15	10	95	2
29	2,5	26,5	1	20	4	40	2	20	8	80	2
38	2	22,4	1	26	3,15	33,5	2	26,5	6,3	63	2
62	1,25	22,4	1	30	5	50	1	30	10	95	1
83	1	17	1	40	4	40	1	40	8	80	1
				52	3,15	33,5	1	53	6,3	63	1
				63	2,5	42,5	1	63	5	85	1
				82	2	35,5	1	83	4	67	1
				107	1,6	28	1	110	3,15	53	1

Vorzugswerte der Achsabstände: 50; 63; 80; 100; 125; 160; 200; 250; 315; 400; 500

Vorzugswerte der Module: 1; 1,25; 1,6; 2; 2,5; 3,15; 4; 5; 6,3; 8; 10; 12,5; 16; 20

Anhang P Tabelle 3: Werkstoffkennwerte für Schneckengetriebe

Schneckenradwerkstoff	E - Modul N/mm^2	Z_E $(N/mm^2)^{1/2}$	σ_{Hlim} N/mm^2	σ_{FE} N/mm^2
G - CuSn 12	88300	147	265	115
GZ - CuSn 12	88300	147	425	190
G - CuSn 12 Ni	98100	152,2	310	140
G Z - CuSn 12 Ni	98100	152,2	520	225
G - CuSn 10 Zn	98100	152,2	350	165
GZ - CuSn 10 Zn	98100	152,2	430	190
G - CuZn 25 Al 5	107900	157,4	500	565
GZ - CuZn 25 Al 5	107900	157,4	550	605
G - CuAl 11 Ni	122600	163,9	250	402
GZ - CuAl 11 Ni	122600	163,9	265	502
GG - 25	98100	152,3	350	150
GGG - 70	175000	182	490	628

Anhang P Tabelle 4a: Gekürzte Verzahnungsangaben für Schnecken (DIN 3966 T3)

Schnecke		
Zähnezahl	z_1	
Formzahl	q	
Axialmodul	m_a	
Zahnhöhe	h_1	
Flankenrichtung		rs / ls
Stiegungshöhe	p_{z1}	
Mittensteigungswinkel	γ_m	
Flankenform (DIN 3975)		A, N, I, K
Axialteilung	p_x	
Verzahnungsqualität		

bei Schnecken der Flankenform I sind noch weitere Angaben notwendig

Anhang P Tabelle 4b: Gekürzte Verzahnungsangaben für Schneckenräder (DIN 3966 T3)

Schneckenrad		
Zähnezahl	z_2	
Stirnmodul	m	
Teilkreisdurchmesser	d_2	
Profilverschiebungsfaktor	x_2	
Zahnhöhe	h_2	
Flankenrichtung		rs / ls

Anhang Q Tabelle 1: Faktor f_4 zur Berechnung von Kettengetrieben mit ungleichen Zähnezahlen

$\frac{X - z_1}{z_2 - z_1}$	f_4	$\frac{X - z_1}{z_2 - z_1}$	f_4	$\frac{X - z_1}{z_2 - z_1}$	f_4
13	0,24 991	2,00	0,24 421	1,33	0,22 968
12	0,24 990	1,95	0,24 380	1,32	0,22 912
11	0,24 988	1,90	0,24 333	1,31	0,22 854
10	0,24 986	1,85	0,24 281	1,30	0,22 793
9	0,24 983	1,80	0,24 222	1,29	0,22 729
8	0,24 978	1,75	0,24 156	1,28	0,22 662
7	0,24 970	1,70	0,24 081	1,27	0,22 593
6	0,24 958	1,68	0,24 048	1,26	0,22 520
5	0,24 937	1,66	0,24 013	1,25	0,22 443
4,8	0,24 931	1,64	0,23 977	1,24	0,22 361
4,6	0,24 925	1,62	0,23 938	1,23	0,22 275
4,4	0,24 917	1,60	0,23 897	1,22	0,22 185
4,2	0,24 907	1,58	0,23 854	1,21	0,22 090
4,0	0,24 896	1,56	0,23 807	1,20	0,21 990
3,8	0,24 883	1,54	0,23 758	1,19	0,21 884
3,6	0,24 868	1,52	0,23 705	1,18	0,21 771
3,4	0,24 849	1,50	0,23 648	1,17	0,21 652
3,2	0,24 825	1,48	0,23 588	1,16	0,21 526
3,0	0,24 795	1,46	0,23 524	1,15	0,21 390
2,9	0,24 778	1,44	0,23 455	1,14	0,21 245
2,8	0,24 758	1,42	0,23 381	1,13	0,21 090
2,7	0,24 735	1,40	0,23 301	1,12	0,20 923
2,6	0,24 708	1,39	0,23 259	1,11	0,20 744
2,5	0,24 678	1,38	0,23 215	1,10	0,20 549
2,4	0,24 643	1,37	0,23 170	1,09	0,20 336
2,3	0,24 602	1,36	0,23 123	1,08	0,20 104
2,2	0,24 552	1,35	0,23 073	1,07	0,19 848
2,1	0,24 493	1,34	0,23 022	1,06	0,19 564
2,0	0,24 421	1,33	0,22 968		

Anhang Q Tabelle 2: Abmessungen von Rollenketten nach DIN 8187

Nr.	p	b_1	b_2	b_3	d_1	d_2	d_3	g	h	k	l_1	e	l_2	l_3
05B	8	3	4,77	4,9	5	2,31	2,36	7,1	7,4	3,1	8,6	5,64	14,3	19,9
06B	9,525	5,72	8,53	8,66	6,35	3,28	3,33	8,2	8,6	3,3	13,5	10,24	23,8	34
08B	12,7	7,75	11,3	11,43	8,51	4,45	4,5	11,8	12,1	3,9	17	13,92	31	44,9
10B	15,875	9,65	13,28	13,41	10,16	5,08	5,13	14,7	15	4,1	19,6	16,59	36,2	52,8
12B	19,05	11,68	15,62	15,75	12,07	5,72	5,77	16,1	16,4	4,6	22,7	19,46	42,2	61,7
16B	25,4	17,02	25,4	25,6	15,88	8,28	8,34	21	21,4	5,4	36,1	31,88	68	99,9
20B	31,75	19,56	29	29,2	19,05	10,19	10,26	26,4	26,7	6,1	43,2	36,45	79	116
24B	38,1	25,4	37,9	38,2	25,4	14,63	14,71	33,4	33,8	6,6	53,4	48,36	101	150
28B	44,45	30,99	46,5	46,8	27,94	15,9	15,98	37	37,5	7,4	65,1	59,56	124	184

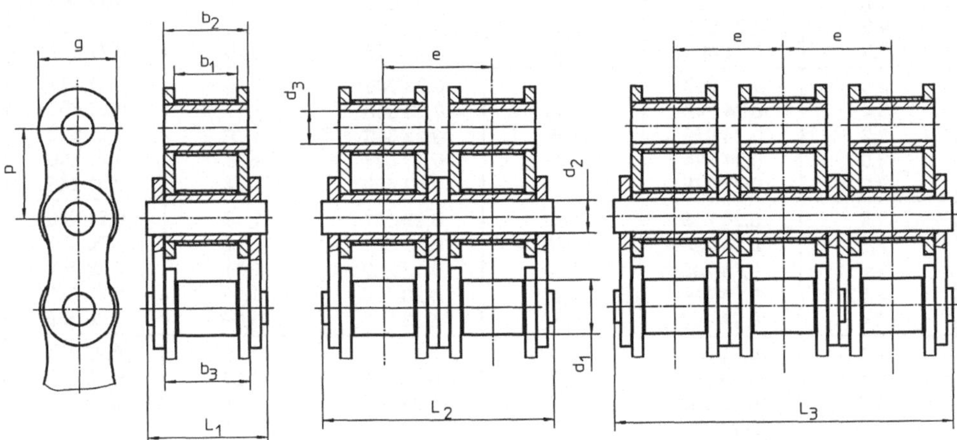

Anhang Q Tabelle 3: Betriebsfaktor C_2 für Normalkeilriemen und Schmalkeilriemen

	Antriebsmaschine					
	gleichmäßig			ungleichmäßig		
	tägliche Betriebsdauer in h					
	bis 10	10 ... 16	über 16	bis 10	10 ... 16	über 16
leichter Abtrieb	1	1,1	1,2	1,1	1,2	1,3
mittelschwerer Abtrieb	1,1	1,2	1,3	1,2	1,3	1,4
schwerer Abtrieb	1,2	1,3	1,4	1,4	1,5	1,6
sehr schwerer Abtrieb	1,3	1,4	1,5	1,5	1,6	1,8

Anhang Q Tabelle 4: Längenfaktor C_3 für Normalkeilriemen (DIN 2218)

10/Z		13/A		17/B		22/C		32/D		40/E	
C_3	L_w	C_3	L_w	C_3	L_w	C_3	L_w	C_3	L_w	C_3	L_w
0,87	424	0,81	662	0,81	942	0,81	1461	0,86	3230	0,91	4834
0,88	449	0,82	742	0,84	1042	0,84	1661	0,89	3630	0,92	5084
0,89	474	0,85	832	0,86	1142	0,85	1861	0,91	4080	0,94	5384
0,90	494	0,87	932	0,88	1292	0,88	2061	0,93	4580	0,95	5684
0,91	524	0,89	1032	0,90	1442	0,91	2301	0,96	5080	0,96	6084
0,93	554	0,91	1152	0,93	1642	0,93	2561	0,98	5680	0,97	6384
0,94	584	0,93	1282	0,95	1842	0,95	2861	1	6380	0,99	6784
0,95	624	0,96	1432	0,98	2042	0,97	3211	1,03	7180	1	7184
0,96	654	0,99	1632	1	2282	0,98	3611	1,05	7580	1,01	7584
0,97	704	1	1732	1,03	2592	1	3811	1,06	8080	1,02	8084
0,99	734	1,01	1832	1,05	2842	1,02	4061	1,07	8580	1,03	8584
1	824	1,03	2032	1,07	3192	1,04	4561	1,08	9080	1,05	9084
1,03	924	1,06	2272	1,10	3592	1,07	5061	1,10	9580	1,06	9584
1,06	1024	1,09	2532	1,13	4042	1,09	5661	1,11	10080	1,07	10084
1,08	1144	1,11	2832	1,15	4542	1,12	6361	1,14	11280	1,1	11284
1,11	1274	1,13	3182	1,18	5042	1,15	7161	1,17	12580	1,12	12584
1,14	1424	1,2	4032	1,2	5642	1,18	8061	1,2	14080	1,15	14084
1,17	1624	1,25	5032	1,23	6342	1,23	10061	1,22	16080	1,18	16084

Anhang Q Tabelle 5: Längenfaktor C_3 für Schmalkeilriemen (DIN 7753)

SPZ		SPA		SPB		SPC	
C_3	L_W	C_3	L_W	C_3	L_W	C_3	L_W
0,82	630	0,81	800	0,82	1250	0,83	2240
0,84	710	0,83	900	0,84	1400	0,86	2500
0,86	800	0,85	1000	0,86	1600	0,88	2800
0,88	900	0,87	1120	0,88	1800	0,9	3150
0,9	1000	0,89	1250	0,9	2000	0,92	3550
0,93	1120	0,91	1400	0,92	2240	0,94	4000
0,94	1250	0,93	1600	0,94	2500	0,96	4500
0,96	1400	0,95	1800	0,98	3150	0,98	5000
1	1600	0,96	2000	1	3550	1	5600
1,01	1600	0,98	2240	1,02	4000	1,02	6300
1,02	2000	1	2500	1,04	4500	1,04	7100
1,05	2240	1,02	2800	1,06	5000	1,06	8000
1,07	2500	1,04	3150	1,08	5600	1,08	9000
1,09	2800	1,06	3550	1,1	6300	1,1	10000
1,11	3150	1,08	4000	1,12	7100	1,12	11200
1,13	3550	1,09	4500	1,14	8000	1,14	12500

Anhang Q Tabelle 6a: Leistungswerte P_N in kW für Normalkeilriemen

		10/Z				13/A				17/B			
		Drehzahl der kleinen Scheibe											
d_{wk}	u	700	950	1450	2800	700	950	1450	2800	700	950	1450	2800
50	1	0,16	0,21	0,28	0,44								
	1,2	0,18	0,22	0,3	0,47								
	3	0,19	0,24	0,32	0,5								
63	1	0,27	0,34	0,48	0,78	0,24	0,29	0,37	0,46				
	1,2	0,28	0,36	0,51	0,83	0,26	0,31	0,39	0,49				
	3	0,3	0,39	0,54	0,88	0,27	0,33	0,42	0,52				
80	1	0,4	0,51	0,72	1,2	0,47	0,6	0,81	1,22				
	1,2	0,42	0,55	0,77	1,28	0,51	0,64	0,87	1,3				
	3	0,45	0,58	0,82	1,36	0,54	0,68	0,92	1,39				
112	1	0,63	0,82	1,17	1,91	0,9	1,15	1,61	2,51	1	1,25	1,64	2,12
	1,2	0,42	0,76	1,25	2,04	0,96	1,23	1,72	2,69	1,07	1,33	1,75	2,27
	3	0,72	0,94	1,33	2,17	1,02	1,31	1,84	2,87	1,14	1,42	1,87	2,41
140	1					1,26	1,62	2,28	3,48	1,64	2,08	2,82	3,85
	1,2					1,35	1,74	2,43	3,72	1,76	2,22	3,01	4,11
	3					1,43	1,85	2,59	3,97	1,87	2,37	3,21	4,38
180	1					1,76	2,27	3,16	4,54	2,53	3,22	4,39	5,76
	1,2					1,88	2,43	3,38	4,86	2,7	3,45	4,7	6,16
	3					2	2,59	3,61	5,18	2,88	3,67	5,01	6,56
224	1									3,47	4,42	5,97	6,95
	1,2									3,71	4,73	6,39	7,49
	3									3,95	5,04	6,81	7,97
280	1									4,61	5,85	7,76	6,8
	1,2									4,93	6,26	8,3	7,27
	3									5,26	6,67	8,84	7,8

Anhang Q Tabelle 6b: Leistungswerte P_N in kW für Normalkeilriemen

		22/C				32/D			40/E		
		Drehzahl der kleinen Scheibe									
d_{wk}	u	700	950	1450	2800	700	950	1450	700	950	1450
180	1	2,89	3,55	4,46	3,7						
	1,2	3,1	3,8	4,77	3,96						
	3	3,3	4,65	5,08	4,22						
280	1	6,76	8,49	10,72	6,13						
	1,2	7,24	9,08	11,47	6,56						
	3	7,76	9,67	12,22	6,99						
355	1	9,5	11,73	14,12	-	13,7	16,15	16,77			
	1,2	10,16	12,55	15,1	-	14,66	17,28	17,94			
	3	10,82	13,36	16,09	-	15,61	18,4	19,11			
450	1	12,63	15,23	16,47	-	20,63	24,01	22,62			
	1,2	13,51	16,29	17,62	-	22,07	25,68	24,2			
	3	14,39	17,35	18,77	-	23,51	27,36	25,78			
560	1					27,73	31,04	22,58	31,59	33,4	15,35
	1,2					29,67	33,21	24,15	33,8	35,74	16,43
	3					31,61	35,38	25,73	36,01	38,07	17,5
800	1					39,14	36,76	-	47,96	41,59	-
	1,2					41,88	39,33	-	51,32	44,5	-
	3					44,61	41,9	-	54,67	47,41	-

Anhang Q Tabelle 7a: Leistungswerte P_N in kW für Schmalkeilriemen

		SPZ				SPA			
		Drehzahl der kleinen Scheibe							
d_{wk}	u	700	950	1450	2800	700	950	1450	2800
63	1	0,54	0,68	0,93	1,45				
	1,2	0,61	0,78	1,08	1,74				
	3	0,68	0,88	1,23	2,03				
80	1	0,88	1,14	1,6	2,61				
	1,2	0,96	1,24	1,75	2,90				
	3	1,03	1,33	1,90	3,18				
112	1	1,52	1,97	2,8	4,64	1,86	2,38	3,31	5,15
	1,2	1,59	2,07	2,95	4,93	2,02	2,60	3,65	5,79
	3	1,66	2,17	3,10	5,21	2,18	2,82	3,98	6,44
140	1	2,06	2,68	3,82	6,24	2,71	3,49	4,91	7,64
	1,2	2,13	2,77	3,96	6,53	3,03	3,93	5,58	8,94
	3	2,2	2,87	4,11	6,81	3,03	3,93	5,58	8,94
180	1	2,81	3,65	5,19	8,2	3,89	5,04	7,07	10,67
	1,2	2,88	3,75	5,34	8,49	4,05	5,25	7,41	11,32
	3	2,95	3,85	5,49	8,78	4,21	5,47	7,74	11,96
224	1					5,16	6,67	9,3	13,15
	1,2					5,32	6,89	9,63	13,79
	3					5,48	7,10	9,96	14,44

Anhang Q Tabelle 7b: Leistungswerte P_N in kW für Schmalkeilriemen

		SPB				SPC			
		Drehzahl der kleinen Scheibe							
d_{wk}	u	700	950	1450	2800	700	950	1450	2800
140	1	3,02	3,83	5,19	7,15				
	1,2	3,36	4,29	5,90	8,52				
	3	3,70	4,76	6,61	9,89				
180	1	4,82	6,16	8,46	11,62				
	1,2	5,16	6,63	9,17	12,98				
	3	5,50	7,09	9,88	14,35				
280	1	9,09	11,62	15,65	17,13	12,01	15,10	19,44	14,11
	1,2	9,43	12,08	16,36	18,49	12,85	16,24	21,18	17,47
	3	9,77	12,55	17,07	19,86	13,69	17,38	22,92	20,83
355	1	12,10	15,33	19,96	14,45	16,96	21,17	26,29	
	1,2	12,44	15,80	20,67	15,81	17,80	22,31	28,03	
	3	12,78	16,26	21,37	17,18	18,64	23,45	29,77	
450	1					22,81	27,94	32,06	
	1,2					23,65	29,08	33,80	
	3					24,48	30,22	35,54	
560	1					28,90	34,29	33,83	
	1,2					29,74	35,43	35,57	
	3					30,58	36,57	37,31	

Anhang Q Tabelle 8: Konstanten zur Berechnung von Zahnriemen mit Trapezprofil

Profil	f_u	b_{bez}	m^*	b_{st}
MXL	5,625	6,4	-	3,2 4,8 6,4
XL	5,68	9,5	$2{,}72 \cdot 10^{-3}$	6,4 7,9 9,5
L	9,8	25,4	$3{,}83 \cdot 10^{-3}$	12,7 19,1 25,4
H	28	76,2	$5{,}84 \cdot 10^{-3}$	19,1 25,4 38,1 50,8 76,2
XH	40,55	101,6	$13{,}91 \cdot 10^{-3}$	50,8 76,2 101,6
XXH	51,42	127	$17{,}94 \cdot 10^{-3}$	50,8 76,2 101,6 127

Anhang Q Tabelle 9: Abmessungen von Riemenscheiben (alle Durchmesser nach Reihe R 20)

a) Keilriemenscheiben nach DIN 2211 und 2217

Profil	d_{min}	d_{max}	e	f_{min}	c
6	28	125	8	6	1,6
10	50	500	12	8	2
13	71	630	15	10	2,8
17	112	800	19	12,5	3,5
22	180	2000	25,5	17	4,8
32	355	2000	37	24	8,1
40	500	2000	44,5	29	12
SPZ	63	500	12	8	2
SPA	90	630	15	10	2,8
SPB	140	800	19	12,5	3,5
SPC	224	2000	25,5	17	4,8

b) Flachriemenscheiben nach DIN 111

d_1	40	50	63	71	80	90 .. 100	112 .. 180	200 .. 400	450 .. 630
b	25 .. 50	25 .. 100	32 .. 100	40 .. 100	40 .. 140	50 .. 200	63 .. 200	63 .. 315	63 .. 400

c) Keilrippenscheiben nach DIN 7867

Profil	d_{min}	d_{max}	e	f_{min}	h_b
H	13	140	1,6	1,3	0,8
J	20	500	2,34	1,8	1,25
K	45	315	3,56	2,5	1,6
L	75	800	4,7	3,3	3,5
M	180	1000	9,4	6,4	5

d) Zahnriemenscheiben nach DIN 7721 und DIN ISO 5294

Profil	MXL	XL	L	H	XH	XXH	T 2,5	T 5	T 10	T 20
z_{min}	10	10	10	14	18	18	10	10	12	15
z_{max}	150	120	150	156	150	120	72	84	96	96
d_{min}	5,96	15,66	29,56	55,23	124,55	178,87	7,45	15,05	36,35	92,65
d_{max}	96,52	193,53	454,03	629,27	1058,38	1209,71	56,80	132,85	303,70	608,30

LITERATURVERZEICHNIS

/10.1/ Eschmann,P.;Hasbargen,L.: Die Wälzlagerpraxis; München, Wien: Oldenburg Verlag 1978
/10.2/ Hampp,W.: Wälzlagerungen; Heidelberg: Springer 1971
/10.3/ Palmgren,A.: Grundlagen der Wälzlagertechnik; Stuttgart: Francksche Verlagsbuchhandl. 1964
/10.4/ DIN Taschenbuch 24: Wälzlager; Berlin: Beuth 1989
/10.5/ DIN 611, 1990: Wälzlager, Wälzlagerteile
/10.6/ DIN 615, 1990: Schulterkugellager
/10.7/ DIN 616, 1973: Wälzlager, Maßpläne
/10.8/ DIN 617, 1989: Wälzlager, Nadellager mit Käfig
/10.9/ DIN 618, 1973: Wälzlager, Nadelhülsen, Nadelbüchsen
/10.10/DIN 620, 1991: Wälzlager, Toleranzen für Radiallager
/10.11/DIN 623, 1984: Kurzzeichen der Wälzlager
/10.12/DIN 625, 1989: Rillenkugellager
/10.13/DIN 628, 1991: Schrägkugellager
/10.14/DIN 630, 1991: Pendelkugellager
/10.15/DIN 635, 1987: Tonnenlager
/10.16/DIN 711, 1988: Axial-Rillenkugellager
/10.17/DIN 715, 1987: Axial-Rillenkugellager, zweiseitig wirkend
/10.18/DIN 720, 1979: Kegelrollenlager
/10.19/DIN 722, 1987: Axial-Zylinderrollenlager
/10.20/DIN 728, 1991: Axial-Pendelrollenlager
/10.21/DIN 981, 1983: Nutmuttern
/10.22/DIN 5405, 1988: Radial-Nadelkränze
/10.23/DIN 5406, 1990: Muttersicherungen
/10.24/DIN 5412, 1982: Wälzlager: Zylinderrollenlager
/10.25/DIN 5415, 1990: Spannhülsen
/10.26/DIN 5416, 1990: Abziehhülsen für Wälzlager
/10.27/DIN 5418, 1990: Maße für den Einbau
/10.28/DIN 5425, 1984: Wälzlager: Toleranzen für den Einbau
/10.29/DIN 5429, 1987: Wälzlager: kombinierte Nadel-Axialzylinderrollenlager
/10.30/DIN ISO 76, 1988: Wälzlager: Statische Tragzahlen
/10.31/DIN ISO 281 1988: Wälzlager: Dynamische Tragzahlen
/11.1/ Bartsch; W.,J.: Gleitlagertechnik; Expert Verlag; Grafenau: 1981
/11.2/ Lang,O.R.; Steinhilper,W.: Gleitlager; Konstruktionsb. Band 31, Berlin: Springer 1978

/11.3/ Vogelpohl,G.: Betriebssichere Gleitlager; 2. Aufl. Band 1; Berlin: Springer 1967

/11.4/ Weck,M.: Werkzeugmaschinen Band 2; Düsseldorf: VDI-Verlag 1979

/11.5/ VDI Richtlinie 2201: Gestaltung von Lagerungen; Düsseldorf: VDI-Verlag 1975 und 1980

/11.6/ VDI Richtlinie 2202: Schmiereinrichtungen für Gleitlager; Düsseldorf: VDI-Verlag 1970

/11.7/ VDI Richtlinie 2204: Auslegung von Gleitlagern; Düsseldorf: VDI-Verlag 1990

/11.8/ VDI Richtlinie 2541: Gleitlager aus thermoplastischen Kunststoffen: Düsseldorf: VDI-Verlag 1975

/11.9/ DIN Taschenbuch 126: Gleitlager; Beuth: Berlin 1989

/11.10/DIN 322, 1983: Gleitlager, Lose Schmierrringe

/11.11/DIN 502, 1973: Flanschlager, Befestigung mit zwei Schrauben

/11.12/DIN 503, 1973: Flanschlager, Befestigung mit vier Schrauben

/11.13/DIN 504, 1973: Augenlager

/11.14/DIN 505, 1973: Deckellager, Befestigung mit zwei Schrauben

/11.15/DIN 506, 1973: Deckellager, Befestigung mit vier Schrauben

/11.16/DIN 1494 1983: Gerollte Buchsen für Gleitlager

/11.17/DIN 1497 1986: Dünnwandige Lagerschalen ohne Bund (Vornorm)

/11.18/DIN 1850 1990: Buchsen für Gleitlager aus Kupferlegierungen

/11.19/DIN 7473 1983: Dickwandige Verbundgleitlager mit zylindrischer Bohrung, ungeteilt

/11.20/DIN 7474 1983: Dickwandige Verbundgleitlager mit zylindrischer Bohrung, geteilt

/11.21/DIN 31651 1991: Gleitlager, Formelzeichen

/11.22/DIN 31652 1983: Hydrodynamische Radial-Gleitlager im stationären Betrieb

/11.23/DIN 31653 1991: Hydrodynamische Axial-Gleitlager im stationären Betrieb

/11.24/DIN 31654 1991: Berechnung hydrodynamischer Axial-Kippsegmentlager

/11.25/DIN 31655 1991: Hydrostatische Radial-Gleitlager (Lager ohne Zwischennuten)

/11.26/DIN 31656 1991: Hydrostatische Radial-Gleitlager (Lager mit Zwischennuten)

/11.27/DIN 31661 1983: Gleitlager, Begriffe Merkmale und Ursachen von Veränderungen und Schäden

/11.28/DIN 31690 1990: Gehäusegleitlager, Stehlagergehäuse

/11.29/DIN 31693 1990: Gehäusegleitlager, Flanschlagergehäuse

/11.30/DIN 31696 1978: Segment - Axiallager, Einbaumaße

/11.31/DIN 31697 1978: Ring - Axiallager, Einbaumaße

/11.32/DIN 31698 1979: Gleitlager, Passungen

/11.33/DIN 50282 1979: Das tribologische Verhalten von metallischen Gleitwerkstoffen

/11.34/DIN 51519 1976: Schmierstoffe, ISO-Viskositätsklassifikation für flüssige Industrieschmierstoffe

/11.35/DIN 51757 1984: Prüfung von Mineralölen, Bestimmung der Dichte

/11.36/DIN ISO 4381 1988: Gleitlager, Blei- und Zinn-Gußlegierungen für Verbundgleitlager

/11.37/DIN ISO 4382 1988: Gleitlager, Kupferlegierungen für Massiv- und Verbundgleitlager

/11.38/DIN ISO 4383 1988: Gleitlager, Metallische Verbundwerkstoffe für dünnwandige Gleitlager

/11.39/DIN ISO 6279 1979: Gleitlager, Aluminiumlegierungen für Einstofflager

/11.40/DIN ISO 6691 1990: Gleitlager, Thermoplaste

/11.41/DIN ISO 6864 1986: Dünnwandige Lagerschalen mit Bund

/12.1/ Peeken,H.; Troeder,C.: Elastische Kupplungen; Konstruktionsb. Band 33; Berlin: Springer1961

/12.2/ Pelczewski,W.: Elektromagnetische Kupplungen; Vieweg: Braunschweig 1971

/12.3/ Schmelz,F.;Graf v. Seherr-Thoss,H.;Aucktor,E.: Gelenke und Gelenkwellen; Konstruktionsb. Band 36; Berlin: Springer1961

/12.4/ Stölzle,K.; Hart,S.: Freilaufkupplungen; Konstruktionsb. Band 19; Berlin: Springer 1961

/12.5/ Stübner,K.; Rüggen,W.: Kupplungen, Einsatz und Berechnung; München: Hanser 1980

/12.6/ Winkelmann,S.; Harmuth,H.: Schaltbare Reibkupplungen; Konstruktionsb. Band 34; Berlin: Springer 1961

/12.7/ VDI Richtlinie 2240: Wellenkupplungen, Systematische Einteilung; Düsseldorf: VDI-Verlag 1971

/12.8/ VDI Richtlinie 2241: Schaltbare fremdbetätigte Reibkupplungen; Düsseldorf: VDI-Verlag 1984

/12.9/ VDI Richtlinie 2722: Homokinematische Kreuzgelenkgetriebe; Düsseldorf: VDI-Verlag 1982

/12.10/DIN 115 1973: Schalenkupplungen, Maße, Drehzahlen

/12.11/DIN 116 1971: Scheibenkupplungen, Maße, Drehzahlen

/12.12/DIN 740 1986: Nachgiebige Wellenkupplungen

/12.13/DIN 808 1984: Wellengelenke

/13.1/ Dubbel,H.: Taschenbuch für den Maschinenbau; 14. Auflage; Berlin: Springer 1981

/13.2/ Dudley,D.W.; Winter,A.: Zahnräder; Berlin: Springer 1961

/13.3/ Eckhardt,F.: Zahnradgetriebe, Schmierung und Wartung; Mobil Oil AG, Hamburg:

/13.4/ Lomann,J.: Zahnradgetriebe; Konstruktionsb. Band 26; Berlin: Springer 1970

/13.5/ Müller,H.W.: Die Umlaufgetriebe; Konstruktionsb. Band 28; Berlin: Springer 1971

/13.6/ Niemann,G.; Winter,H.: Maschinenelemente Band 2; Berlin: Springer 1983

/13.7/ Roth,A.: Zahnradtechnik Band 1; Berlin:Springer 1989

/13.8/ Roth,A.: Zahnradtechnik Band 2; Berlin:Springer 1989

/13.9/ VDI Richtlinie 3336: Verzahnen von Stirnrädern; Düsseldorf: VDI-Verlag 1984

/13.10/DIN Taschenbuch 106: Verzahnungsterminologie; Beuth: Berlin 1987

/13.11/DIN Taschenbuch 123: Zahnradfertigung; Beuth: Berlin 1988

/13.12/DIN Taschenbuch 173: Zahnradkonstruktion; Beuth: Berlin 1986

/13.13/DIN 780 1977: Modulreihe für Zahnräder

/13.14/DIN 867 1986: Bezugsprofile für Evolventenverzahnungen an Stirnrädern

/13.15/DIN 868 1976: Allgemeine Begriffe und Bestimmungsgrößen für Zahnräder, Zahnradpaare

/13.16/DIN 3998 1976: Benennungen an Zahnrädern und Zahnradpaaren

/13.17/DIN 3999 1982: Kurzzeichen für die Antriebstechnik

/13.18/DIN 51501 1979: Schmierstoffe, Mindestanforderungen

/13.19/DIN 51509 1988: Auswahl von Schmierstoffen für Zahnradgetriebe

/13.20/DIN 51517 1989: Schmieröle

/14.1/ Keck, K. F.: Die Zahnradpraxis; Teil 1 und 2; München: Oldenbourg 1956 und 1958

/14.2/ Niemann,G.; Winter,H.: Maschinenelemente Band 2; Berlin: Springer 1983

/14.3/ VDI Richtlinie 2157: ; Düsseldorf: VDI-Verlag 1984

/14.4/ DIN 3960 1987: Begriffe und Bestimmungsgrößen für Stirnräder

/14.5/ DIN 3961 1978: Toleranzen für Stirnradverzahnungen, Grundlagen

/14.6/ DIN 3962 1978: Toleranzen für Stirnradverzahnungen, Abweichungen von Bestimmungsgrößen

/14.7/ DIN 3963 1978: Toleranzen für Stirnradverzahnungen, Wälzabweichungen

/14.8/ DIN 3964 1980: Achsabstandsmaße und Achslagetoleranzen von Gehäusen für Stirnradgetriebe

/14.9/ DIN 3966T1 1978: Angaben für Verzahnungen in Zeichnungen (Stirnräder)

/14.10/DIN 3967 1978: Flankenspiel, Zahndickenabmaße, Zahndickentoleranzen

/14.11/DIN 3978 1976: Schrägungswinkel für Stirnradverzahnungen

/14.12/DIN 3979 1979: Zahnschäden an Zahnradgetrieben

/14.13/DIN 3990T1 1987: Tragfähigkeitsberechnung von Stirnrädern (Einführung)

/14.14/DIN 3990T2 1987: Tragfähigkeitsberechnung von Stirnrädern (Grübchentragfähigkeit)

/14.15/DIN 3990T3 1987: Tragfähigkeitsberechnung von Stirnrädern (Zahnfußtragfähigkeit)

/14.16/DIN 3990T4 1987: Tragfähigkeitsberechnung von Stirnrädern (Freßtragfähigkeit)

/14.17/DIN 3990T5 1987: Tragfähigkeitsberechnung von Stirnrädern (Festigkeitswerte)

/14.18/DIN 3990T11 1989: Tragfähigkeitsberechnung von Stirnrädern (Ind. Getriebe, Detailmethode)

/14.19/DIN 3990T12 1987: Tragfähigkeitsberechnung von Stirnrädern (Ind. Getriebe, Einfachmethode)

/14.20/DIN 3990T21 1989: Tragfähigkeitsberechnung von Stirnrädern (Schnellaufgetriebe)

/14.21/DIN 3990T31 1990: Tragfähigkeitsberechnung von Stirnrädern (Schiffsgetriebe)

/14.22/DIN 3990T41 1990: Tragfähigkeitsberechnung von Stirnrädern (Fahrzeuggetriebe)

/14.23/DIN 3992 1964: Profilverschiebung bei Stirnrädern mit Außenverzahnung

/14.24/DIN 3993 1981: Geometrische Auslegung von zylindrischen Innenradpaaren

/14.25/DIN 3998T1 1976: Benennungen (Kegelräder und Kegelradpaare)

/15.1/ Niemann,G.; Winter,H.: Maschinenelemente Band 3; Berlin: Springer 1986

/15.2/ Niemann,G.: Kegelradgetriebe; Ehningen: Expert Verlag 1990

/15.3/ DIN 3965 1986: Toleranzen für Kegelradverzahnungen

/15.4/ DIN 3960T2 1987: Angaben für Verzahnungen in Zeichnungen (Kegelräder)

/15.5/ DIN 3971 1980: Begriffe und Bestimmungsgrößen für Kegelräder und Kegelradpaare

/15.6/ DIN 3991T1 1988: Tragfähigkeitsberechnung von Kegelrädern (Grundlagen)

/15.7/ DIN 3991T2 1988: Tragfähigkeitsberechnung von Kegelrädern (Zahnfußtragfähigkeit)

/15.8/ DIN 3991T3 1988: Tragfähigkeitsberechnung von Kegelrädern ohne Achsversetzung

/15.9/ DIN 3998T3 1976: Benennungen (Kegelräder und Kegelradpaare)

/16.1/ Decker,K.-H.: Maschinenelemente; 10. Auflage; München: Hanser 1990
/16.2/ Dubbel,H.: Taschenbuch für den Maschinenbau; 14. Auflage; Berlin: Springer 1981
/16.3/ Niemann,G.; Winter,H.: Maschinenelemente Band 3; Berlin: Springer 1986
/16.4/ Tochtermann;Bodenstein: Konstruktionselemente des Maschinenb. Teil 2; Berlin: Springer 1979
/16.5/ DIN 3966T3 1986: Angaben für Verzahnungen in Zeichnungen (Schneckenräder)
/16.6/ DIN 3975 1976: Begriffe und Bestimmungsgrößen für Zylinderschneckengetriebe
/16.7/ DIN 3976 1980: Zylinderschnecken, Maße, Zuordnung zu Achsabständen
/16.8/ DIN 3998T4 1976: Benennungen (Schneckenradsätze)
/17.1/ Krause,W.: Zahnriemengetriebe; Heidelberg: Hüthig 1988
/17.2/ VDI Richtlinie 2758: Riemengetriebe; Düsseldorf: VDI-Verlag 1991
/17.3/ DIN 109 1973: Antriebselemente, Achsabstände für Riementriebe mit Keilriemen
/17.4/ DIN 111 1982: Flachriemenscheiben; Maße, Nenndrehmomente
/17.5/ DIN 2211 1984: Schmalkeilriemenscheiben, Maße
/17.6/ DIN 2215 1975: Endlose Keilriemen
/17.7/ DIN 2216 1972: Endliche Keilriemen, Maße
/17.8/ DIN 2217 1973: Keilriemenscheiben; Maße
/17.9/ DIN 2218 1976: Endlose Keilriemen für den Maschinenbau, Berechnung, Leistungswerte
/17.10/DIN 7719 1985: Endlose Breitkeilriemen für industrielle Drehzahlwandler
/17.11/DIN 7721 1989: Synchronriementriebe, metrische Teilung
/17.12/DIN 7722 1982: Endlose Hexagonalriemen für Landmaschinen
/17.13/DIN 7753 1988: Endlose Schmalkeilriemen für den Maschinenbau, Berechnung, Leistungswerte
/17.14/DIN 7867 1986: Keilrippenriemen und - scheiben
/17.15/DIN 8150 1984: Gallketten
/17.16/DIN 8164 1990: Buchsenketten
/17.17/DIN 8187 1986: Rollenketten, Europäische Bauart
/17.18/DIN 8190 1988: Zahnketten mit Wiegegelenk
/17.19/DIN 8191 1988: Verzahnung der Kettenräder für Zahnketten nach DIN 8190
/17.20/DIN 8192 1987: Kettenräder für Rollenketten nach DIN 8187
/17.21/DIN 8196 1987: Verzahnung der Kettenräder für Rollenketten
/17.22/DIN ISO 5290 1988: Rillenscheiben für Verbund-Schmalkeilriemen
/17.23/DIN ISO 5294 1991: Synchronriementriebe, Scheiben
/17.24/DIN ISO 5296 1991: Synchronriementriebe, Riemen
/18.1/ Mayer,E.: Axiale Gleitringdichtungen; 7. Aufl.; Düsseldorf: VDI-Verlag 1982
/18.2/ Trutnowsky,K.: Berührungsdichtungen; 2. Aufl.; Berlin: Springer 1975
/18.3/ Trutnowsky,K.: Berührungsfreie Dichtungen; 4. Aufl.; Düsseldorf: VDI-Verlag 1981
/18.4/ DIN 2526 1975: Flansche, Form der Dichtflächen

/18.5/ DIN 2690 1966: Flachdichtungen für Flansche mit ebener Dichtfläche (PN 1 bis 40)
/18.6/ DIN 2691 1971: Flachdichtungen für Flansche mit Feder und Nut (PN 10 bis 160)
/18.7/ DIN 2692 1956: Flachdichtungen für Flansche mit Rücksprung (PN 10 bis 100)
/18.8/ DIN 2693 1967: Runddichtringe für Vorsprungflansche (PN 10 bis 40)
/18.9/ DIN 2695 1972: Membran-Dichtringe und Membran-Schweißdichtungen für Flanschverbind.
/18.10/DIN 2696 1972: Linsendichtungen für Flanschverbindungen
/18.11/DIN 2697 1972: Kammprofilierte Dichtringe für Flanschverbindungen
/18.12/DIN 2698 1972: Gewellte Stahlblech-Dichtungen für Flanschverbindungen
/18.14/DIN 3754 1984: It - Platten
/18.15/DIN 3760 1972: Radial-Wellendichtringe
/18.16/DIN 3770 1986: Runddichtringe (nicht für Neukonstruktionen)
/18.17/DIN 3771 1984: O - Ringe
/18.18/DIN 3780 1954: Dichtungen; Stopfbuchsendurchmesser und Packungsbreiten
/18.19/DIN 5419 1959: Filzringe, Filzstreifen
/18.20/DIN 34109 1980: Kolbenringe für den Maschinenbau
/18.21/DIN 34110 1980: Kolbenringe für den Maschinenbau; R-Ringe
/18.22/DIN 34111 1980: Kolbenringe für den Maschinenbau; M-Ringe
/18.23/DIN 34118 1980: Kolbenringe für den Maschinenbau; R-Ringe für rotierende Bewegungen
/18.24/DIN 34119 1980: Kolbenringe für den Maschinenbau; R-Ringe für geringen Anpreßdruck
/18.25/DIN 34130 1980: Kolbenringe für den Maschinenbau; N-Ringe
/18.26/DIN 34146 1980: Kolbenringe für den Maschinenbau; S-Ringe
/18.27/DIN 34147 1980: Kolbenringe für den Maschinenbau; D-Ringe
/18.28/DIN 34148 1980: Kolbenringe für den Maschinenbau; G-Ringe
/18.29/DIN ISO 6194 1982: Radialwellendichtringe

STICHWORTVERZEICHNIS